孫子兵法

影響世界的中國謀略經典

（春秋）孫武◎原著　張華正◎編著

《孫子兵法》與中國古代城垣攻防戰

甕城：由護城牆發展而來的防禦設施。便於從四面八方攻擊包圍城門的敵人。多為半圓形，形似甕，故得名「甕城」。三國之後才開始出現。

護城牆：防止城門直接暴露在外面而建起的城牆。可以有效避免撞車等器械攻破城門。優勢在於可以在敵人毫無察覺的情況下開閉城門。出現的時期較早。

中國的城垣攻防戰開始得很早。在成書於春秋末年的《孫子兵法》中，就明確地提出了「攻城之法為不得已」的觀點（從下圖中即可看出，古代城垣防禦確實堅固，正面進攻定會付出慘重代價）。《孫子兵法》之所以被稱為「兵學聖典」，正是因為它來自於客觀的戰爭實踐。

城牆的防禦設施

為了增強城牆的防禦效果，在城門和容易受到敵人攻擊的地方均設置有特殊的防禦設施。

城牆承擔了大部分的防禦功能。為了便於應戰，在城牆的邊緣設置了女牆。而為了擊退爬上城牆的敵兵，還設置了馬面和角樓等突出城牆的部分。

女牆：設置在城牆上的凹凸矮牆。有助於躲避敵人射來的箭，並攻擊城下的敵人。射擊孔不僅便於射擊，還能嵌住敵人的箭。

中國古代戰爭器具一覽

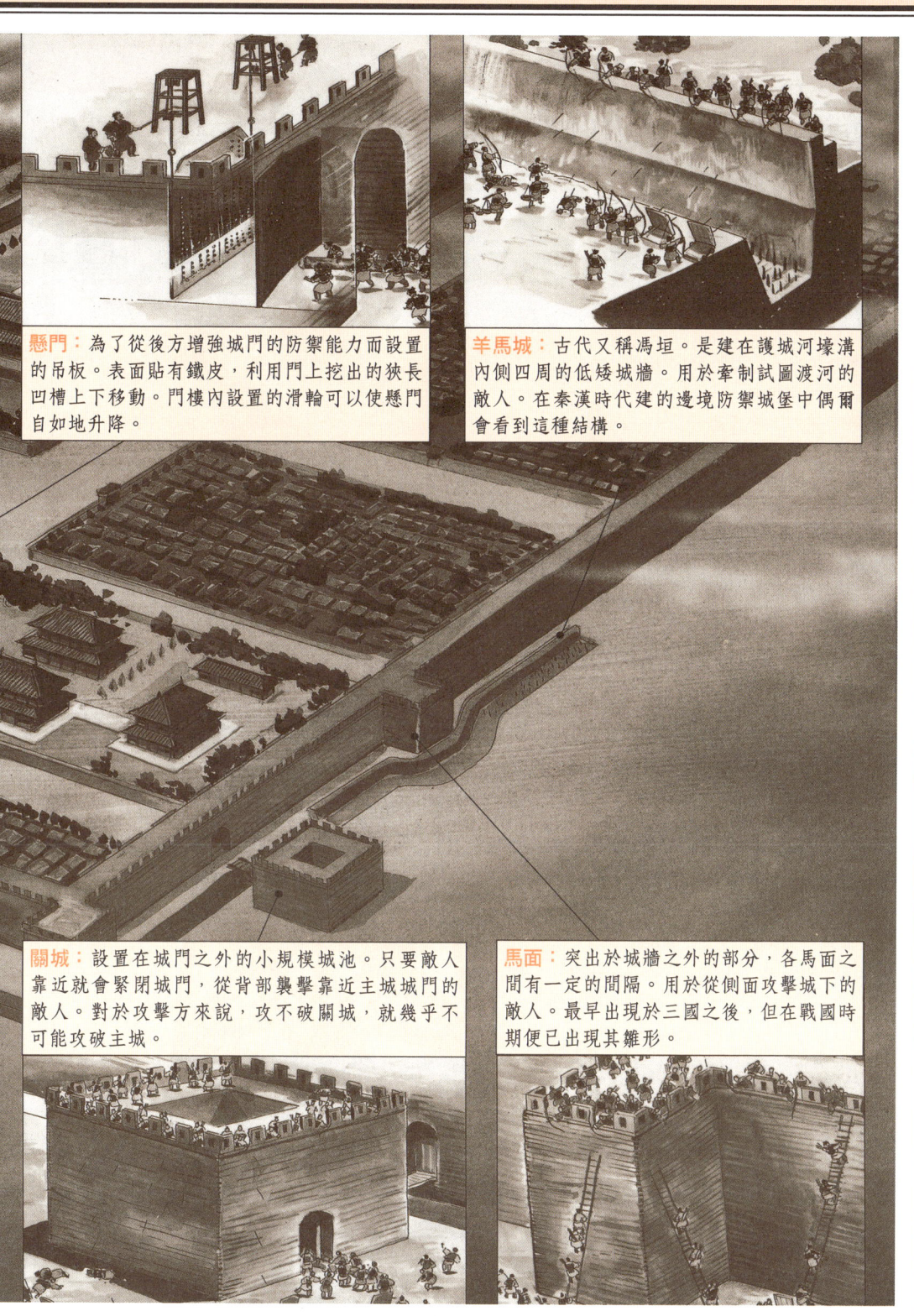

中國古代的攻城兵器

在中國古代,伴隨著完備的城垣防禦設施的建立,也逐漸發展出了一套強大的城垣攻堅器械。這裡只著重介紹其中的兩種,其餘詳情見第三章中的相關內容。

壕橋

壕橋的作用主要是使部隊和進攻器材能夠順利地抵達城下。壕橋的寬度應與攻堅器械通過的道路相合;而壕橋長度則由壕溝的寬度決定。也可將幾具壕橋並列,增加其寬度。戰國時已將八具壕橋並列,總寬達十二丈(約四十公尺),可以使大部隊浩浩蕩蕩通過壕溝。壕橋的結構有兩輪,也有四輪,這與壕寬有關。宋代還有一種摺疊壕橋,可在壕溝較寬時使用。

井闌

井闌,據史籍記載,為墨子所創。是一種高達十公尺以上的攻城武器,用來攻擊城牆上的守軍,並保護正在爬越城牆的己方士兵。井闌可以說是一種移動箭樓,一般搭至三層樓高,底部安裝輪子,居高臨下移動掃射。優點是攻擊範圍廣,對動態目標打擊能力強;弱點是移動速度慢,近身作戰能力比較差。

中國古代戰車的演變

車戰是中國古代奴隸社會時期戰爭的主要形式。秦漢時期，由於騎兵部隊的大規模組建和運用，車戰才逐漸被淘汰。

商、周時期的戰車

商周時期的戰車已經十分完備。側面有車輪，車廂可以容納三個人，從車廂向前伸出一根直木（車轅），直木前橫置車衡。車衡兩端縛有人字形的曲木（車軛），固定於戰馬的項頸之上，這樣可使戰馬不會左右晃動。為了增加威力，四馬戰車在西周時代便已出現，但左右的戰馬並非固定在車衡上。

秦、漢時期的戰車

當騎兵部隊成為軍中主力，戰車更多的只是作為後方的指揮車輛來使用。在秦漢時期，四馬駕馭的戰車已經十分稀少，而一匹馬駕馭的馬車卻開始增多。車轅變成兩根，戰馬被夾在中間固定起來。一匹馬非常容易駕馭，但卻沒有了機動力。之前作為戰車主攻手的車右也消失了，只剩下御者和指揮官兩人。車廂中設置了坐席，中間還撐著一柄很大的傘蓋。

中國古代的遠射兵器

古代的遠射兵器相當於現在的炮兵，可遠距離殺傷敵人。古代的遠射兵器主要有三種，即弓、弩、拋石機。下面就重點介紹一下弩和拋石機。

弩是一種由弓發展而來的遠射兵器，具有射程更遠、更準、穿透力更強等優點，這一切都歸功於它具有比弓更為複雜的結構。本圖就以戰國時期的弩為例，對其構造和使用方式逐一解析。

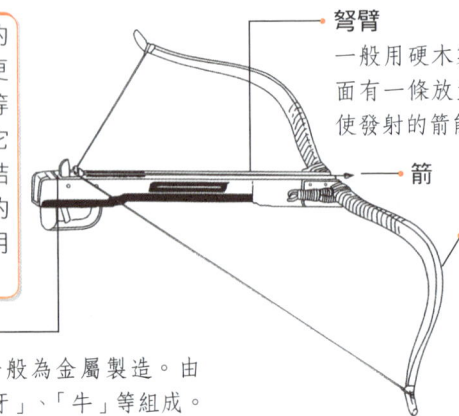

弩臂
一般用硬木製成，在臂的正上面有一條放置箭的溝形軌道，使發射的箭能直線前進。
箭
弩弓
由弓弦和弓身組成。弓身一般是用多層竹木材料製成，呈S形，因形似扁擔，故又俗稱為「弩擔」。
弩機
安裝在弩臂的後端，一般為金屬製造。由「懸刀」、「望山」、「牙」、「牛」等組成。

2
4
5
3
6
1
發射之前
發射之後

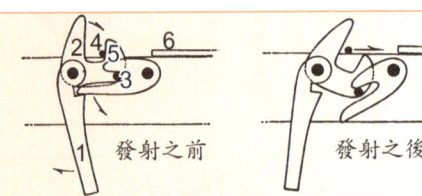

弩機原理圖

1. 懸刀　2. 望山　3. 牛
4. 弓弦　5. 牙　6. 箭

弩陣

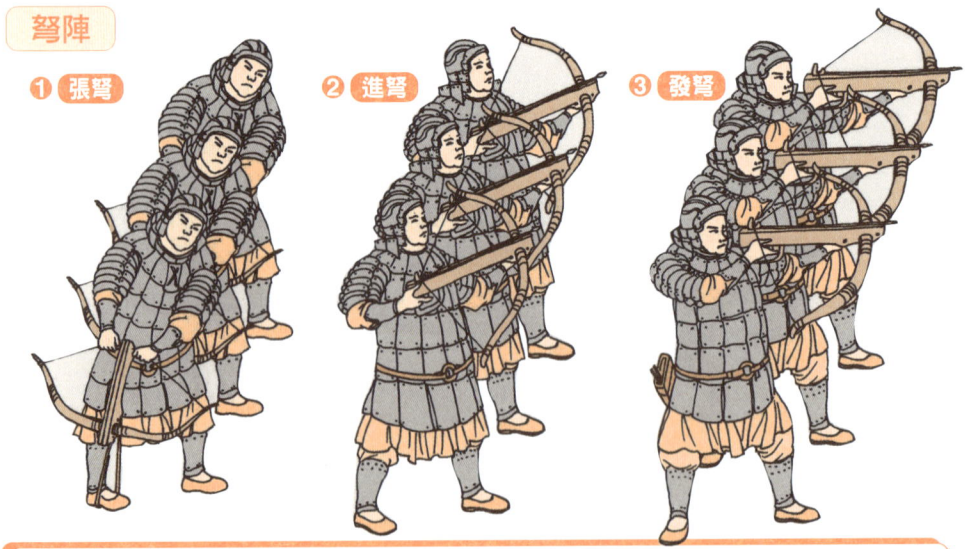

① 張弩
② 進弩
③ 發弩

這張示意圖表現的是中國戰國時期軍隊成建制的大規模使用弩作戰的情景。從左往右的順序為：①張弩，一些士兵專職為弩裝箭；②進弩，一些士兵專門負責將裝好箭的弩送給站在最前方的士兵；③發弩，一些士兵站在整個隊伍的最前方，專職放箭。從整體來看，這種分工負責的戰術組織和歐洲從近代才開始的排槍使用規則是如出一轍的。

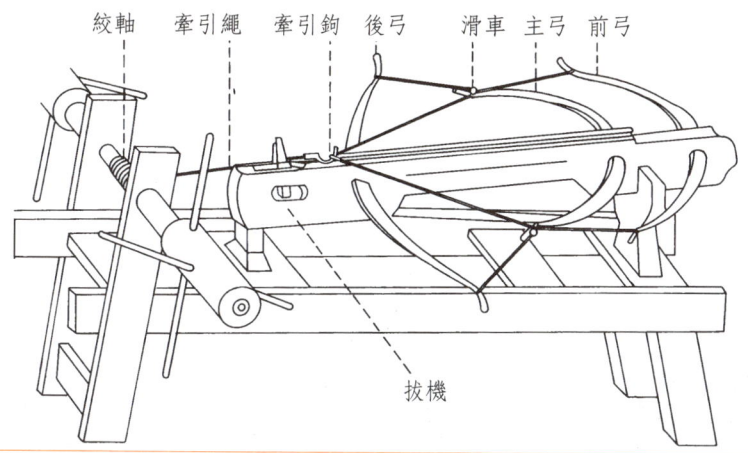

床弩

又名車弩,是一種裝置在床架上的大型弩。床弩出現於北宋,弩弓極為強勁有力,利用輪軸、絞索絞動張弓,弩身安裝在木架上以增加穩定性。床弩使用的箭如幅,簇如巨斧,射程可達五百至一千步。《武經總要》載,北宋軍隊床弩主要有六種:三弓床弩,又名八牛弩,七人張發,發大鑿頭箭,射及一百五十步;小合蟬弩,七人張發,發大鑿頭箭,射及一百四十步;抖子弩,四人張發,發小鑿頭箭,射及一百五十步;手射弩,二十人張發,發踏蹶箭,射及二百五十步;三弓弩,七十人張發,發一槍三劍箭,射及三百步;次三弓弩,三十人張發,發踏蹶箭,射及二百步。這些大型床弩,多用於陣地攻守戰中。

拋石機

拋石機是中國古代發明的另一種重要的遠射兵器,破壞力很大,相當於現在軍隊中的遠程火炮。

中國古代的甲冑

甲，又叫介或函，秦漢以後稱之為鎧，是披在人或馬身體上的一種防護裝備。冑，戰國以前稱為冑，戰國以後稱為盔或兜鍪，是戴在頭上的一種防護裝備。

商冑

商代的青銅冑都是由整體範鑄而成。在銅冑的正面一般都鑄有獸面紋飾。獸面大部分鑄成虎頭狀，外觀雄武，所以古代稱頂盔披甲的將士為「虎賁」之士。冑的頂部有一向上豎起的銅管，用以安插纓飾。

周冑

西周時的金屬冑也是銅製，整塊範鑄。其形狀為左右兩側向下延伸形成護耳，有的在冑沿寬帶上凸出一排圓泡釘。一般來說，周代的銅冑造型樸實，不像商代冑那樣裝飾華麗。

戰國冑

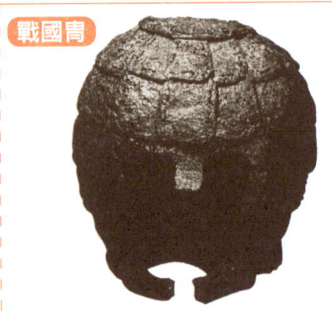

戰國時期，因為鐵的廣泛使用，所以鐵冑也就應運而生了。由於鐵冑的外形很像當時的飯鍋——鍪，所以人們也將鐵冑稱之為「兜鍪」。圖中的這件「兜鍪」是由八十九片鐵甲片編製而成的。

戰國武士像

甲冑

戰爭有一個亙古不變的原則，就是消滅敵人，保存自己。因此像甲冑這類的防護性裝備在中國經歷了數千年的發展演化，無論是製造技術，還是防護效果，都有大大的提升。圖中所示的是一幅戰國時代的武士像。其所穿甲冑皆用小片的皮革連綴，每片穿小孔，用細繩連綴起來。為了增強甲片的牢固性，還用雙層或多層皮革縫製，表面塗漆，既美觀又實用。

近戰冷兵器

古代中國的長柄冷兵器，是大兵團作戰時使用的主要裝備，對戰爭的勝負有著很大的影響。槍、戈、戟是三種中國古代最常用的長柄冷兵器，它們之間有許多的共同之處，不同之處僅在於戰鬥部（頭部）的不同。

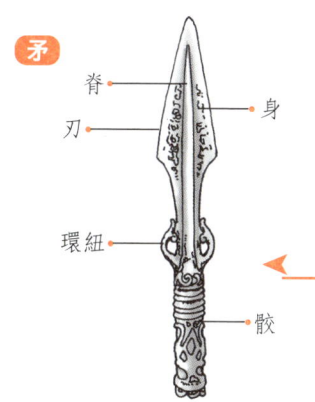

矛

- 脊
- 刃
- 身
- 環紐
- 骹

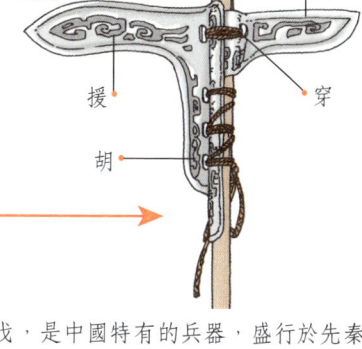

戈

- 內
- 援
- 穿
- 胡

矛，也稱作槍、鋋、鈹、槊等。矛的頭部呈尖刺狀，一般用金屬製作，力求鋒利，包括脊、刃、身等。矛適於直刺，如果再配以高速衝擊的戰車或戰馬，其能量足以洞穿重鎧。矛的歷史悠久，種類繁多，應用很廣，甚至被人尊稱為「百刃之首」。

柲
即矛桿，一般為木製或竹製，偶爾也有鐵製。據古籍記載，柲的長度一般為人身的三倍長，但車戰被淘汰以後，柲的長度就越來越短了。

樽
裝在柲的後端，用金屬製作，用來插入地中。也有的樽很長很尖，狀似矛尖，可以用來殺敵。

戈，是中國特有的兵器，盛行於先秦時期，隨著車戰被淘汰，戈也逐漸失傳。戈的頭部形狀很有特色，這種特色決定了戈不宜正面直刺，而適於橫擊、點刺或向後鉤拉敵人。有一種說法認為，戈起源於收割的農具——鐮刀。

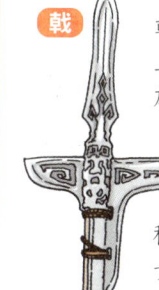

戟

戟實際上就是在戈的基礎上加上一個矛尖而成。由於戟結合了矛、戈的雙重優點，所以它既可直刺，又具橫擊、勾、拉等多種功能。殺傷力遠比矛和戈強，適合於車戰時使用。但在晉代時，戟被矛徹底取代，不再被用於戰鬥。

戈的演變

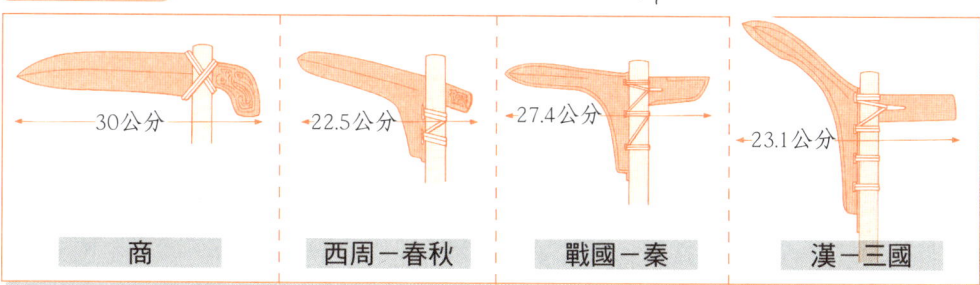

商	西周－春秋	戰國－秦	漢－三國
30公分	22.5公分	27.4公分	23.1公分

9

中國古代的艦隊

中國最早直接投入水戰的水軍，出現於春秋時期（西元前六世紀），當時吳國為了抵抗楚國入侵而組建了水軍。春秋時期戰船的種類與形制就已相當齊備了，並在以後的發展中愈加完善。下面就詳細介紹一下中國古代艦隊的典型組成形態。

赤馬

又稱「赤馬舟」。東漢劉熙《釋名》曰：「輕疾者曰赤馬舟，其體正赤，疾如馬也。」赤馬，如馬之在陸地上奔馳，行速很快，是一種高速戰船。

艨衝

中國古代具有良好防護的進攻性快艇。又作艨艟。《釋名·釋船》載：「外狹而長曰艨衝，以衝突敵船也。」可見艨衝船形狹而長，航速快，專用以突擊敵方船隻。艨衝有三個特點：
① 以生牛皮蒙背，具有良好的防禦性能。
② 開弩窗矛穴，具有出擊和還擊敵船的作戰能力。
③ 以槳為動力，具有快速航行的性能。

露橈

有時又稱「冒突露橈」。史云：「露橈，謂露楫在外，人在船中；冒突，取其觸冒而唐突也。」它有較完備的防護設施，主要用於襲擊敵船。東漢初，岑彭在攻伐公孫述的水戰中，這是主要的船型之一。

鬥艦

又簡稱「艦」。《釋名》曰：「上下重床曰艦，四方施板以禦矢石，其內如牢檻也。」東漢末年，劉表治水軍時，就曾建製艨衝、鬥艦以千數。

樓船

是各類戰船中最大的。樓船不但外觀高大巍峨，而且列矛戈、樹旗幟，戒備森嚴，攻防皆宜，是一座真正的水上堡壘。由於樓船身高體大，具威懾力，一般用作指揮船，只是它的行動不夠輕便，在水戰中，必須與其他戰船互相配合。樓船的甲板上有三層建築，每一層的周圍都設置半人高的防護牆。第一層的四周又用木板圍成「戰格」，防護牆與戰格上都開有若干箭孔、矛穴，既能遠攻，又可近防。

● 中國古代的艦船

11

中國歷代甲冑賞析

中國古代創造了種類豐富的各式防護類裝備。這些防護類裝備經過數千年的演變，無論是製造技術，還是防護效果，都有了很大程度的提高，成為中國古代兵器的重要組成部分。

秦代軍吏鎧示意圖

秦代甲冑可以分為皮製和鐵製兩種，而且，秦軍甲冑的分配是依身分來分，不同級別的將士會有不同甲衣的配備。

漢代兵士鎧

漢代鐵甲在編製工藝技術日益精湛，而且鐵甲的鍛造技術也不斷提高。不僅如此，漢代鐵甲的生產量也很大，能夠達到軍隊中一人一件的程度。

北朝兩襠鎧

南北朝時期，隨著重裝騎兵的崛起，適用於騎兵裝備的「兩襠鎧」極為盛行，逐漸成為鎧甲中的重要類型。

隋唐時期的甲冑

此一時期的甲冑，講究外觀華美，往往塗上金漆或者繪有各種花紋。

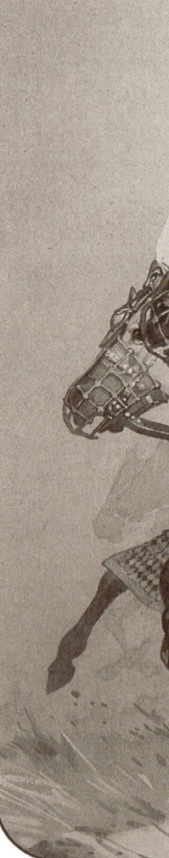

宋代甲冑

宋代甲冑已經非常完善。有一種名為瘊子甲的，十分堅硬，在五十步以外用強弩射之，都不能射穿。

明代甲冑

明代是甲冑由重向輕轉變的時期。這時有一種「綿紙甲」，這種甲分量雖輕，卻能有效地防禦火銃的攻擊。

清代甲冑

清代是輕甲發揚光大的時期，高纓尖冑、嵌滿泡釘的寬大綿甲構成了清代甲冑的主要特徵。

● 中國歷代甲冑賞析

13

編者序

世界第一兵書：《孫子兵法》

《孫子兵法》也被稱為《孫子》、《吳孫子兵法》或《孫武兵法》等，是中國歷史上著名的兵書之一。《孫子兵法》成書於春秋末期，為吳國軍事家孫武所著，距今已有二千六百年左右的歷史，可謂源遠流長，因而被稱作是「世界古代第一兵書」。《孫子兵法》全書共約六千字，分為十三篇，每篇闡述一個論題，論題與論題之間環環相扣，十三篇合在一起便形成了一整套完整的軍事理論思想體系。難能可貴的是，僅這區區數千言便產生了巨大的影響。時至今日，這種影響還不僅僅局限在軍事領域，而是擴展到了社會生活的各個方面，可以這樣說，凡是有博弈因素的領域，例如：棋藝對壘、運動競賽人事管理、市場策略等。都可以看到孫子那充滿智慧的影子。總結起來，《孫子兵法》的影響可以被歸納為兩個方面：

一、對軍事領域的影響。《孫子兵法》是中國傳統兵學的奠基之作，被歷代兵家奉為百世談兵之祖。《孫子兵法》開創了人類歷史上第一個完備的軍事理論體系，它包括了中國傳統兵學的主要精髓，指明了後世兵學的發展方向。正如明人茅元儀指出的：「前孫子者，孫子不遺；後孫子者，不能遺孫子。」中國兵學在不同的歷史時期雖都有所發展，但都沒能突破孫子的思維而建立一個新的兵學體系。《孫子兵法》被尊為「百世兵經」，孫武被尊為「兵學鼻祖」，其原因正在於此。《孫子兵法》在核子時代乃至資訊化戰爭時代，依然具有理論和實踐的雙重指導意義。此外，《孫子兵法》還走出國界，引起了世界範圍的廣泛關注。二十世紀中葉以後，西方軍事家頻頻運用孫子的思想來研究軍事問題。從李德哈特（Sir Basil Henry Liddell Hart）的《戰略論》到柯林斯（John M. Collins）的《大戰略》和布里辛斯基（Zbigniew Brzeziński）的《大棋盤》，都可以明顯地看到孫子的思想。《孫子兵法》中的某些觀點，如「不戰而屈人之兵」的全勝戰略，強調慎重對待戰爭和控制戰爭的思想，注重聯盟戰略的「伐交」思想等，在「和平與發展」的時代主流中，顯示出更加寶貴的

圖解孫子兵法

價值。

二、對其他領域的影響。早在戰國時期，白圭便運用孫子的思想來經商並獲得了成功。產生於北宋的《棋經十三篇》則是仿《孫子兵法》十三篇而著的圍棋理論著作。《孫子兵法》在非軍事領域的運用研究至二十世紀下半葉出現了高潮。1950年代，日本出現了「兵法經營管理學派」，其影響迅速波及世界各地，形成了經濟領域《孫子兵法》研究的熱潮。此外，人們還從哲學、醫學、體育競技、系統科學、決策學、心理學、語言學、數學、預測學、行為學等學科角度來研究《孫子兵法》，都取得了豐碩的成果。

《孫子兵法》作為一部兵書，能夠在非軍事領域產生如此巨大的影響，原因在於它將軍事領域中的具體原則高度提煉，上升到哲理的高度，進而具有普遍的指導意義。具體來說，就是孫子具有樸素的唯物主義戰爭觀和軍事辯證思想。

如前所述，《孫子兵法》中的謀略現在已被人們廣泛地運用到了經濟、社會生活的各個層面，其現實意義自不待言，但它對於現代人來講卻又不乏深奧艱澀之處。因此，我們選擇了一種最便於讀者理解的「圖解」形式的編輯手法，來解讀這本古代經典。這種形式的特點是：

①用更貼近生活的語言，為您掃除古代文言文所帶來的閱讀障礙。
②用圖像、流程表、表格將您的閱讀視角從線性的文字方式帶進3D的立體空間。
③將文字、圖表等豐富卻零碎的各種視覺元素，組成一個完整的體系。

此外，本書還將《孫子兵法》中的艱深理論與戰爭實踐相結合，即在正文中穿插了或以專題的形式介紹了許多古代的軍事常識和戰例戰術（所舉之例，皆依照當時時空背景的狀況呈現），使讀者更為順暢且細微地了解《孫子兵法》的精微奧義。

我們相信，對於讀者而言，本書的出版將使您對《孫子兵法》這本古老經典產生全新的更為深入的認識，而我們幫助您重新認識《孫子兵法》所採用的方式，卻是輕鬆而愉快的。當然，由於《孫子兵法》本身的複雜性，而且又受到編者自身水準能力的限制，我們在編寫本書時難免會出現一些紕漏。我們在此誠懇地希望讀者能提出寶貴意見，以便使我們在今後的工作中改正。

編者謹識

目錄

中國古代戰爭器具一覽／2

中國古代的艦隊／10

中國歷代甲冑賞析／12

編者序　世界第一兵書：《孫子兵法》／14

本書閱讀導航／22

《孫子兵法》與波斯灣戰爭／24

第1章 關於《孫子兵法》

一、《孫子兵法》的影響／34

1. 兵學鼻祖，一書多能：《孫子兵法》對世界的影響……34
2. 兵法經營管理學派：《孫子兵法》對經濟領域的影響…38
3. 從東方到西方：《孫子兵法》對國外的影響……………40
4. 辭彩絢麗：《孫子兵法》對後世語言的影響……………44

二、簡述《孫子兵法》／46

1. 從戰略到戰術：《孫子兵法》的軍事戰略與戰術思想…46
2. 唯物論與辯證法：《孫子兵法》中的哲學思想…………58

三、《孫子兵法》作者考／60

孫武：《孫子兵法》的作者…………………………………60

四、中國古代兵書擷英／62

武經七書：中國古代兵書之精華……………………………62

《孫子兵法》各篇詳解

一、計篇／72

1. 兵者，國之大事：戰爭是關乎國家命運的大事 …… 74
2. 經之以五事：決定戰爭勝負的五個因素 …… 76
3. 兵行詭道：用兵打仗是一種詭詐的行為 …… 80
4. 廟算：計畫決定勝負 …… 82

二、作戰篇／84

1. 用兵之害：戰爭對國家的損害 …… 86
2. 兵貴神速：作戰宜速戰速決 …… 88
3. 因糧於敵：用敵國物資補充自己 …… 90

三、謀攻篇／92

1. 不戰而屈人之兵：作戰的最高原則是不戰而勝 …… 94
2. 上兵伐謀：以智謀取勝 …… 96
3. 以強擊弱：最基本的攻戰之法 …… 98
4. 知彼知己，百戰不殆：作戰的關鍵是要掌握資訊 …… 100
5. 七戰七捷：「集中優勢兵力，各個殲滅敵人」的典範 …… 102

四、形篇／116

1. 先為不可勝，以待敵之可勝：立於不敗之地而後求勝 …… 118
2. 善守者，藏於九地之下；善攻者，動於九天之上：孫子的攻守原則 …… 120
3. 勝兵若以鎰稱銖，敗兵若以銖稱鎰：實力決定勝負 …… 122

五、勢篇／124

1. 勢：勢的概念以及作用 ———— 126
2. 以正合，以奇勝：軍隊的戰術運用 ———— 130
3. 求勢、造勢、任勢：創造並且充分地利用優勢 ———— 134
4. 以地勢取勝：薩拉米斯海戰 ———— 136

六、虛實篇／138

1. 避實擊虛：以「實」兵勝「虛」兵 ———— 142
2. 平壤之戰：眾兵之實擊寡兵之虛 ———— 144
3. 長勺之戰：以氣勢取勝 ———— 146

七、軍爭篇／148

1. 軍爭：為勝而爭 ———— 152
2. 以迂為直，以患為利：軍爭的方法 ———— 154
3. 金鼓旌旗：指揮軍隊的兩件法寶 ———— 158
4. 四治：治氣、治心、治力、治變 ———— 160

八、九變篇／164

1. 九變之術：戰術運用要靈活多變 ———— 166
2. 恃吾有以待：要做好備戰工作 ———— 168
3. 覆軍殺將，必以五危：將帥不知變通的五種危害 ———— 170
4. 君命有所不受：周亞夫平定「七國之亂」 ———— 172

九、行軍篇／176

1. 處軍：行軍紮營之法 ———— 180
2. 貴陽賤陰：處軍總原則 ———— 184
3. 相敵：如何判斷敵情 ———— 186
4. 令之以文，齊之以武：將帥的治軍方法（一）———— 190

十、地形篇／192

1. 六地：在六種地形條件下的作戰原則 ······ 196
2. 六過：將帥的治軍方法（二）······ 198
3. 愛而不驕：將帥的治軍方法（三）······ 200

十一、九地篇／202

1. 九地：九種地形及作戰規律 ······ 208
2. 齊勇若一，政之道也：將帥的治軍方法（四）······ 210
3. 死地則戰：赫連勃勃死地求生 ······ 212
4. 破釜沉舟：項羽力克秦軍 ······ 214

十二、火攻篇／216

1. 火攻有五：火攻的種類、方法和條件 ······ 218
2. 主不可以怒而興軍，將不可以慍而致戰：
   孫子的慎戰思想 ······ 222

十三、用間篇／224

1. 先知者，必取於人：間諜的重要性 ······ 226
2. 五間俱起，莫知其道：五種間諜構建起的間諜網絡 ······ 228

第3章 中國古代戰爭、戰具大全

一、中國古代戰爭、戰具發展過程概述／234

進化：中國古代戰爭、戰具的演變 ······ 234

二、各種近戰冷兵器／238

兵器知多少：兵器的分類 ······ 238

19

三、車戰／240
古代戰爭的主要形式：車戰 ·· 240

四、騎兵戰／244
騎兵：馳騁兩千年之久的戰略力量 ·· 244

五、城垣攻防戰／248
1. 防禦：城垣的功能 ·· 248
2. 無堅不摧：種類繁多的攻城器具 ·· 252

六、水戰／256
始自「餘皇」：中國古代戰船發展簡史 ···································· 256

七、火藥及火器／260
1. 中國對世界的貢獻：火藥的發明和傳播 ·································· 260
2. 燃燒、爆炸、管狀：火器的種類 ·· 262

第4章 商用《孫子兵法》

一、現代企業家應具備的素質／268
1. 智：以智謀事的素質 ·· 268
2. 信：誠而有信的素質 ·· 270
3. 仁：愛人憫物的素質 ·· 272
4. 勇：乘勢決勝的素質 ·· 274
5. 嚴：威嚴肅眾的素質 ·· 276

二、現代商場上的攻戰謀略／278

1. 五事：商戰決勝的五種因素 ················· 278
2. 知彼知己：進行商戰的必要前提 ············· 280
3. 廟算者勝：商業計畫要周詳 ················· 282
4. 出其不意：商機無處不在 ··················· 284
5. 因糧於敵：利用別人的力量發展自己 ········· 286
6. 十則圍之：將競爭對手消滅於搖籃之中 ······· 288
7. 死地則戰：與競爭對手決戰商場 ············· 290
8. 不若則能避之：商戰中的以退為進 ··········· 292
9. 因敵制勝：要做商場上的「變形金剛」 ······· 294
10. 以迂為直：商戰中切忌急功近利 ············· 296
11. 先知地形：如何選擇商店的位置 ············· 298

三、現代企業管理妙法／302

1. 兵非益多：打造能幹、高效的職業團隊 ······· 302
2. 恩信使民：培養員工對企業的歸屬感 ········· 304
3. 賞罰分明：建立完備的企業賞罰制度 ········· 306

附錄一　中國古代八大經典戰事 ················· 308
附錄二　中國古代八大軍事家 ··················· 310
附錄三　中國古代八大名將 ····················· 314

本書閱讀導航

本節主標題
本節所要探討的主題

小節序號
小序號清晰地編列出該文在本章本節下的排列序號。

章節序號
本書每章分別採用不同色塊標識，以利於讀者尋找識別。同時用醒目的序號提示該章在本書中的排列序號。

正文
通俗易懂的文字，讓讀者輕鬆閱讀。

---

❹ 令之以文，齊之以武

將帥的治軍方法（一）

卒未親附而罰之，則不服，不服則難用也；卒已親附而罰不行，則不可用也。故令之以文，齊之以武，是謂必取。令素行以教其民，則民服；令素不行以教其民，則民不服。令素行者，與眾相得也。

軍隊「以治為勝」，不經過整治訓練的軍隊不過是烏合之眾，不堪一擊。為此，孫子在〈行軍篇〉中提出了治理軍隊的一系列行之有效的原則與方法。

令之以文，齊之以武

這是孫子治軍思想的核心。它既強調「文」的一手，要求用仁德、道義教育士卒，使之從思想上明白為什麼要打仗等一系列重要的問題；同時又強調「武」的一手，要求用軍紀、軍法來統一士卒的行動步調，使之形成一股整體的力量。孫子認為，軍隊只要「令之以文，齊之以武」，就可以所向披靡，取得勝利。中國遠古時代有三次著名的征戰：夏啟戰有扈氏，商湯伐夏桀，周武王伐商紂，就非常突出地表現了「令之以文，齊之以武」的治軍思想。夏啟、商湯、周武王在宣誓起兵時，首先進行政治教育，強調討伐戰爭的正義性。以武王伐紂為例。周武王在決戰前對全體將士說：「現在殷紂王廢棄祖先的享祭，不報答神恩；捨去他的國家，不信任自己的兄弟，卻對天下的罪犯都很尊重和信任，讓他們來暴虐百姓，擾亂社會。我現在討伐他就是執行上天對他的懲罰。」在進行政治教育的同時，他們又頒布嚴明的軍事紀律。例如，周武王說：「如果有誰不聽從命令，那麼他將會受到懲罰。」正是依靠正面的道德教育和嚴明的軍事紀律，夏啟、商湯、周武王最終才能戰勝各自的對手，建立新的王朝。

令素行以教其民

「令之以文，齊之以武」不是僅靠一次戰鬥動員就能完成的。在夏啟、商湯、周武王作臨戰動員前，實際上對軍隊士卒早已進行過大量的、長期的教育訓練工作。正是在這個意義上，孫子進一步強調「令素行以教其民，則民服；令不素行以教其民，則民不服」。強調了平時就加強對民眾與士卒進行教化訓練的重要性。

190

圖解標題
針對內文所探討的重點圖解分析，幫助讀者深入領悟。

賞罰分明是治軍的一大原則

嚴明的軍事紀律是使軍隊保持強大戰鬥力的保證。而一支軍隊要保持嚴明的紀律，最重要的是要做到賞罰分明。賞罰分明通常包括雙重含義，一是什麼事該賞，什麼事該罰，這二者要明確；二是，確保該賞的時候就賞，該罰的時候就罰，不要因人而異。將帥賞罰分明，部下就會擁護他，軍隊就有戰鬥力；將帥賞罰不明，部下就會抵觸他，軍隊就沒有戰鬥力。

丞相饒命啊！
拉出去，斬了。

第貳章　《孫子兵法》各篇詳解

行軍篇

插圖
較難懂的抽象概念運用具象圖畫表示，讓讀者可以盡量很清楚地理解原意。

相關連結

在《三國演義》一書中蜀漢丞相諸葛亮揮淚斬馬謖的故事就是一個賞罰分明的典型例子。馬謖是諸葛亮的軍事參謀，同時也是他的好朋友，可謂是諸葛亮的左膀右臂。但是馬謖大意失街亭（一個重要的軍事據點），致使蜀軍的糧道被斷，進而導致了蜀軍北伐魏國的行動失敗。於是，諸葛亮也堅決地按軍法辦事──殺了馬謖。

相關鏈接
本書的名詞及概念解說。

戰國時期秦國的軍功獎勵制度

屯長	百將	五百將	主將
五名戰士編為一個名冊，是為一「伍」。「伍」的長官就是屯長。	是指指揮一百名戰士的軍事長官。	是指指揮五百名戰士的軍事長官，可以享有五十名衛兵的待遇。	是指指揮一千名戰士的軍事長官，可以享有一百名衛兵的待遇。

因作戰不力而受懲罰　　　　　　　因作戰有功而受獎勵

其戰，百將、屯長不得，斬首	得三十三首以上盈論，百將屯長賜爵一級
在作戰時，百將和屯長作戰不力，就斬首。	得到了三十三顆敵人的首級，則滿了規定的數目，百將和屯長就賜長一級爵位。

191

● 本書閱讀導航

圖表
將隱晦、生澀的敘述，以清晰的圖表方式呈現。此方式是本書的精華所在。

23

《孫子兵法》與波斯灣戰爭

　　《孫子兵法》自誕生之日起就產生了很大影響，原因就在於《孫子兵法》揭示了戰爭的普遍規律，構建了世界上第一個完備的軍事理論體系。時至今日，人類戰爭已步入資訊化、科技化時代，《孫子兵法》的影響力依然不減。發生於1990年代初的波斯灣戰爭是自第二次世界大戰之後規模最大的一場戰爭，也是一場典型的資訊化高技術局部戰爭。交戰中，敵對雙方在戰爭的各個階段所運用的軍事謀略都在不同程度上體現了孫子的智慧。

伊拉克國旗

伊拉克概況

國土面積441,839平方公里，人口1,892萬，其中92%信奉伊斯蘭教。全國劃分為十八個省和自治區，首都巴格達，是全國最大城市和政治、經濟中心。石油工業是其國民經濟的命脈，目前已探明的石油儲量占世界石油總儲量的10%，居世界第二位。

科威特國旗

科威特概況

國土面積17,818平方公里，人口214萬，其中85%信奉伊斯蘭教。科威特為君主立憲制國家，國家元首埃米爾由薩巴赫家族世襲。全國劃分為五個省，首都科威特市，是全國的政治、經濟和文化中心。科威特的經濟支柱是石油工業，其已探明石油儲量居世界第四位。

「波斯灣戰爭」的原因

　　地理位置、石油資源和宗教影響，這三大因素確定了中東地區在世界政治、經濟和軍事上的重要戰略地位，並因此長期成為世界列強和大國覬覦的對象，也是強權政治、霸權主義和擴張勢力激烈較量的競技場。伊拉克在與伊朗長達八年的戰爭中耗盡了國力，急欲透過擴張來補充，同時，伊拉克的執政黨——阿拉伯復興社會黨又一直以建立一個統一的阿拉伯國家為己任。這兩個因素都促使伊拉克向其富庶而弱小的鄰國科威特伸出了侵略之手。但是，這破壞了美國的根本利益，即透過控制中東達到建立以美國為首的國際新秩序。於是，衝突不可避免，大戰一觸即發，「波斯灣戰爭」的大幕徐徐拉開……

出其不意：伊拉克閃擊科威特

1990年8月2日凌晨二時，伊拉克軍隊出動十四個陸軍師（總兵力達到十餘萬人），在空軍、海軍的配合與支援下，突然大舉入侵科威特，進而揭開了「海灣戰爭」的序幕。在此次戰役中，伊拉克的戰略指導非常明確，即《孫子兵法》中所說的：「攻其無備，出其不意。」

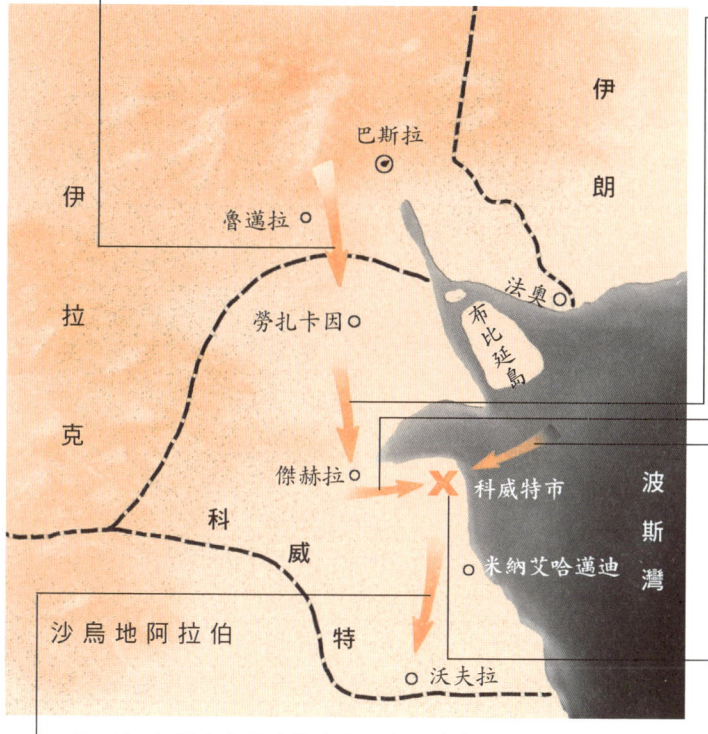

侵科伊軍戰略預備隊
其餘九個師作為戰略預備隊駐紮在伊科邊境地區，隨時待命。

侵科伊軍第二梯隊
由三個師組成，隨第一梯隊快速跟進。

侵科伊軍第一梯隊
由二個師組成，以三百五十輛坦克為先導，在伊科邊界東段分兩路迅速突破科威特軍隊的防線後，快速向科威特首都科威特市挺進，於當日十一時兵臨科威特市外。

侵科伊軍海軍陸戰隊
與此同時，伊拉克海軍陸戰隊在輕取布比延島之後，在科威特市沿海登陸，配合主力進攻部隊進攻科威特市的各個要害部門。

當日下午兩點半，伊軍攻占科威特王宮，控制了整個科威特市。此時距伊軍行動開始之時僅十二個半小時。

8月3日，伊軍攻占科威特首都西部和南部的一些重要地區，進而基本上控制了整個科威特。在整個戰鬥期間，科軍有六百人戰死，五千人撤到沙烏地阿拉伯，其餘大部分潰散或投降（科軍共有兩萬人）。

戰略解讀

伊拉克迅速攻占科威特首都，推翻薩巴赫王朝，前後僅用了十餘個小時。這固然與科威特地域狹小、作戰縱深淺、兵微將寡有關，但伊拉克「出其不意」閃擊科威特才是最主要的原因。伊拉克為了達到速戰速決的目的，在邊境集中了十餘萬大軍，進而在軍事上形成了絕對優勢。入侵日期選在伊斯蘭傳統節日「阿舒拉節」期間，且時間選在凌晨兩點，當時伊科談判結束不過幾個小時，使科威特毫無應戰準備。對此，美國等西方國家也來不及作出反應，無法對科威特進行保護，使伊拉克的軍事占領成為既成事實。

上兵伐謀，其次伐交：以美國為首的反伊聯盟的形成

面對伊拉克入侵科威特的事實，美國立即做出出兵波斯灣的決策。為了建立最廣泛的反伊聯盟，美國展開了積極的外交活動。以總統布希、國防部長錢尼等為首的官員都馬不停蹄地四處活動。布希的專用電話也發揮了極高的效能，僅僅在8月2日至6日的四天時間裡，布希就破紀錄地給十二位外國領袖打了二十三次電話，有時甚至是每兩個小時就打一次。與此同時，伊拉克一方也展開積極的外交活動，企圖分化、瓦解反伊聯盟的形成。（建立反伊聯盟的結果見三十頁「多國部隊實力一覽表」）

為了切斷伊拉克的經濟命脈。美國要求關閉土耳其領土上的兩條伊拉克輸油管道。對此給土耳其帶來的損失，美國答應免除其一部分外債和給予一定的資金補償。

美國與敘利亞的關係本來很冷淡，但在波斯灣危機爆發後，美國主動改善與敘利亞的關係，以勸其出兵。為達成目的，美國拋出了兩個誘餌：①利用敘伊兩國因阿拉伯復興社會黨分裂而造成的敵視關係；②對敘利亞使用武力解決黎巴嫩基督教武裝部隊總司令奧恩持默許態度。

布希總統多次打電話給約旦國王胡笙，希望他參加反伊聯盟。但出於政治原因，約旦最終沒有答應美國的要求。在整個戰爭期間，約旦都對伊拉克暗中支持。

為了取得埃及的支持，美國表示可以取消埃及拖欠美國的高達七十億美元的軍事債款。

錢尼率領龐大的代表團前往沙烏地阿拉伯。沙烏地阿拉伯國王法赫德在幾番猶豫之後，迫於形勢的壓力，加入反伊聯盟。

伊拉克的「伐交」舉措（目的是分化、瓦解反伊聯盟）：
①改善與伊朗等國的關係，穩定側翼。
②利用阿拉伯國家與美國、以色列的民族宗教矛盾，號召「聖戰」。
③利用美歐矛盾，離間西方盟國之間的關係。

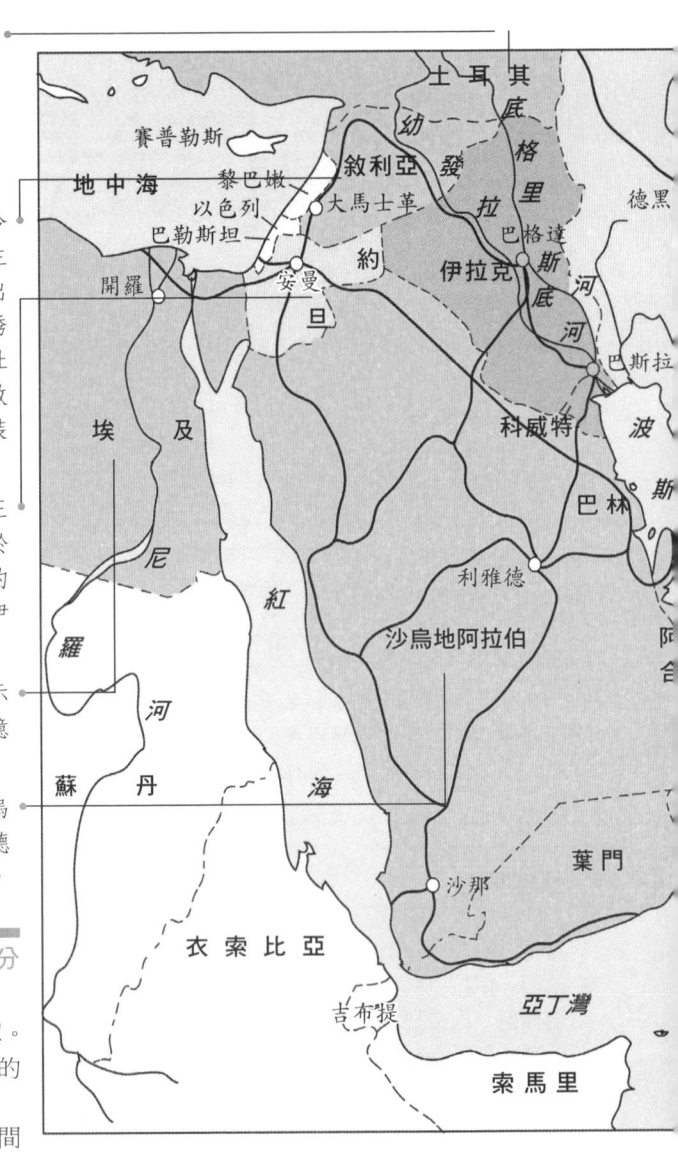

戰略解讀

《孫子兵法・形篇》中說道：「勝兵若以鎰稱銖，敗兵若以銖稱鎰。」意指：勝利的軍隊較之於失敗的軍隊，有如以「鎰」（古代一種較大的重量單位）稱「銖」（古代一種較小的重量單位）那樣占有絕對優勢；而失敗的軍隊較之於勝利的軍隊，就像用「銖」稱「鎰」那樣處於絕對的劣勢。這實質上指出了「實力」才是決定勝負的根本。「上兵伐謀，其次伐交」（《孫子兵法・謀攻篇》），即是孫子給出的如何強大自己，削弱敵人的辦法。從「波斯灣戰爭」爆發之前，美、伊雙方進行的一系列外交戰來看，他們都是深諳「上兵伐謀，其次伐交」之理的謀略高手。

為了扭轉被反伊聯盟圍困所造成的被動局面，伊拉克毅然拋棄了與伊朗長達八年的戰爭冤仇，與伊朗和解，以求穩定側翼。為此，伊拉克作出了三項舉措：

①伊拉克從它所占領的千餘平方公里的伊朗領土上撤軍。
②釋放兩伊戰爭當中俘虜的伊朗戰俘。
③歸還三架被劫持到伊拉克的伊朗客機。

結果是，兩伊之間的關係得到大大改善；駐守在兩伊邊境的二十萬伊拉克大軍得以增援到南線；伊拉克從伊朗走私了大量食物，以緩解聯合國對其採取的經濟封鎖；伊拉克的兩百多架民用飛機被允許停放在伊朗，免遭多國部隊的轟炸。

美國所採取的「伐交」舉措（目的是建立廣泛的反伊聯盟）：

①謀求聯合國的支持與合作。
②尋求西方盟國的配合，尤其是北約盟國的配合。
③謀求中東國家的支持。（如上圖所示）
④爭取蘇聯等有影響的大國支持與合作。
⑤爭取其他第三世界國家的廣泛支持。

十則圍之，五則攻之：多國部隊對伊展開代號為「沙漠風暴」的大規模

美國製造的 B-52 轟炸機，綽號「同溫層堡壘」，是一種遠程、重型轟炸機。在空襲發起的當天，有數架 B-52 轟炸機從美國路易斯安那州的巴克斯代爾空軍基地起飛，經過十一個小時的飛行抵達伊拉克上空，從空中發射了三十五枚常規巡航導彈，襲擊了伊拉克軍用通信站、發電廠和輸電設施。在隨後的整個戰爭期間，分別從美國本土和其位於印度洋迪亞哥加西島上的空軍基地共起飛了數百架次的 B-52 戰機參加空襲。

1991 年，多國部隊對伊拉克發起代號為「沙漠風暴」的大規模空中突擊行動。至 2 月 28 日戰爭結束為止，在短短的四十六天當中，多國部隊共出動飛機 11.2 萬架次，發射「戰

位於地中海、紅海和波斯灣的美國數艘「洛杉磯」級核潛艇也發射了大量「戰斧」巡弋飛彈空襲伊拉克目標。

空襲伊始，美國位於紅海和波斯灣的六個航空母艦戰鬥群上的四百多架艦載機也參加了攻擊行動。主要襲擊了伊海軍設施和石油平臺等。

1 月 17 日凌晨，美國的數架 F-117 隱形戰機飛過伊軍預警雷達站，投下了整個行動的第一顆炸彈。

戰略解讀

《孫子兵法·謀攻篇》中說：「故用兵之法：十則圍之，五則攻之……。」其意指，當一方對於敵方已取得絕對優勢的情況下，就可以對其發起全力攻擊，與其決戰。美國及其盟友在對伊拉克已形成戰略包圍，無論是人員、武器裝備的數量還是品質都明顯優於伊拉克的情況下，毅然對其發起大規模空中打擊，即是這種謀略的運用。

沙漠風暴的戰果

摧毀伊軍坦克 1685 輛，占伊軍在科威特戰區坦克總數的 40%；
摧毀裝甲車 925 輛，占其總數的 30%；
摧毀大炮 1485 門，占其總數的 50%；
擊毀伊軍飛機 77 架，占伊軍作戰飛機總數的 10%；
俘虜伊軍官兵近 2000 人。
伊軍防空系統、指揮中心、導彈陣地、核生化

空襲行動

斧」式遠程巡航導彈二百四十六枚，總計投彈八十餘萬噸，對伊軍給予毀滅性打擊，為最後進行的地面決戰創造了有利條件。

襲目標示意圖

在空襲第一天，美國位於紅海和波斯灣上的七艘戰艦共發射了一百一十六枚「戰斧」巡弋飛彈。圖為「碉堡山號」飛彈巡洋艦發射「戰斧」飛彈。

設施等戰略目標基本癱瘓，前沿陣地、後勤補給線、坦克和裝甲部隊，特別是伊軍精銳之師共和衛隊一蹶不振。

避實擊虛：最後的一百小時地面大決戰

在經過一個多月的大規模空襲之後，2月24日凌晨四時整，多國部隊發起名為「沙漠軍刀」的地面作戰行動。多國部隊的四個軍團依次在五百公里的戰線上向伊軍發起了強大的進攻。戰役僅僅持續了一百個小時，以伊軍大敗而告終。至此，波斯灣戰爭全部結束。

戰略解讀

《孫子兵法・謀攻篇》中說道：「兵之勝，避實而擊虛。」意指，戰爭取勝的關鍵，在於避開敵人堅實的地方而攻擊敵人的弱點。多國部隊之所以能在一百小時內就對伊軍取得徹底勝利，正是成功運用「避實擊虛」謀略的結果。

戰前，伊軍將科威特視為防禦重點，表現有二：①在科沙邊界地帶精心構築了兩道堅固防線；②在科威特部署了四十三個師共五十四萬餘人的強大地面部隊，包括坦克四千二百餘輛、火炮三千餘門、各種裝甲車二千八百餘輛。針對伊軍的部署，多國部隊成功運用欺騙措施，使伊軍錯誤地認為其主攻及兩棲突擊將直指科威特。而實際上，位於西線的美軍第7軍和第18空降軍才是真正的主攻部隊（如圖所示）。行動伊始，這兩個軍就迅速越過科沙邊界伊軍防禦薄弱地帶，向伊拉克縱深地區挺進。隨後，這支主攻部隊又向東橫掃而去，與伴攻部隊對駐科伊軍形成前後夾攻之勢，才最終造成了伊軍的全軍覆沒。

29

多國部隊實力一覽表

西方15國

美國	英國	法國	加拿大	義大利	德國
54.5萬人	4.2萬人	2萬人	1700人	20架戰鬥機	一個戰鬥機中隊
2300餘輛坦克	300多輛坦克	150多輛坦克	30架飛機	4艘艦艇	
2800餘輛裝甲車	300多輛裝甲車	60餘架飛機	2艘艦艇		
1300餘架作戰飛機	85架飛機	18艘艦艇			
1700餘架直升機	22艘艦艇				
120餘艘艦艇（包括6艘航空母艦和6艘核潛艇）					

阿拉伯9國

沙烏地阿拉伯	科威特	阿曼	卡達	阿聯
6.06萬人	7000人	2.55萬人	7000餘人	4.3萬人
267輛主戰坦克	35架作戰飛機	75輛坦克	24輛坦克	14輛主戰坦克
216架作戰飛機		50架作戰飛機	19架作戰飛機	78架作戰飛機
13艘艦艇		12艘巡邏艇	9艘巡邏艇	

東歐3國

匈牙利	波蘭	捷克斯洛伐克
1支醫療隊（40人）	2艘艦艇	200人的防化部隊
	1支醫療隊	150名醫務人員

其他12國

土耳其	巴基斯坦	孟加拉	阿富汗	塞內加爾
12萬人駐守在土伊邊境	1萬人	2000人	「聖戰者」組織的300人	500人
2艘護衛艦				

多國部隊人員、武器數量

士兵：100多萬

作戰坦克數量：3700多輛

裝甲車：4000多輛

由於美國成功的「伐交」謀略的運用，最終組建起一支廣泛的、規模龐大的反伊聯盟多國部隊。參加國達到三十九個，兵力高達一百多萬。其具體情況見下表：

比利時	澳大利	丹麥	荷蘭	希臘	西班牙	葡萄牙	瑞典	挪威
18架戰鬥機 19艘艦艇	3艘艦艇	1艘艦艇	2艘護衛艦 1個由18架戰鬥機組成的戰鬥機分隊	1艘護衛艦	2艘護衛艦和1艘驅逐艦	1艘支援艦	1支醫療隊（40人）	1艘快艇和1艘補給船

巴林	埃及	敘利亞	摩洛哥
3500人	4萬人 358輛坦克	1.43萬人 270輛坦克	2000人

尼日	獅子山	阿根廷	宏都拉斯	紐西蘭	韓國	新加坡
480人（保衛麥加和麥地那神殿）	1支醫療隊（27人）	450人 2艘護衛艦	150人	2架運輸機	1架運輸機 1支醫療隊	1支醫療隊（30人）

各種固定翼飛機：2790架

直升機：2000餘架

各型艦艇：210餘架

第壹章
關於《孫子兵法》

　　《孫子兵法》開創了人類歷史上第一個完備的軍事理論體系，被歷代兵家奉為百世談兵之祖。直到現在，《孫子兵法》依然具有理論和實踐的雙重指導意義。二十世紀中葉以後，西方軍事學家頻頻運用孫子的思想來研究軍事問題。《孫子兵法》是一部兵書，但其影響又絕不僅限於軍事領域。人們從哲學、醫學、體育競技、系統科學、決策學、心理學、語言學、數學、預測學、行為學等學科角度來研究它，都取得了豐碩的成果。

　　本章從《孫子兵法》的影響、哲學根據、諸家注本，以及產生的時代背景等多個層面對其進行說明，以使讀者在深入研讀之前，對它先有一個全面的認識。

 本篇圖版目錄

《孫子兵法》產生的時代背景／35
《孫子兵法》對後世各方面的影響／37
《孫子兵法》用於商戰一例／39
《孫子兵法》對日本的影響／41
《孫子兵法》的各國譯本／43
《孫子兵法》與修辭／45
《孫子兵法》的軍事思想體系／47
春秋，多事之秋：《孫子兵法》產生的時代背景／48
春秋時期主要戰役／50
春秋時期的戰鬥形式和主要武器裝備／51
《孫子兵法》對社會各方面的影響／52

中國古代兵書概覽／53
十一家注孫子／57
孫子的唯物論和辯證法思想／59
孫子的一生／61
《武經七書》及其注釋／63
「七書」之《吳子兵法》／64
「七書」之《司馬法》／65
「七書」之《李衛公問對》／66
「七書」之《尉繚子》／67
「七書」之《三略》／68
「七書」之《六韜》／69

第一節 《孫子兵法》的影響

❶ 兵學鼻祖，一書多能
《孫子兵法》對世界的影響

《孫子兵法》成書於春秋末年，號稱「兵學聖典」和「世界古代第一兵書」，不僅是中國的謀略寶庫，而且在世界上也久負盛名。美國軍事理論家約翰‧柯林斯在其著作《大戰略》中說：「孫子是古代第一個形成戰略思想的偉大人物……今天沒有一個人對戰略的相互關係、應考慮的問題和所受的制約比他有更深刻的認識。」

《孫子兵法》

《孫子兵法》亦稱《孫子》《吳孫子兵法》《孫武兵法》，為春秋末年孫武所作。《孫子兵法》全書共約六千字，十三篇，分別為：計篇、作戰篇、謀攻篇、形篇、勢篇、虛實篇、軍爭篇、九變篇、行軍篇、地形篇、九地篇、火攻篇、用間篇。

《孫子兵法》對軍事的影響

《孫子兵法》是中國傳統兵學的奠基之作，被歷代兵家奉為百世談兵之祖。《孫子兵法》開創了人類歷史上第一個完備的兵學體系（軍事理論體系），它闡明了中國傳統兵學的主要精髓，指明了後世兵學的發展方向。正如明人茅元儀指出的：「前孫子者，孫子不遺；後孫子者，不能遺孫子。」中國兵學在不同的歷史時期雖都有所發展，但在西方軍事理論傳入以前，都沒能突破孫子的思維而建立一個新的兵學體系，而且從實踐的層面看，《孫子兵法》被用於實戰的例子在歷史上更是不絕於書。《孫子兵法》被尊為「百世兵經」，孫武被尊為「兵學鼻祖」，其原因正在於此。

真理不會因為時代的變遷而失去價值。《孫子兵法》在核子時代乃至信息化戰爭時代，依然具有理論和實踐的雙重指導意義。

《孫子兵法》產生的時代背景

　　《孫子兵法》的作者孫武是一位生活在春秋時期的偉大軍事理論家。他取得的成就並不是偶然，而是和他所生活的時代密不可分，可以說是那個時代造就了他。那麼春秋時期是一個怎樣的時代呢？那是一個戰爭的年代！

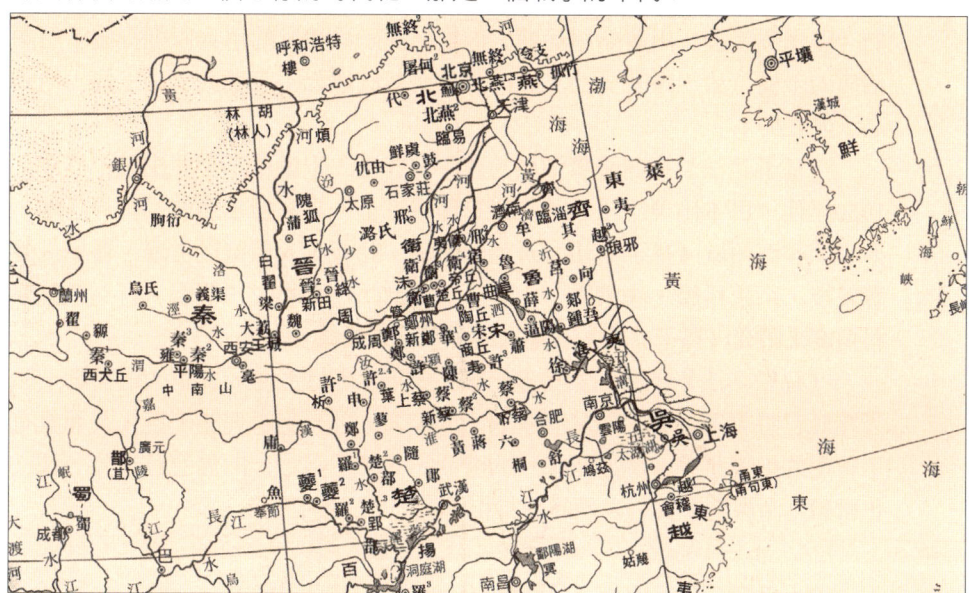

　　西周之後的春秋、戰國時期，是中國從奴隸社會轉向封建社會的過渡時期，也是一個充滿戰亂和攻伐的時期。在周朝初年本來有大小國家一百七十多個，互相吞併的結果是到春秋末期，已經減少了十分之九；春秋時期總共不過二百四十二年，史書所記載的戰爭，就有二百一十三次之多，一百七十多個國家，剩下來的也只有十幾個了。（圖中所顯示的正是春秋初期大小國家林立的局面。）

春秋時期的國家等級

級別	面積	軍隊規模
公爵國	擁有方圓一百里的土地	可以組織三軍
侯爵國	擁有方圓一百里的土地	可以組織三軍
伯爵國	擁有方圓七十里的土地	可以組織二軍
子爵國	擁有方圓五十里的土地	可以組織一軍
男爵國	擁有方圓五十里的土地	可以組織一軍

名詞解釋

西周的爵位
在西周之初，周朝的第一代天子武王將官員分為公、侯、伯、子、男等五個等級。這些官員都各自管理大小不等的土地，並且可以組織自己的軍隊。實際上，這些官員本身就是國王。

《孫子兵法》對其他領域的影響

　　《孫子兵法》是一部兵書，但其影響又絕不僅限於軍事領域。早在戰國時期，白圭便運用孫子的思想來經商並獲得了成功。產生於北宋的《棋經十三篇》則是仿《孫子兵法》十三篇而著的圍棋理論著作。清代名醫徐大椿的《醫學源流論‧用藥如用兵論》借鑑《孫子兵法》的用兵原則提出了用藥治病的十種方法，頗有見地。最後，他還感慨地說：「孫武子十三篇，治病之法盡之矣！」

　　《孫子兵法》在非軍事領域的運用研究至二十世紀下半葉出現了高潮。1950年代，日本出現了「兵法經營管理學派」，其影響迅速波及世界各地，形成了經濟領域《孫子兵法》研究的熱潮。此外，人們還從哲學、醫學、體育競技、系統科學、決策學、心理學、語言學、數學、預測學、行為學等學科角度來研究《孫子兵法》，都取得了豐碩的成果。

　　《孫子兵法》作為一部兵書能夠在非軍事領域產生如此巨大的影響，原因在於它將軍事領域中的具體原則高度提煉，上升到哲理的高度，從而具有了普遍的指導意義。經過數千年的時間，《孫子兵法》的思想已成為一種文化積澱，深深地影響著人們的行為和思維。

《孫子兵法》對後世各方面的影響

　　《孫子兵法》可謂是中國古代文化中的一朵奇葩。它言兵但又不限於言兵。以現代的學科分類來看，其對後世的軍事科學、醫學、經濟學、體育競技、文學、哲學、系統科學、決策學、心理學、數學、預測學、行為學等都有不同程度的影響。

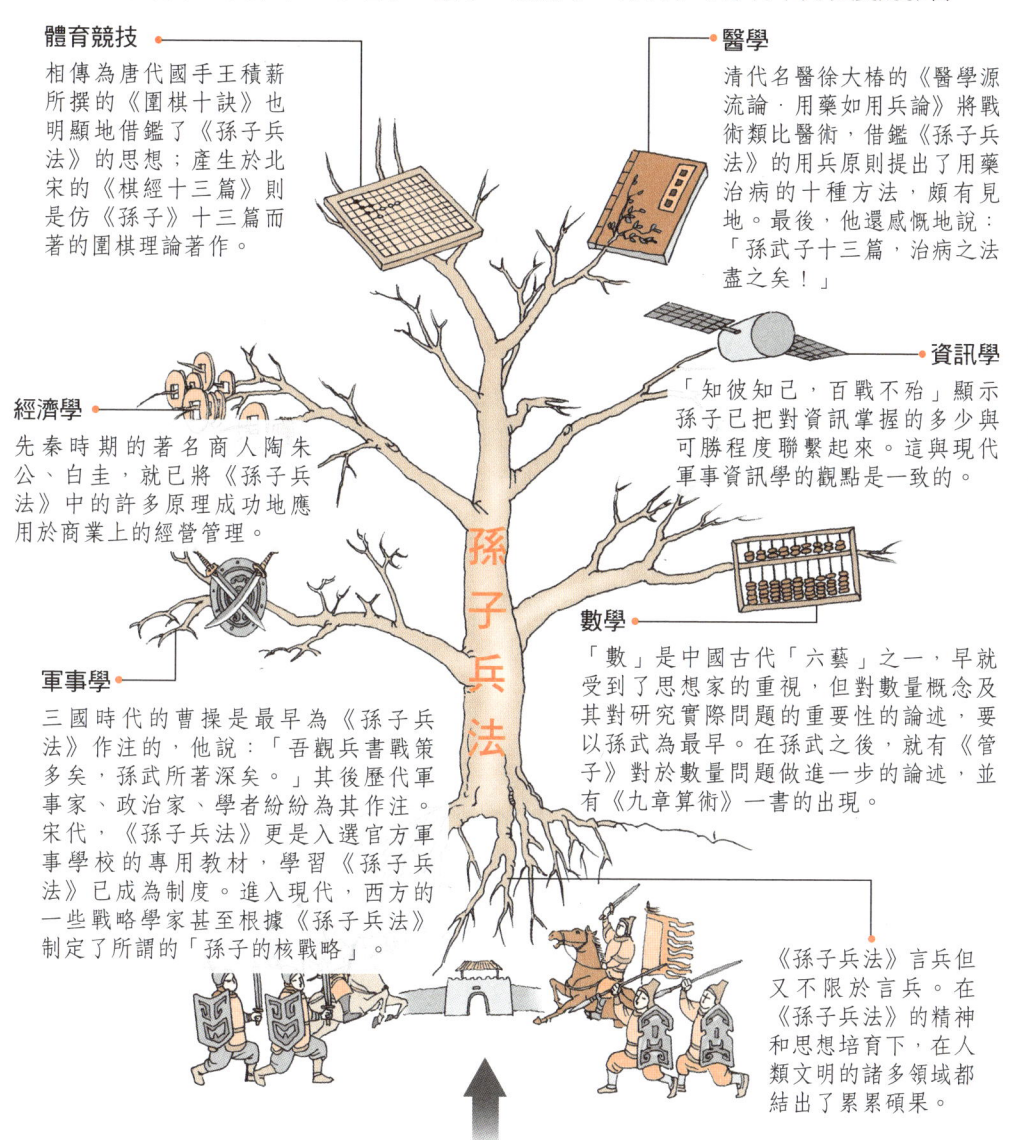

體育競技
相傳為唐代國手王積薪所撰的《圍棋十訣》也明顯地借鑑了《孫子兵法》的思想；產生於北宋的《棋經十三篇》則是仿《孫子》十三篇而著的圍棋理論著作。

醫學
清代名醫徐大椿的《醫學源流論‧用藥如用兵論》將戰術類比醫術，借鑑《孫子兵法》的用兵原則提出了用藥治病的十種方法，頗有見地。最後，他還感慨地說：「孫武子十三篇，治病之法盡之矣！」

經濟學
先秦時期的著名商人陶朱公、白圭，就已將《孫子兵法》中的許多原理成功地應用於商業上的經營管理。

資訊學
「知彼知己，百戰不殆」顯示孫子已把對資訊掌握的多少與可勝程度聯繫起來。這與現代軍事資訊學的觀點是一致的。

軍事學
三國時代的曹操是最早為《孫子兵法》作注的，他說：「吾觀兵書戰策多矣，孫武所著深矣。」其後歷代軍事家、政治家、學者紛紛為其作注。宋代，《孫子兵法》更是入選官方軍事學校的專用教材，學習《孫子兵法》已成為制度。進入現代，西方的一些戰略學家甚至根據《孫子兵法》制定了所謂的「孫子的核戰略」。

數學
「數」是中國古代「六藝」之一，早就受到了思想家的重視，但對數量概念及其對研究實際問題的重要性的論述，要以孫武為最早。在孫武之後，就有《管子》對於數量問題做進一步的論述，並有《九章算術》一書的出現。

《孫子兵法》言兵但又不限於言兵。在《孫子兵法》的精神和思想培育下，在人類文明的諸多領域都結出了累累碩果。

第壹章　關於《孫子兵法》

《孫子兵法》的影響

任何人、任何事物都是時代的產物，《孫子兵法》也不例外。正是動盪的、充滿了戰亂的春秋時期提供的充分土壤，才造就了孫子和《孫子兵法》這棵繁茂的參天大樹。

❷ 兵法經營管理學派
《孫子兵法》對經濟領域的影響

《孫子兵法》是一部專門研究作戰、揭示戰爭規律的軍事著作。但是，孫子總結出來的許多用兵之道，也完全適用於經濟管理。實際上，《孫子兵法》本身就是一部管理巨著，涉及領導藝術、組織管理、戰略決策、行銷謀略等諸多領域。

先秦時期的著名商人及思想家陶朱公、白圭，就已將《孫子兵法》中的許多原理成功地應用於商業上的經營管理，並以其為根據提出了「積著之理」和「治生之學」兩個論述中國古代商業經營思想的理論。研究這些理論就不難發現，其中的許多內容，如「擇人而任勢」、「人棄我取，人取我予」等，都是從《孫子兵法》中移植過來的。而且白圭說：「吾治生產，猶伊尹、呂尚之謀，孫吳用兵，商鞅行法是也。」可見，他在實際經商活動中是有意識地從孫、吳兵法中尋求指導和借鑑的。

進入現代社會以後，許多先進的資本主義發達國家，也都不約而同地把《孫子兵法》運用到改善企業的經營管理上。例如在日本，1950年代甚至出現了一個「兵法經營管理學派」，其影響迅速波及世界各地，形成了經濟領域《孫子兵法》研究的熱潮。某些大公司甚至直接用《孫子兵法》作為培訓中階以上管理人員的教材。據報導，有一個企業管理代表團訪日時曾問起日本的企業管理經驗。日方人員回答說，我們的經驗來自中國，並送了一本書給代表團。代表團的人打開書一看，原來是一本《孫子兵法》。

美國是另一個將《孫子兵法》普遍用於企業經濟管理中的國家。C.S.喬治在其1972年出版的著作《管理思想史》中，就專門提到《孫子兵法》在用人方面的論述，對今天企業管理有很大的價值。他甚至說：「你若想成為管理人才，必須讀《孫子兵法》。」1979年D.A.胡倫著的《管理思想的發展》一書中，推崇《孫子兵法》內含的經濟管理思想，說孫子談到率領軍隊分層次，軍官分等級，並用鑼、旗、焰火來傳遞消息。這說明孫子已經處理好直線領導與參謀的關係，認為這正是現代化企業管理所追求的組織理論。

《孫子兵法》用於商戰一例

早在先秦時期就產生了以《孫子兵法》為理論依據的經濟學專著。而且,《孫子兵法》中的思想也早已被廣泛地應用於實際商戰,並取得巨大成功。下面就舉一例以示說明。

王光英

兵法運用:知己知彼和兵貴神速。

王光英是一位實業家,他曾任某公司的董事長。這個公司有一個重要的戰略目標,就是購買世界各地物美價廉、技術先進又適合國內需求的二手設備。有一次,他們獲悉一個資訊:有一批二手汽車出售,但地址、價格、型號、數量均不詳。於是,王光英立即指示員工對這一消息進行持續追蹤。

幾天以後,王光英就收到最新報告:在南美智利,一家銅礦將要倒閉。礦主準備將其剛買的美國「道奇」、德國「賓士」等各類重型卡車,共計一千五百輛,全部低價出售,以償還債務。王光英為了搶在其他公司前面,立即派出業務小組並授予其全權決定的大權。只對他們說了一句話:「只要品質好、價格便宜,你們說了算!」

兵法運用:兵貴神速和「將在外,君命有所不受。」

業務小組到達智利後,隨即迅速地與礦主展開談判,最終以原價38%的低價將這批汽車全部買進。僅此一項,就讓他們公司賺了二千五百萬美元。

總結:王光英的公司在這場生意中,分別用到了:①知彼知己,在得到消息後,王光英立即指示不間斷地偵察重要的資訊;②將在外,君命有所不受,商場如戰場,時間就是金錢,各種情況瞬息萬變,授予「前線指揮權」是十分必要的;③兵貴神速,此種思想貫穿於始終。此次行動,前後不過三個月的時間,可以說是關鍵中的關鍵。

陶朱公

陶朱公就是范蠡,春秋時期越國的大政治家。在幫助勾踐復國後,棄官而去。他到了當時的商業中心陶(即今山東的定陶縣)定居,自稱「朱公」,人們稱他陶朱公。他在這裡很快就表現出了非凡的經商才能。在十九年內有三次賺了千金之多。但他賺了錢,就從事各種公益事業。他的行為使他獲得「富而行其德」的美名,成為幾千年來中國商業的楷模。

白圭,名丹,戰國時人,曾在魏國做官,後來到齊國、秦國。《漢書》中說他是經營貿易發展生產的理論鼻祖,即「天下言治生者祖」。他也是一位著名的經濟謀略家和理財家。白圭提出了一套經商致富的原則,即「治生之學」,其基本原則是「樂觀時變」,主張根據豐收歉收的具體情況來實行「人棄我取,人取我予」。

第壹章 關於《孫子兵法》

《孫子兵法》的影響

❸ 從東方到西方
《孫子兵法》對國外的影響

《孫子兵法》是中國古籍在世界上影響最大、最廣泛的著作之一。《孫子兵法》以它悠久的歷史、豐富的內容和精闢的論斷，受到了當代世界各國軍事家的讚賞，甚至許多國家的軍事院校都把它作為必修課。

《孫子兵法》最早傳入日本，然後傳入朝鮮，十八世紀以後又傳播到西方各國。

據考證，《孫子兵法》於六世紀即已傳入日本，但並不完整。真正對《孫子兵法》在日本傳播作出突出貢獻的是日本學者吉備真備（693～775年）。他於716年作為遣唐留學生來到中國，在中國學習了十九年的經史諸學之後，攜帶包括《孫子兵法》在內的許多中國古典著作返回日本。《孫子兵法》傳入日本後，產生很大影響，並成為日本主要的軍事指導思想。日本人更是把孫武稱為「武聖人」，認為「苟如講兵法，則莫如於孫子焉」。十世紀以後，在日本學者和武將中興起一股研讀中國兵書之風，其中又以對《孫子兵法》的研讀最為熱烈。著名學者大江匡房便是其中的佼佼者。相傳由他所著的《鬥戰經》，被稱為日本歷史上首部軍事理論著作。這部著作深受《孫子兵法》的影響，是一部將中國古代兵法與日本軍事熔為一爐的「不朽之作」。日本戰國時代的名將武田信玄，號稱是日本的「孫子」。他平素敬奉孫子為「尊師」，將代表《孫子兵法》中的名句「其疾如風，其徐如林，侵掠如火，不動如山」四句話寫在軍旗上，豎於軍門。在進入現代以來，《孫子兵法》依然對日本的軍事思想影響巨大。比如在日俄戰爭中，日本聯合艦隊司令東鄉平八郎，就運用了《孫子兵法》中「以逸待勞，以飽待飢」的原理指揮作戰，終於在日本海大海戰中全殲俄國太平洋第二分艦隊。

《孫子兵法》的西傳以法國為最早。1772年，法國神父錢德明在巴黎翻譯出版了《中國軍事藝術》叢書，其中就有《孫子十三篇》，產生很大影響。拿破崙失敗後被放逐在聖赫勒拿島上，據說有一天他在讀完《孫子兵法》後，嘆息道：「倘若我早日見到這部兵法，我是不會失敗的。」

1905年，《孫子兵法》最早英譯本出版。在西方世界中，英國對《孫子兵法》的研究最深。在全世界所有《孫子兵法》的外文本中，也以英國出版的英譯本影響最大。

《孫子兵法》對日本的影響

中華文明在日本的發展史上具有巨大影響，日本可以說是中華文化圈中的一員。《孫子兵法》作為中華文明的優秀代表早在六世紀就已傳入日本，並且產生深遠影響直至今日。

古代

① 6世紀

中國兵書《孫子兵法》、《三略》等即已傳入日本，但並不完整。527年，日本繼體天皇在其頒發討伐叛軍的詔令中這樣寫道：「大將，民之司命，社稷存亡，於是乎在。」這種措辭顯然受到了《孫子兵法》的影響。

② 8世紀

吉備真備

735年，遣唐留學生吉備真備攜帶《孫子兵法》回到日本，從此《孫子兵法》完整地傳入日本。760年，淳仁天皇命令以《孫子兵法》為旨教練軍隊。從此，《孫子兵法》成為朝廷的秘藏。

③ 10世紀

日本學者和武將中興起研究《孫子兵法》的熱潮，大江匡房是其中代表。他將《孫子兵法》中的核心思想與當時的日本軍事熔為一爐，寫成兵法《鬥戰經》。該書被稱為是日本歷史上首部軍事理論著作。

大江匡房

④ 16世紀

武田信玄

日本戰國時代的名將武田信玄十分崇拜孫子，並以孫子為師。他在其軍旗上寫下《孫子兵法》中名句「其疾如風，其徐如林，侵掠如火，不動如山」，常以自勉。

近代

⑤ 20世紀

明治時代海軍戰略戰術的奠基人之一佐藤鐵太郎寫了《孫子御進講錄》一書。他說：「在古今中外的兵書中，《孫子兵法》是論戰略最宏偉而且最容易深入研究的好書。」

⑥ 1917年

日本陸軍中將落合豐三郎完成《孫子例解》一書的編纂。海軍將此書指定為教育常備圖書，發放驅逐艦以上的全部海上部隊、學校及各地的所有陸上機關和部隊。

⑦ 一戰之後

日本海軍大學的講義中突出了克勞塞維茨的殲滅戰思想，加上德國的生存空間理論和「皇軍思想」的增強，日本的國防觀發生了重大變化，國防的對象由保衛國土、主權和人民變成了保衛「天皇」和「國體」。因此，《孫子兵法》的影響漸漸消退。

現代

⑧ 二戰之後

隨著日本的戰敗，研究《孫子兵法》的熱潮又逐漸興起。日本海軍大學戰略教官德永榮少將寫了《孫子的真實》，防衛大學教授堀之北重成寫了《古文孫子解釋》。他們一致認為：在高度評價孫子的時代，海軍極其健全；而當開始冷落孫子的時候，海軍便開始墮落。

⑨ 近年來

日本各界對《孫子兵法》的研究又興熱潮。佐藤堅司的《孫子之思想史的研究》和服部千春的《孫子法校解》是其中的代表性力作。1950年代甚至出現了一個「兵法經營管理學派」，其影響迅速波及世界各地，形成了經濟領域《孫子兵法》研究的熱潮。

第壹章　關於《孫子兵法》

《孫子兵法》的影響

1910年，由布魯諾・那瓦拉翻譯的《孫子兵法》德文本在柏林出版。書名為《兵書：中國軍事經典》。德國著名的軍事理論家克勞塞維茨也受了《孫子兵法》很大影響，在其著作《戰爭論》中就顯示許多孫子的思想。

　　美國對《孫子兵法》的研究開展較晚，開始於1940年代二戰結束以後。隨著科技的發展，核武器、導彈等新式武器的出現。這些都改變了傳統的作戰形式和規律，西方的傳統軍事戰略理論已經過時，而《孫子兵法》因其博大精深的軍事哲理內涵，吸引著西方軍事戰略學家，從中尋找解決現實問題的答案。美國國防大學戰略研究所所長約翰・柯林斯在他1973年出版的著作《大戰略》中說道：「孫子是古代第一個形成戰略思想的偉大人物……直到今天，也沒有一個人對戰略的相互關係、應考慮的問題和所受的限制比他有更深刻的認識。他的大部分觀點在我們當前的環境中仍然具有與當時同樣重大的意義。」目前美國的國防大學、西點軍校、海空軍指揮學院等都把《孫子兵法》列為戰略學和軍事理論的一本必讀書。不僅在理論學習上，《孫子兵法》中的戰略思想也已盡可能地被美國人應用於現實的國際鬥爭當中。美國前總統老布希就是《孫子兵法》的崇拜者之一。1990年8月波斯灣危機爆發後，《洛杉磯時報》記者採訪老布希，發現在他的辦公桌上擺著兩本書，一本是《凱撒傳》，另一本就是《孫子兵法》。還有，老布希上臺後實行了不少政策，如對社會主義國家實行和平演變戰略，實際上也是應用了孫武「不戰而屈人之兵」的戰略思想。1983年2月19日，美聯社報導美國軍方根據孫子「兵貴神速，攻其無備，出其不意」的謀略，制定強調速度、機動和深入敵後的新戰術。更為引人注目的是，西方的戰略家竟對《孫子兵法》作了全新的解釋，制定出了所謂的「孫子的核戰略」！兩千多年前冷兵器時代的孫武，竟成了西方制定核時代戰略戰術的精神支柱，這是孫武萬萬沒有想到的啊！

《孫子兵法》的各國譯本

　　隨著《孫子兵法》在世界各國的傳播，其產生了許多不同語言文字的譯本。據統計，《孫子兵法》共有二十七種語言文本，不少譯本還有不同版本。這也從另一個側面說明了《孫子兵法》的影響範圍之廣之深。下面就重點介紹幾種有影響的譯本。

日文譯本
（1660年）

雖然《孫子兵法》早在八世紀時即由日本遣唐留學生吉備真備傳回日本，但日本人一直以來卻直接學習漢文版的《孫子兵法》，並引以為榮。直到1660年，《孫子兵法》才被譯成日文，這也是《孫子兵法》的第一個外文譯本。

法文譯本
（1772年）

1772年，法國神父錢德明在巴黎翻譯出版了《中國軍事藝術》系列叢書，其中就收錄有《孫子十三篇》。這是《孫子兵法》的第一個法文譯本，也是其西傳以來的第一個譯本。當時有一家理論刊物說：「如果統率法國軍隊的將領能讀到像《孫子兵法》這樣優秀的著作，那是法蘭西王國之福。」

錢德明

俄文譯本
（1889年）

① 1889年，俄國漢學家斯列茲涅夫斯基翻譯了《孫子兵法》的第一個俄文譯本，並將其改名為《中國將軍孫子對其屬下將領的教誨》，由當時的軍事匯編第15卷刊行。

② 1955年，蘇聯出版了新的《孫子兵法》的俄譯本，其中有蘇聯著名的軍事理論家J.A.拉辛教授所寫的長篇緒論。他評論說：「人們奉為泰斗的通常是希臘的軍事理論家，但實際上排在最前面的應該是古代中國，中國古代軍事理論家中最傑出的則是孫子。」

英文譯本
（1905年）

1905年，在日本學習語言的英國皇家野戰炮兵上尉卡爾斯羅普首次把《孫子兵法》譯成英文，並在東京出版。三年後，又出版了修訂本。

1910年，時任大英博物館東方書刊和手稿館助理館長的英國著名漢學家小翟理斯重新翻譯了《孫子兵法》，並由倫敦的盧紫克公司出版。小翟理斯認為，卡爾斯羅普的譯文「糟糕透頂」，讓「孫子蒙塵受辱，需要為其正名」。小翟理斯的譯文富有韻律感，而且全書注釋詳盡，並附有譯者的見解和研究成果。該譯本流傳至今，經久不衰。

德文譯本
（1910年）

1910年，由布魯諾·那瓦拉翻譯的《孫子兵法》德文本在柏林出版，書名為《兵書：中國軍事經典》。

❹ 辭彩絢麗
《孫子兵法》對後世語言的影響

《孫子兵法》對後世的軍事理論與語言風格皆有深遠影響，在對後世兵書的編纂風格與體裁方面，更是發揮了開創先河的作用。

《孫子兵法》與兵書的編纂風格

《孫子兵法》論述軍事原理極具特色，突出的特點是捨事而言理，詞約而義豐，具有高度的哲理色彩和抽象性質。後世兵書唯《孫子兵法》馬首是瞻，很自然地就形成以哲理談兵的傳統。比如其後問世的《孫臏兵法》、《吳子》、《尉繚子》、《六韜》、《三略》、《李衛公問對》、《兵經百篇》、《投筆膚談》、《陣紀》等知名兵書均以哲理性強而著稱。更有《武經總要》《武備志》等一些大型綜合性兵書也收錄了非常豐富的軍事理論內容。即使是專門講述陣法、兵器的純技術類兵書，大都也以理論為綱進行編纂，從而形成中國兵書「捨事言理」、「以理繫事」的寫作風格。把《孫子兵法》和同時代相近的幾本兵書比較，就更可以看出其編纂風格和語言等方面的歷史價值。如同樣古老的兵書《司馬法》是「其辭庸甚」，又如《尉繚子》是「質木無文」，再如《吳子》是「全書辭義均淺薄，前後時有重複」。宋代李塗《文章精義》中說：「《孫子》文字極難學，唯蘇老泉數篇近之。」據蘇洵自己說，他的《權書》就是模仿《孫子兵法》而作的。

《孫子兵法》與兵書的編纂體例

在編纂體例方面，後世兵書也大都模仿效法《孫子兵法》。如《投筆膚談》就是「仿《孫子》遺旨，出一隙之管窺，謬成十三篇」。

《孫子兵法》與語言藝術

《孫子兵法》在語言藝術方面也取得很大的成就，它表現在詞語的選擇和錘鍊上，句式的搭配上，豐富多彩的修辭格運用等多個方面。因為孫子具有駕馭語言的深厚功力和高超技巧，儘管《孫子兵法》只有六千字左右，卻處處閃耀語言藝術的奪目光輝。它的語言明快、感情沛、辭彩絢麗，說理縱橫捭闔、娓娓道來，具有巨大的說服力和強烈的藝術感染力。因此，其對後世的語言藝術風格也產生了深遠的影響。

《孫子兵法》與修辭

　　《孫子兵法》在語言藝術上也取得了很大的成就，尤其是該書對各種修辭手法的運用更是一大亮點。這一點足以證明《孫子兵法》是一部巧妙地融合了許多軍事諺語和格言所寫成的一部有完整體系和獨特風格的軍事著作。現將其修辭總結為十條，分列如下：

修辭手法	舉例	優點
妙用比喻 形象生動	任勢者，其戰人也，如轉木石。木石之性，安則靜，危則動，方則止，圓則行。故善戰人之勢，如轉圓石於千仞之山者，勢也。（〈勢篇〉）	化抽象為具體，給人留下鮮明、深刻的印象。
運用對照辭式 觀點鮮明	是故勝兵先勝而後求戰，敗兵先戰而後求勝。（〈形篇〉）	透過對照，可以使論證尖銳有力、深刻鮮明，具有更加強大的說服力量。
比喻與誇張 巧妙結合	善戰者，藏於九地之下；善攻者，動於九天之上。（〈形篇〉）	強調、突出事物的本質，使人獲得深刻、強烈的印象。
廣泛運用對偶 句型整齊	犯之以事，勿告以言；犯之以利，勿告以害。（〈九地篇〉）	充分發揮了句式勻稱的整齊美和音韻和諧的韻律美。
層遞推進 步步深入	故用兵之法：十則圍之，五則攻之，倍則戰之，敵則能分之，少則能守之，不若則能避之。（〈謀攻篇〉）	能夠使要表達的思想逐步加深，感情逐步強化，因而能增強語言的說服力和感染力。
反覆陳說 文脈清晰	見勝不過眾人之所知，非善之善者也；戰勝而天下曰善，非善之善者也。（〈形篇〉）	使想要表達的觀點得到強調和突出，與此同時，使語言獲得了一種反覆美、節律美，大大提高了語言的表達效果。
明知故問 發人深思	敢問：「敵眾整而將來，待之若何？」曰：「先奪其所愛，則聽矣。」（〈九地篇〉）	可以引起讀者的注意和思考。同時，適當地運用設問，可以避免行文呆板，使語言富於變化。
運用反詰 寓答於問	多算勝，少算不勝，而況於無算乎！（〈計篇〉）	可以更有力地強調某種觀點，更清楚地說明某種道理，更充分地抒發某種感情。
首尾蟬聯 絲絲入扣	地生度，度生量，量生數，數生稱，稱生勝。（〈形篇〉）	可以突出事物之間的緊密關聯，深刻反映客觀事物相輔相成、互相依存的辯證關係。
善用排比 語勢磅礡	故善用兵者，屈人之兵而非戰也，拔人之城而非攻也，破人之國而非久也。（〈謀攻篇〉）	可以給人一氣呵成之感。語言節奏和諧暢達，論證層次清楚明白，整個文章猶如奔騰的激流，一瀉千里，痛快淋漓，形成一種氣勢磅礡的論辯力量。

第二節 簡述《孫子兵法》

❶ 從戰略到戰術

《孫子兵法》的軍事戰略與戰術思想

《孫子兵法》不僅觀點獨特，見解深刻，更重要的是它形成了一個完整的軍事思想體系。由於篇幅所限，在這裡我們只談一下它的軍事戰略與戰術思想部分，因為這是它精華的部分。

《孫子兵法》的戰略思想

《孫子兵法》的前七篇主要講的都是戰略問題。孫子的戰略思想可以歸納為以下四個原則。

一、非危不戰，即挽危為戰的原則。這體現了孫子的一種「慎戰」思想，這種思想滲透了其兵法的所有篇章。「非危不戰」的本意在於闡明戰爭的作用，主要在於保證國家或軍隊的安全不受威脅，利益不受損害。歸根結蒂，應是為了「挽危而戰」。不是到了情況緊急的非常時期，不是到了萬不得已的關鍵時刻，不是到了非用戰爭或戰鬥解決問題的緊要關頭，就絕不要興兵打仗。

二、非利不動，即戰而趨利的原則。這種原則要求戰爭的領導者在思考戰爭問題時，首先必須明確戰爭的目的性，弄清戰爭的根本利益所在。對此，孫子提出的最高準則是「唯民是保，而利於主」，即把人民和國家的利弊得失放在頭等重要的位置，並作為決策戰爭的唯一出發點和歸宿點。

三、非得不用，即戰則必勝的原則。孫子認為即使有種種利益和有利形勢擺在面前，也不可以輕易用兵，而是要非得不用，即後世兵家所謂「戰不必勝，不可以言戰；城不必拔，不可以言攻」，集中反映了其決策和指導戰爭的一個基本點：不戰則已，戰則必勝。

《孫子兵法》的軍事思想體系

《孫子兵法》的難能可貴，在於它在兩千多年前，就已經形成了世界上第一個完整的軍事思想體系。這不僅包括在正文中提到的軍事戰略與戰術思想，而且還包括軍事人才思想、治軍指導思想、軍事地理學、軍事後勤思想等諸多方面。

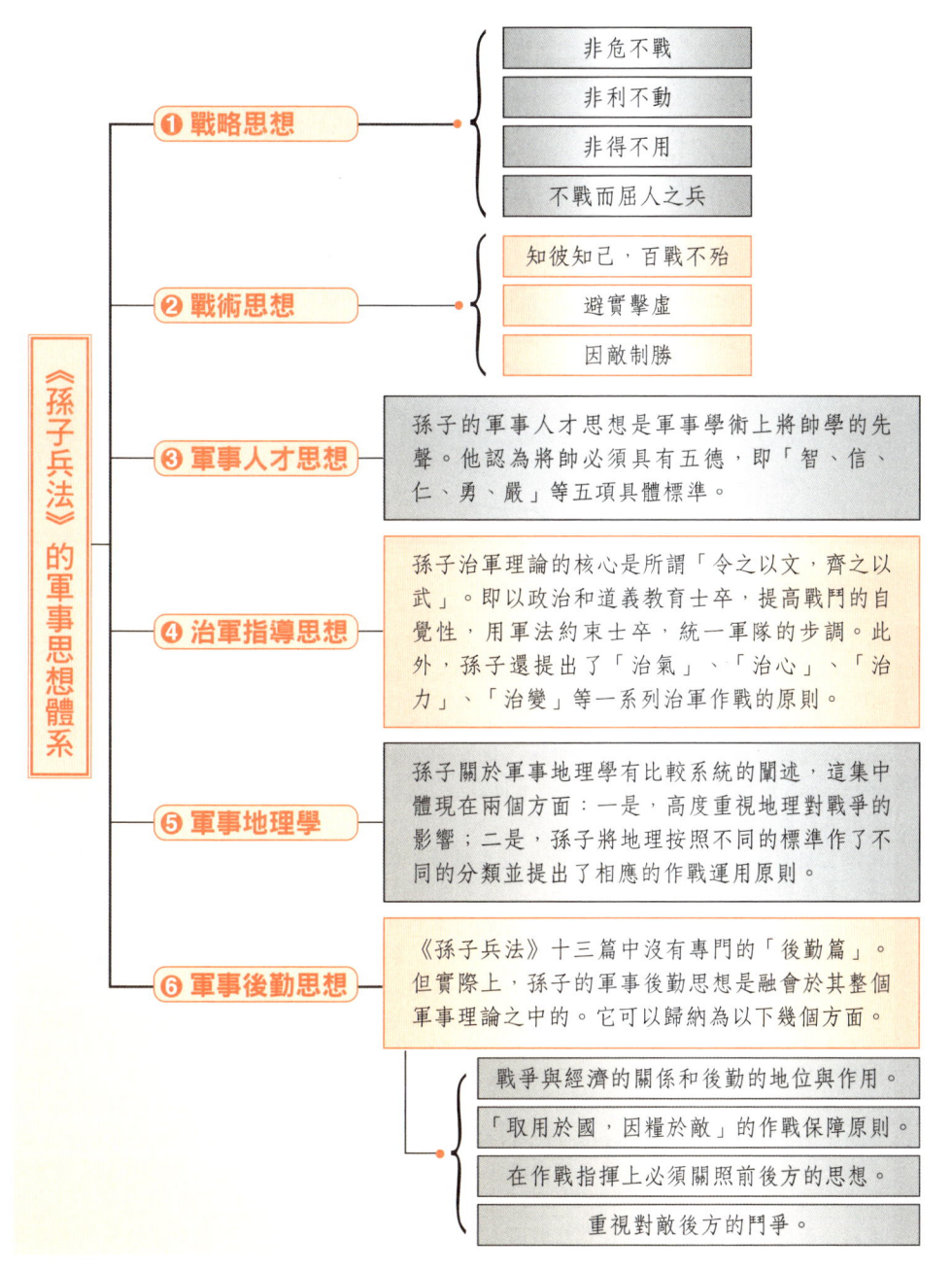

《孫子兵法》的軍事思想體系

❶ 戰略思想
- 非危不戰
- 非利不動
- 非得不用
- 不戰而屈人之兵

❷ 戰術思想
- 知彼知己，百戰不殆
- 避實擊虛
- 因敵制勝

❸ 軍事人才思想
孫子的軍事人才思想是軍事學術上將帥學的先聲。他認為將帥必須具有五德，即「智、信、仁、勇、嚴」等五項具體標準。

❹ 治軍指導思想
孫子治軍理論的核心是所謂「令之以文，齊之以武」。即以政治和道義教育士卒，提高戰鬥的自覺性，用軍法約束士卒，統一軍隊的步調。此外，孫子還提出了「治氣」、「治心」、「治力」、「治變」等一系列治軍作戰的原則。

❺ 軍事地理學
孫子關於軍事地理學有比較系統的闡述，這集中體現在兩個方面：一是，高度重視地理對戰爭的影響；二是，孫子將地理按照不同的標準作了不同的分類並提出了相應的作戰運用原則。

❻ 軍事後勤思想
《孫子兵法》十三篇中沒有專門的「後勤篇」。但實際上，孫子的軍事後勤思想是融會於其整個軍事理論之中的。它可以歸納為以下幾個方面。
- 戰爭與經濟的關係和後勤的地位與作用。
- 「取用於國，因糧於敵」的作戰保障原則。
- 在作戰指揮上必須關照前後方的思想。
- 重視對敵後方的鬥爭。

第壹章 關於《孫子兵法》

簡述《孫子兵法》

春秋，多事之秋：《孫子兵法》產生的時代背景

《孫子兵法》產生於春秋時期。這一時期是中國歷史上的社會大動盪時期，也是科技和思想文化空前繁盛的時期。可以說，在這樣的一種社會大環境下，《孫子兵法》的產生是有其必然性的。

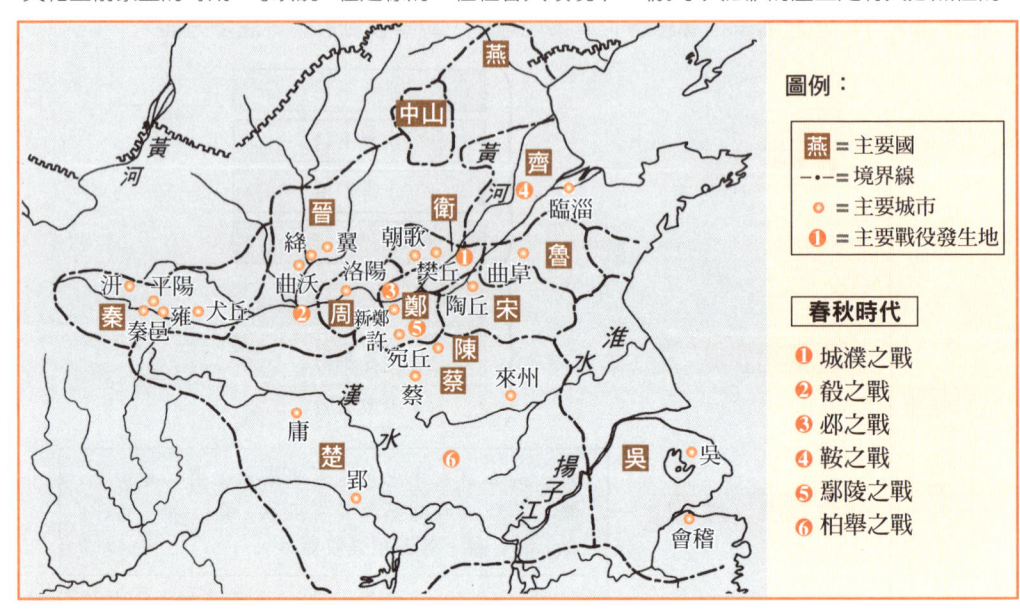

圖例：
- 燕 ＝ 主要國
- —·—·— ＝ 境界線
- ○ ＝ 主要城市
- ❶ ＝ 主要戰役發生地

春秋時代
- ❶ 城濮之戰
- ❷ 殽之戰
- ❸ 邲之戰
- ❹ 鞌之戰
- ❺ 鄢陵之戰
- ❻ 柏舉之戰

春秋時期主要國家概況

東周	西元前 770 年，周平王遷都於洛邑（今河南洛陽），史稱東遷後之周王朝為東周。東周共傳二十五代，歷時五百一十五年，東周時期又分為春秋（前 770～前 403 年）與戰國（前 403～前 221 年）兩個時期。此一時期，天子控制諸侯的權力和直接擁有的地盤，都逐漸喪失。但天子以「共主」的名義，仍然具有號召力。因此，一些隨著地方經濟發展逐步強大的諸侯國，就利用王室這個旗號，「挾天子以令諸侯」，積極發展自己的勢力。
燕	又稱北燕，周朝封國之一。約西元前七世紀時，燕國併薊國，並以薊城為都。西元前 226 年，秦攻占薊城。西元前 222 年，秦滅燕。
齊	是周王朝開國功臣姜尚的封國，都城設在臨淄。春秋中期，齊國稱霸諸侯，隨後則逐漸衰落，直至西元前 221 年，秦使將軍王賁從燕地南攻齊國，俘虜齊王建，齊國滅亡。
魯	其第一代國君是周公旦的兒子伯禽，都城曲阜。歷史上，魯國多次與齊國發生戰爭。在魯悼公以後，魯國漸漸衰落，到西元前 249 年時，魯國被楚國所滅。
吳	是周朝時的一個諸侯國，姬姓。春秋時期，吳國也開始與其他中原諸侯國爭雄。吳王闔閭在今天的蘇州建立都城，任用伍子胥和孫武攻破楚國都城，成為春秋五霸之一。闔閭的兒子夫差不顧國家連年征戰空虛，與齊國和晉國爭霸，令伍子胥自殺，忽視了邊界上的越國，被越王勾踐趁虛而入。西元前 473 年，夫差兵敗而逃，向勾踐求和，勾踐不准，夫差自殺，吳國滅亡。
越	東周王朝的諸侯國之一，建都會稽（今浙江紹興）。春秋末年，越逐漸強大，其王勾踐經常與吳國對抗，西元前 473 年，終於滅掉吳國。勾踐滅吳後北上爭雄，號稱霸王。戰國時，勢力衰弱，西元前 306 年，為楚所滅。
楚	建國於西周成王時，熊姓。在春秋戰國之交，楚國成為席卷南土、問鼎中原的極強盛國家。西元前 224 年，秦派王翦率軍六十萬進攻楚國，終於在西元前 222 年滅楚。

春秋時期主要國家持續時間一覽表

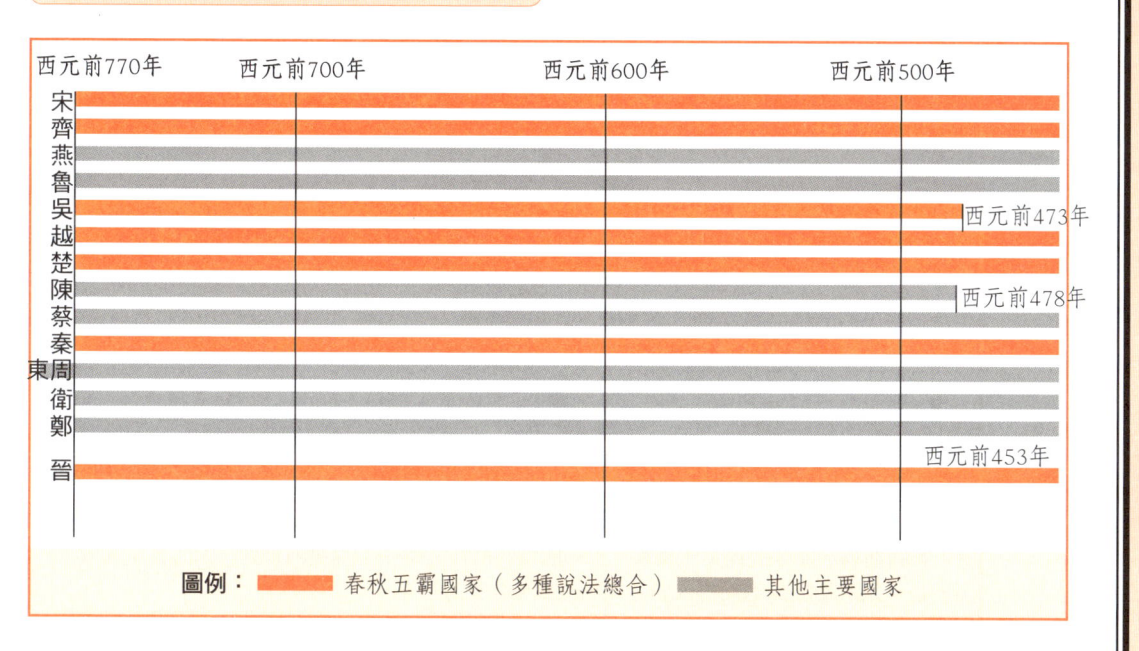

秦	西元前770年，秦襄公護送周平王東遷有功，被封為諸侯，秦始建國。一直到戰國初期，秦都是一個比較弱小的國家。西元前361年，商鞅開始在秦國實行變法，從此秦國開始不斷強大。西元前238年，秦王嬴政掌權，開始了對六國的征服。西元前221年，秦最終統一中國。
晉	原名為唐，春秋五霸之一，國土範圍大致在今山西省南部。西元前403年，晉國大夫韓虔、趙籍、魏斯三家自立為諸侯，晉國被分裂為韓、趙、魏三個諸侯國家，晉國滅亡。
中山	其前身是北方少數民族狄族鮮虞部落，最早時在陝北綏德逐漸轉移到太行山區。西元前296年，中山國被趙國所滅。
衛	西元前770年，衛國幫助周室東遷有功，始升為公爵。西元前221年（衛角君九年），秦國統一天下，衛國獨因弱小緣故繼續存國。西元前209年（衛角君二十一年），秦二世詔廢角君爵位，衛國滅亡。衛立國八百三十八年，傳三十五君。
宋	國君子姓，位於現在河南商丘一帶。其疆域最大時包括河南東北部、江蘇西北部、安徽北部、山東西南部。西元前1046年，周武王伐紂，商朝滅亡。武王將當時淪為奴隸的商朝貴族微子啟封於宋，公爵。西元前286年，齊湣王發兵滅宋，當時的宋國國君死在魏國。宋立國七百六十一年，共傳二十六世。
陳	國君本為媯姓，舜後裔。建國君主陳胡公本名媯滿，據慣例稱陳氏，遂名陳滿，字少湯。建都宛丘（今河南淮陽附近），轄地大致為現在的河南東部和安徽一部分。西元前479年，楚滅陳。
蔡	國君為姬姓，周武王之弟叔度（姬度）後裔。該國因建都於蔡，顧名蔡國。其轄地大致為現在的河南駐馬店市上蔡縣一帶。西元前447年，蔡國被楚國所滅。
鄭	國君為姬姓，伯爵。在春秋初年，鄭國非常活躍，在一段時間內，強大的齊國也對鄭國俯首稱臣，跟隨鄭國東征西討。到了鄭莊公時代，鄭國是當時最強盛的國家，史稱「鄭莊公小霸」。西元前375年，鄭國被韓國所滅。其立國共四百三十二年，傳二十代。

春秋時期主要戰役

西元前 632 年

城濮之戰　（√）晉 VS 楚（×）

是春秋時代晉、楚爭奪中原霸主地位的一次帶有決定意義的大規模戰役。一方是以晉為首，包括晉、齊、秦、宋的四國聯軍，一方是以楚為首，包括楚、陳、蔡、鄭、許的五國聯軍，雙方在城濮展開激戰。此役，晉軍大勝，並迫使楚方聯盟解散，晉文公也因此一戰而成為春秋一霸。

西元前 627 年

殽之戰　（√）晉 VS 秦（×）

發生於秦、晉兩國之間的戰役。西元前 628 年冬，晉文公死後，戍守鄭國的秦將杞子密告秦君，說受鄭命掌管鄭都北門，若潛師而來，可得其國。秦穆公遂命孟明視率軍襲鄭。次年春，秦軍因密謀洩露，滅滑後還師。晉布兵於殽（今河南三門峽）以待秦軍。4 月，秦軍至，遭伏擊，全軍覆沒，主帥孟明視等被俘。

西元前 597 年

邲之戰　（√）楚 VS 晉（×）

西元前 597 年春，楚莊王率師攻下鄭國都城（今河南新鄭一帶）。6 月，晉中軍元帥荀林父率軍救鄭。於是，雙方在邲（今河南滎陽東北）展開會戰。楚軍先發制人，迅速接近晉軍，展開進攻。晉軍遭到突然襲擊，不知所措，荀林父命令士兵渡河逃歸，因而晉軍大敗。至黃昏，楚軍進駐邲地獲得大勝。楚國的霸權由此建立起來。

西元前 589 年

鞌之戰　（√）晉 VS 齊（×）

西元前 589 年，齊頃公乘晉國霸業中衰之機，率兵進攻晉之盟國魯、衛。晉景公派郤克率上、中、下三軍相救。6 月 17 日，晉、齊兩軍在鞌（今濟南西北）地列陣交戰。齊頃公恃齊軍勇猛，欲「滅此朝食」，一鼓作氣，擊敗晉軍。晉軍在郤克指揮下頑強反擊，齊軍反遭慘敗。

西元前 575 年

鄢陵之戰　（√）晉 VS 楚（×）

是春秋中期，繼城濮之戰、邲之戰之後，晉楚爭霸的第三次，也是最後一次的兩國軍隊主力會戰，在歷史上具有重要的意義。西元前 575 年 5 月，兩軍相遇於鄢陵（今河南鄢陵西北）。晉厲公聽從了楚國叛將苗賁皇的計謀，採取避實擊虛的策略，大敗楚軍。此役中，楚共王不僅眼睛受傷，而且幾乎被晉軍所擒。激戰自晨至暮，楚軍傷亡慘重，只得暫時收兵，並趁著夜幕悄悄撤退。鄢陵之戰使晉國鞏固了霸業，削弱了楚國的實力。晉軍創造的攻弱避堅的戰術，成為古代戰爭中著名的範例。

西元前 506 年

柏舉之戰　（√）吳 VS 楚（×）

是春秋晚期一次規模宏大、影響深遠的大戰。吳王闔閭率大將孫武、伍子胥等領兵三萬，對楚國進行長途奔襲，不僅在柏舉（今湖北麻城）擊潰楚軍主力，而且隨後又五戰五勝，攻入楚國都城郢（今湖北江陵西北）。此役給長期稱雄的楚國十分沉重的打擊，有力地改變了春秋晚期的整個戰略格局，為吳國的進一步崛起，進而爭霸中原奠定了堅實的基礎。

春秋時期的戰鬥形式和主要武器裝備

春秋時期，繼承了夏、商、西周三代的傳統，主要的作戰形式是車戰。此一時期，各個諸侯國都有著數量龐大的戰車部隊。比如，據史書《左傳》所載，西元前529年，魯國請晉、齊、宋、衛、鄭等國舉行「兵車之會」，僅晉國就出動了「甲車四千乘」，總數就更多了。

戰車在戰鬥時，可以從遠、中、近三個層面上分別對敵進行攻擊。戰車在接近敵人前，首先採用遠射兵器（如弓、弩等）射擊對方；其次，在接近敵人時，再使用長兵器（如矛、戈、戟等）在車上與敵格鬥；再次，一旦戰車損毀，乘員就下車使用護身的兵器（如刀、劍、匕首等）進行自衛。

春秋時期主要武器裝備

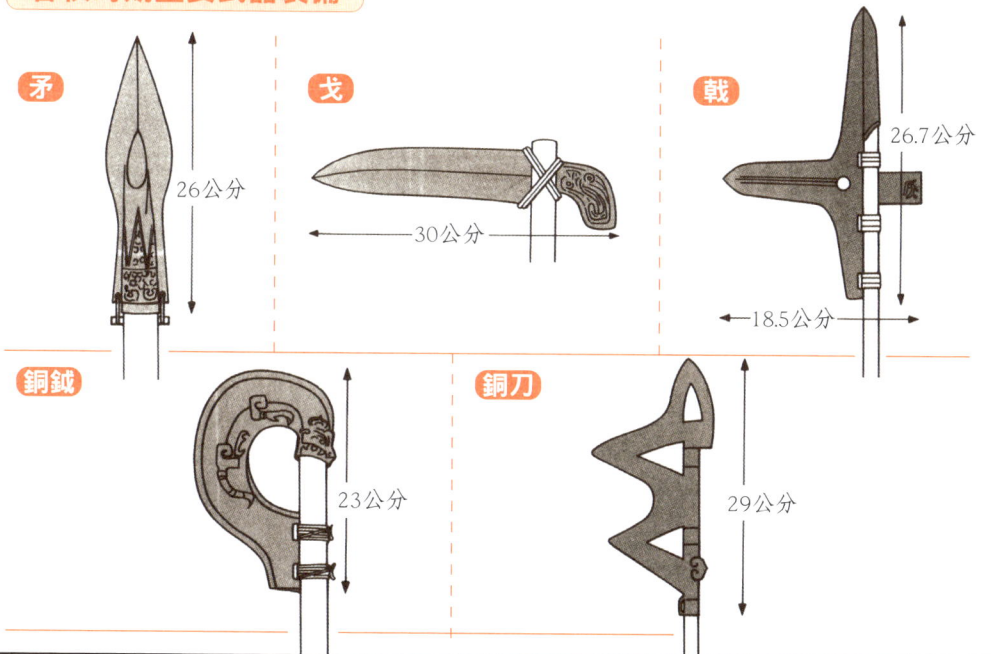

矛 26公分

戈 30公分

戟 26.7公分　18.5公分

銅鉞 23公分

銅刀 29公分

《孫子兵法》對社會各方面的影響

《孫子兵法》可謂是中國古代文化中的一朵奇葩。它言兵但又不限於言兵。以現代的學科分類來看，其對後世的諸種學科均產生了不同程度的影響。下面就以其中影響最為顯著的幾種詳細說明。

❶ 對軍事科學的影響

三國時代的曹操是最早為《孫子兵法》作注的，他說：「吾觀兵書戰策多矣，孫武所著深矣。」其後歷代軍事家、政治家、學者紛紛為其作注。宋代，《孫子兵法》更是入選官方軍事學校的專用教材，學習《孫子兵法》已成為制度。進入現代，西方的一些戰略學家甚至根據《孫子兵法》制定了所謂的「孫子的核戰略」。

❷ 對經濟學的影響

先秦時期的著名商人及思想家陶朱公、白圭，就已將《孫子兵法》中的許多原理成功地應用於商業上的經營管理，並以其為根據創作了《積著之理》和《治生之學》兩本專門闡述中國古代商業經營思想的著作。1950年代的日本，甚至出現了一個「兵法經營管理學派」，其影響迅速波及世界各地，形成了經濟領域研究《孫子兵法》的熱潮。

❸ 對競技體育的影響

相傳為唐代國手王積薪所撰的《圍棋十訣》就明顯地借鑒了《孫子兵法》的思想；產生於北宋的《棋經十三篇》則是仿《孫子兵法》十三篇而著的圍棋理論著作。

❹ 對醫學的影響

清代名醫徐大椿的《醫學源流論‧用藥如用兵論》將戰術類比醫術，借鑒《孫子兵法》的用兵原則提出了用藥治病的十種方法，頗有見地。最後，他還感慨地說：「孫武子十三篇，治病之法盡之矣！」

❺ 對資訊學的影響

《孫子兵法》對資訊科學價值的認識，是中國春秋時代人們對此認識的高峰。「知彼知己，百戰不殆」，顯示孫子已把對資訊源的不確定性消除的多少與可勝的程度聯繫起來。這與現代軍事資訊學的觀點是一致的，偵察衛星的運用就是其極致的表現。

❻ 對數理邏輯的影響

「數」是中國古代「六藝」之一，早就受到了思想家的重視，但對數量概念及其對研究實際問題的重要性的論述，要以孫武為最早。在孫武之後，就有《管子》對於數量問題做進一步的論述，並有《九章算術》一書的出現。

中國古代兵書概覽

據粗略統計，中國現存的古代兵書共有二百多部，而《孫子兵法》只是其中的卓越代表而已。現將中國古代兵書作一簡要概覽，以使讀者對此有更加全面的認識。

兵法類

「兵法」作為兵書類目，是有關軍事理論方面兵書的統稱。這類兵書以《孫子兵法》、《吳子兵法》、《孫臏兵法》、《司馬法》、《尉繚子》、《六韜》、《三略》及對這些兵書的注釋為代表。它們從理論的高度論述軍事問題，富有哲理，具有重要的學術價值。這類兵書數量多、流傳廣、影響深遠，居各類兵書之冠。

陣法類

陣法，用現代說法，就是行軍作戰和宿營的隊形。陣法類兵書就是專門闡述行軍作戰和宿營隊形一般規律的兵書的總稱。這類兵書的代表有《握奇經》、《續武經總要》等。

兵略類

兵略者，用兵之方略也。彙集歷代戰爭實例，借鑑古代用兵謀略而寫成的兵書，稱為兵略類兵書。因為有借鑑古人用兵得失之意，故有的稱其為兵鑑類兵書。首創兵略體例的是晉代司馬彪。他所著的《戰略》，分條輯錄有關戰略運用方面的戰爭實例。

訓練類

在古代，訓練是「訓」和「練」的合稱。所謂訓，用今天的話講就是政治教育，訓在知忠義，固其心；所謂練，就是現在所說的軍事訓練，練在知戰陣，精技藝。訓練類兵書就是專門闡述這兩種活動的一般規律的兵書的總稱。這類兵書的代表作有明代抗倭名將戚繼光所著的《紀效新書》和《練兵實紀》等。

中國古代兵書發展的歷史階段

兵書的萌芽與產生階段
（商～西周）

商代出現記載戰爭的甲骨文，標示著兵書開始萌芽。西周《軍政》、《軍志》的問世，則是兵書產生的標誌。此時兵書並沒有對戰爭和軍事問題進行系統的論述，而且這一時期沒有流傳下來一部完整的兵書。

兵書的成熟和發展時期
（春秋～隋唐）

此時期是中國古代兵書的成熟時期，其作品最有代表性。這一時期的兵書理論色彩較濃，一般都對戰爭與軍事的重大問題進行論述，能從哲理的高度論兵。《孫子兵法》就是此一階段兵書高度成熟的標誌

中國古代兵書概覽

中國古代兵書的分類

城守類

所謂城守，就是城邑防禦。古代攻守城池的戰例為數不少，但秦漢至隋唐卻未有城守方面的專書流傳。宋代開始出現一些城守兵書，現存最早的一部城守專書就是南宋陳規所著的《守城錄》。明清時期，城守兵書日漸增多，如呂坤的《救命書》、宋祖舜的《守城要覽》等。

兵制類

兵制，古代又稱兵志，就是古代的軍事制度。早在商代的甲骨文中就有了兵制的零星記載，周代對兵制就有了系統的記載。此類兵書代表作有南宋陳傅良的《歷代兵制》和清代的《軍需則例》等。

鄉兵團練類

鄉兵團練是中國封建社會中不完全脫離生產的地方武裝組織，大都由當地的地主分子所掌握。反映這部分武裝及其軍事活動的著作，即屬鄉兵團練類兵書。此類兵書的代表作有清末王鑫的《練勇芻言》、李東敬的《鄉兵管見節要》等。

兵器類

古代兵器包括冷兵器和火器、火藥及攻守器械。記述冷、熱兵器和攻守器械的種類、性能、設計和製造技術的兵書即為兵器類兵書。宋代以後，此類兵書逐漸增多，如《耕餘剩技》、《火龍神器陣法》、《火龍經》等。

兵書的低潮期
（五代十國時期）

五代十國時期，分裂割據，王朝更迭頻繁，幾乎沒有著述什麼兵書，從歷代書目中只檢索到《契神經》《六壬軍法鑑式》《兵論》三種，但都沒有流傳下來。

兵書的復興時期
（兩宋時期）

兩宋時期是中國兵書的大復興時期，其特徵是：（1）兵書數量的急遽增加；（2）創編了許多兵書新品種；（3）政府組織力量編纂兵書；（4）注釋《孫子兵法》等兵書蔚然成風。

軍事地理類	名將傳類	綜合類	類書類	叢書類
軍事地理，是指從軍事鬥爭的需要出發，以自然地理和人文地理為基礎，研究地理環境對國防建設和軍事行動的影響等為內容的一門學科。記述這些內容的兵書就是軍事地理類兵書。此類兵書的代表有明代鄭若曾的《籌海圖編》等。	名將傳類，是專門記述歷代著名將帥軍事生涯的兵書。現存最早的名將傳專書是宋代張預著的《百將傳》，其傳記資料輯自十七部正史，故又稱《十七史百將傳》。	此類兵書，是指內容包括軍事領域多個門類知識的兵書。其特點是內容豐富，門類齊全，篇幅長，可以說是中國古代的軍事百科全書。唐代李荃編著的《太白陰經》是現存較早的綜合性兵書。此類中部頭最大的一部是明代茅元儀的《武備志》，全書共二百四十卷，約二百餘萬字，几乎囊括了明代以前軍事上的各個方面的知識。	此類兵書，是按照一定的編排方式，把古代軍事資料分門別類地加以輯錄的一種兵書，其性質和綜合類兵書是相同的。現存最大的一部類書是清代的《古今圖書集成》，全書共一萬卷，六個匯編，三十二典，六千一百零九部，一億六千多萬字。	此類兵書，是將若干兵書收集到一起，並冠以總名的一套兵書。它和類書不同，不是對原書進行摘抄、剪裁，按類或韻部進行編排，而是將原書原原本本地收錄進來。《武經七書》是現存最早的軍事叢書，它校定頒行於北宋元豐三年（1080年）。

兵書的第二次高峰時期
（明清時期）

由於戰爭的客觀需要、武器裝備的改進和兵學思想的革新等原因，中國歷史上出現了兵書的第二次高峰，其特徵是兵書的數量驟增，作者隊伍擴大，種類繁多。這一時期的代表作有戚繼光的《紀效新書》、《練兵實紀》和茅元儀的《武備志》等。

兵書的衰落時期
（清末）

清末是延續兩千餘年的封建社會走向滅亡的時期，作為封建時代戰爭經驗和軍事理論載體的兵書也隨之徹底衰落。取而代之的則是已經非常成熟的外國資產階級軍事著作。

四、不戰而屈人之兵，即不戰而勝的原則。孫子認為：「百戰百勝，非善之善者也；不戰而屈人之兵，善之善者也。」可見，孫子雖然強調戰則必勝，但「不戰而屈人之兵」才是他的最高戰略指導目標。所謂「不戰而屈人之兵」，是指採用非直接、非流血的軍事手段迫使敵人屈服，從而達到己方政治目的的方法。這一原則，在《孫子兵法》中占有特殊地位，是孫子全部戰略思想中一個頗具創見的基本點。

《孫子兵法》的戰術思想

如果說戰略是一種相對固定的作戰策略的話，那麼戰術則是一種不斷要求「出奇制勝」，靈活多變的作戰策略。所以，戰術的產生並不是根據戰略的需要，而是依據那些眾多的現實性和特殊性。

孫子的戰術思想，可以劃分為以下三個方面：

一、強調「知」的重要性。孫子說：「知彼知己者，百戰不殆。」即戰術的運用是根據敵我情況的變化而靈活使用的，「知彼知己」強調了客觀現實情況的決定作用，即戰術首先必須建立在客觀現實的堅實基礎之上。

二、強調知彼知己的目的，在於了解敵我雙方的虛實、強弱，然後採用避實擊虛的手段去奪取戰爭的最後勝利。孫子正是透過對敵我雙方虛實、強弱的不斷比較研究，並透過大量的實踐經驗，才發現這一普遍戰術規律的。孫子是第一位將最一般和最普遍的戰術規律概括出來的偉大軍事家，並把它作了充分完整的論述和發揮。

三、孫子針對不同方面，不同角度，以及不同氣候和地理條件的特殊情況，提出了許多具體的戰術方法。如〈軍爭篇〉中的「治氣」、「治心」、「治力」、「治變」及其以後的用兵「八戒」等，〈九地篇〉和〈地形篇〉中有關各種不同地形情況下的作戰原則等，都充分闡明了「避實擊虛」這一基本的戰術規律。

十一家注孫子

中國歷代學者研究《孫子兵法》的主要方式是為其加注。其中以十一個人的注釋最為精彩、權威，他們合稱為「十一家注孫子」。這十一家中除了曹操和孟氏以外，其餘皆為唐、宋時人。

三國時期

曹操（155～220年），東漢末年軍事家、政治家。他少機警，有權術，年二十舉孝廉，授洛陽北部尉。後來他又鎮壓黃巾起義、討董卓、擒呂布、滅袁紹、征服烏桓，統一北方，與蜀漢、孫吳三分天下，以功封為魏王。四年後，病死洛陽。他的兒子曹丕稱帝，將其尊為武帝。曹操精通兵法，他的《孫子注》是今天存世的最早注釋本。他曾說道：「吾觀兵書戰策多矣，孫武所著深矣。」除此之外，他還有《兵書接要》等傳世。

南北朝時期

孟氏，失名，據推測為南北朝時梁人。宋本《十一家注孫子》中存孟氏注僅六十八條，數量很少，似有缺失。他的注偏重文字考證，而較少思想的闡述。宋本《十一家注孫子》多將其注放在杜牧之後。

唐期

杜佑（736～812年），唐朝大臣，史學家。字君卿，京兆萬年人（今陝西西安）。是德宗、順宗、憲宗三朝老臣，歷任戶部侍郎、嶺南淮南節度使、同平章事等職，後封岐國公。《舊唐書》卷一四七、《新唐書》卷一六六有傳。

李筌，號達觀子，兵學家。他有將略，官至仙州刺史，後入山訪道，竟不知所終。除《孫子注》以外，他有《太白陰經》、《閫外春秋》等。

賈林，德宗時華原人。初為永平兵馬使，後封武威郡王。卒後，贈尚書左僕射。

杜牧，唐代詩人，乃杜佑之孫。官至中書舍人等職。除《孫子注》外，另著有《樊川文集》等。

陳皞，唐人。宋本《十一家注孫子》中存其注一百一十三條，數量不多。在數量和品質上均不及曹、杜，但也有一些值得人深思的新見解。比如〈火攻篇〉「行火必有因」句，陳注為：「須得其便，不獨奸人」，可使人廣開思路。

宋期

梅堯臣（1002~1060年），北宋詩人，世稱宛陵先生。與歐陽脩、蘇舜欽齊名。除《孫子注》外，另著有《唐載記》、《毛詩小傳》、《宛陵集》等。

王晳，推測是宋仁宗時人。依《東原錄》載，他是真宗天禧中翰林學士。

何氏，名延錫。宋本《十一家注孫子》稱其為何氏，生平事跡不詳。

張預，字公立，宋朝兵學家。有人說他是清河人，也有人說他是東光人。他著有《百將傳》一書，每傳皆以《孫子兵法》斷之。

第壹章　關於《孫子兵法》　簡述《孫子兵法》

❷ 唯物論與辯證法
《孫子兵法》中的哲學思想

孫子之所以在政治、軍事上有遠見卓識，是有其哲學上的理論基礎的。具體來說，就是孫子具有樸素的唯物主義戰爭觀和軍事辯證思想。

《孫子兵法》中的唯物主義思想

《孫子兵法》中的樸素唯物主義觀點，主要表現在以下方面：

一、表現為無神論和反天命的態度。比如在〈用間篇〉中：「先知者，不可取於鬼神⋯⋯必取於人知敵之情者也。」

二、表現為孫子將戰爭勝負與否建立在對戰爭雙方各種基本條件的基礎上。例如〈計篇〉中：「故經之以五事，校之以計，而索其情：一曰道，二曰天，三曰地，四曰將，五曰法。」

三、表現為孫子把戰爭勝敗與否建立在認識客觀外界「知」的基礎上。「知彼知己，百戰不殆」反映了這一條必須遵循的唯物主義認識論原則。

四、孫子還要求戰爭的指導者，不可從主觀願望和喜怒情感出發，要在判明敵我雙方的情況下，再定下打不打的決心。比如〈火攻篇〉中：「主不可以怒而興軍，將不可以慍而致戰；合於利而動，不合於利而止。」

《孫子兵法》中的辯證法思想

《孫子兵法》不僅貫穿一條樸素唯物主義的認識路線，還貫穿樸素的軍事辯證法思想。孫子軍事哲學中的樸素辯證法思想體現在以下四個方面：

一、孫子在論述用兵時，關於對立統一的法則有許多提法，把握了矛盾鬥爭的兩個方面。孫子關於「智者之慮，必雜於利害」等主張，即明確地把握住矛盾鬥爭的兩個方面。

二、孫子把戰爭看作是一組矛盾對立統一和轉化的過程，十分強調掌握變化情況而採取應變的措施。孫子強調：「兵無常勢，水無常形，能因敵變化而取勝。」這是孫子辯證法思想的又一個突出特點。

三、充分發揮人的主觀能動性。孫子認為戰爭的勝負雖然是由物質基礎決定的，但也並非絕對。只要充分發揮人的作用，就「能為勝敗之政」。

四、在處理「常」與「變」的關係上，孫子認為，用兵有「常」，亦有「變」。不能墨守成規，要知「九變之術」，否則就不能算「知兵」。

孫子的唯物論和辯證法思想

《孫子兵法》之所以能夠歷經數千年而不衰，直到現在仍具有現實指導意義，其原因就在於它不僅是一部兵書，而且還是一部高度抽象性的哲學著作，揭示事物的普遍規律。它所蘊含的哲學思想主要有兩點，即唯物主義思想和辯證法思想。

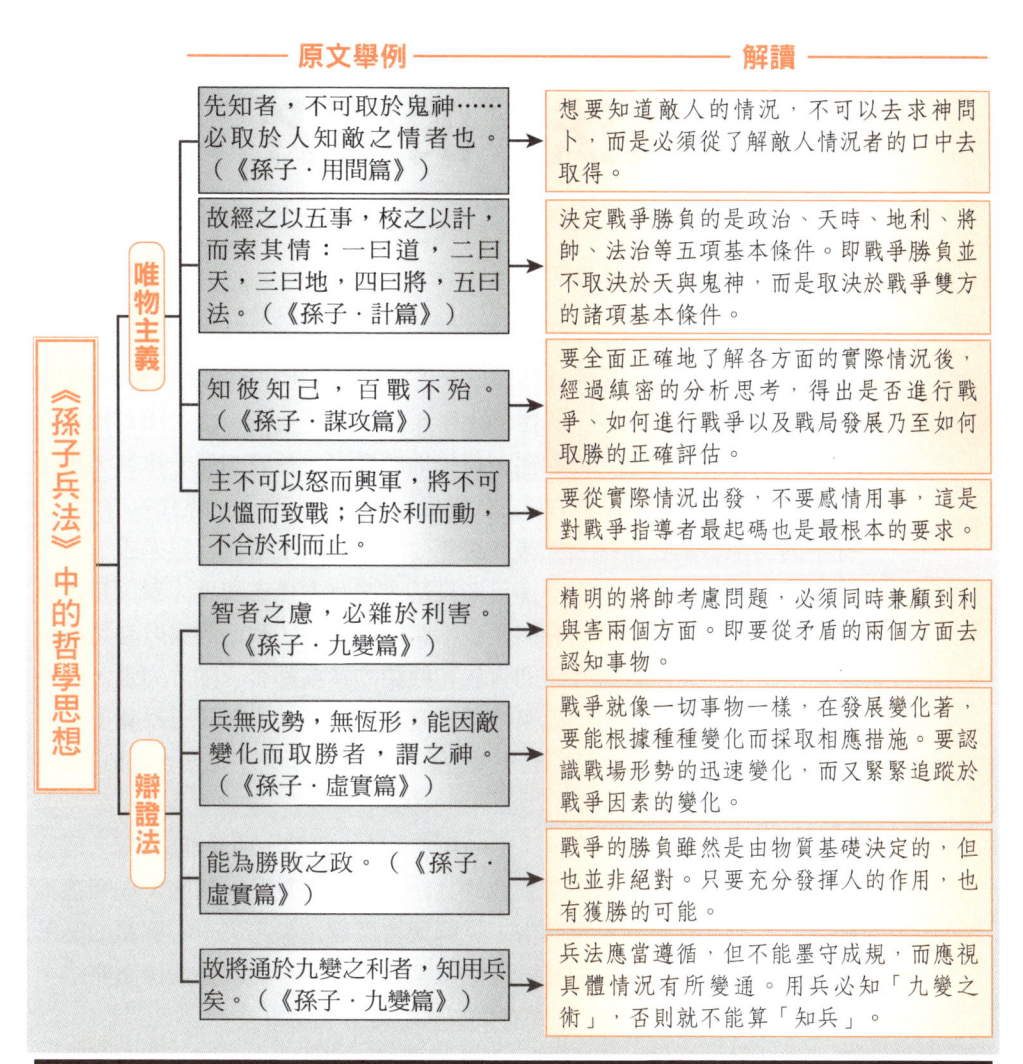

《孫子兵法》中的哲學思想

唯物主義

― 原文舉例 ― / ― 解讀 ―

原文舉例	解讀
先知者，不可取於鬼神……必取於人知敵之情者也。（《孫子‧用間篇》）	想要知道敵人的情況，不可以去求神問卜，而是必須從了解敵人情況者的口中去取得。
故經之以五事，校之以計，而索其情：一曰道，二曰天，三曰地，四曰將，五曰法。（《孫子‧計篇》）	決定戰爭勝負的是政治、天時、地利、將帥、法治等五項基本條件。即戰爭勝負並不取決於天與鬼神，而是取決於戰爭雙方的諸項基本條件。
知彼知己，百戰不殆。（《孫子‧謀攻篇》）	要全面正確地了解各方面的實際情況後，經過縝密的分析思考，得出是否進行戰爭、如何進行戰爭以及戰局發展乃至如何取勝的正確評估。
主不可以怒而興軍，將不可以慍而致戰；合於利而動，不合於利而止。	要從實際情況出發，不要感情用事，這是對戰爭指導者最起碼也是最根本的要求。

辯證法

原文舉例	解讀
智者之慮，必雜於利害。（《孫子‧九變篇》）	精明的將帥考慮問題，必須同時兼顧到利與害兩個方面。即要從矛盾的兩個方面去認知事物。
兵無成勢，無恆形，能因敵變化而取勝者，謂之神。（《孫子‧虛實篇》）	戰爭就像一切事物一樣，在發展變化著，要能根據種種變化而採取相應措施。要認識戰場形勢的迅速變化，而又緊緊追蹤於戰爭因素的變化。
能為勝敗之政。（《孫子‧虛實篇》）	戰爭的勝負雖然是由物質基礎決定的，但也並非絕對。只要充分發揮人的作用，也有獲勝的可能。
故將通於九變之利者，知用兵矣。（《孫子‧九變篇》）	兵法應當遵循，但不能墨守成規，而應視具體情況有所變通。用兵必知「九變之術」，否則就不能算「知兵」。

第壹章　關於《孫子兵法》

簡述《孫子兵法》

名詞解釋

唯物主義
是一種哲學思想。這種哲學思想的基本觀點概括為物質第一性、精神第二性，世界的本源是物質，精神是物質的產物和反映。

辯證法
源於古希臘語，原意為談話的藝術。是一種與形而上學相對立的世界觀和方法論，是客觀世界本身固有的規律，是關於普遍聯繫和發展的學說。

59

第三節 《孫子兵法》作者考

孫武

《孫子兵法》的作者

《孫子兵法》的作者是孫武，被尊稱為孫子。是中國古代偉大的軍事家，也是世界著名的軍事理論家。

孫武，字長卿，後人尊稱其為孫子、孫武子。他出生於西元前540年左右的齊國樂安（今山東惠民），具體的生卒年月日已不可考。祖父田書為齊大夫，攻伐莒國有功，齊景公賜姓孫，封采地於樂安。孫書的兒子孫馮，也在齊國做官，孫馮的兒子，便是中國古代最偉大的軍事天才——孫武。

孫子的出生日約在齊桓公死後一百年，齊國的黃金時代已經過去了，它雖然屢次攻莒侵魯，實際上國勢卻日漸衰落，沒有力量去和晉、秦、楚等強大的國家爭奪霸權了。國勢的衰弱是政治腐敗的結果，政治的腐敗必然產生一批政治改革家。當時齊國姓田的貴族和姓鮑的貴族都有一部分力量，他們想聯合一些不滿現狀的貴族們起來推翻當時的齊王，結果被齊王察覺了，便下令捉拿叛黨。孫子和田家是同族，曾經參加政變。所以，在西元前517年左右，孫武就流亡到南方的吳國。

孫子到了吳國後，潛心鑽研兵法，著成兵法十三篇。西元前512年，經吳國謀臣伍子胥多次推薦，孫武帶上他的兵法十三篇晉見吳王闔閭。在回答吳王的提問時，孫武的議論驚世駭俗，見解獨特深邃，引起了一心圖霸的吳王深刻共鳴，他連聲稱讚孫武的見解，並以宮女一百八十名讓孫武操演陣法，親自驗證孫武的軍事才能後，任命孫武以客卿身分為將軍。

西元前506年，吳楚大戰開始，孫武指揮吳國軍隊千里遠襲，深入楚國。在柏舉會戰中，吳國以三萬劣勢軍隊擊敗了楚國二十八萬的優勢軍隊，獲得了決定性的勝利，隨後攻下了楚都郢城，使得楚國差一點亡國。然後又北威齊晉，屢建奇勛。吳王闔閭在諸侯間得以顯名，全倚仗孫武的軍事天才和謀略。

孫子的一生

孫子，名武，字長卿，具體生卒年不詳。他本是齊國貴族，因國內動亂而投吳國為將軍。後指揮吳國軍隊打敗楚軍，使吳國稱霸於諸侯。生前著有《孫子兵法》十三篇，是為世界上第一本理論性兵書，因此其被稱為「兵家鼻祖」。

❶ 孫子出生於齊國的一個貴族家庭，生卒年在歷史上沒有確切記載。據推測，孫子的年紀比孔子小一些，大概出生於西元前540年左右。

❷ 齊國田姓和鮑姓貴族因不滿時任齊王的統治而密謀政變，孫子亦加入其中。後來政變失敗，孫子不得已而流亡到南方的吳國去了。

❸ 到吳國以後，孫子潛心鑽研兵法，著成兵法十三篇。後被吳國重臣伍子胥推薦給吳王闔閭。闔閭以宮女一百八十名讓孫武操演陣法，親自驗證了孫子的軍事才能後，任命孫子以客卿身分為將軍。

❹ 吳楚大戰爆發，孫子指揮吳軍深入楚國，在柏舉會戰中，吳軍三萬擊敗了楚軍二十八萬，取得了以少勝多的奇蹟，甚至攻下了楚都郢城，使得楚國差點亡國。然後又北威齊晉，屢建功勳，使吳國稱霸於諸侯。

孫武的家譜

舜 → 胡公 → 田完 → 孫書 → 孫馮 → 孫武

舜	胡公	田完	孫書	孫馮	孫武
孫子是舜的後裔，所以舜是孫子最早的祖先。	在西周的時候，舜的後代胡公被封為陳國的侯爵。在齊桓公稱霸的時候被齊國所滅。	陳國公子「完」流亡到齊國受齊桓公賞識，做了齊國的大夫，從此改名為田完。	田完的第五世孫田書，也是齊國大夫，因討伐莒國有功被齊景公賜姓「孫」。	孫書生子孫馮，也為齊國大夫。	孫馮生子，即為孫武。

第壹章　關於《孫子兵法》

《孫子兵法》作者考

61

第四節 中國古代兵書擷英

武經七書
中國古代兵書之精華

> 中國史上存在的兵書數量眾多。以《武經七書》影響最大。《武經七書》並不是一本書，而是七本書的合稱，包括：《孫子兵法》、《吳子兵法》、《尉繚子》、《司馬法》、《六韜》、《三略》、《李衛公問對》。

《武經七書》共二十五卷，成書於北宋年間。是北宋朝廷作為官書頒行的兵法叢書，是中國古代第一部軍事教科書。北宋政府頒行《武經七書》是鑑於當時的軍事環境和國防需求。宋神宗於熙寧五年（1072年）六月，繼宋仁宗之後重新開設「武學」（軍事學校）。《武經七書》就是這所學校的教材。宋神宗於元豐三年（1080年）命令當朝最高學府國子監司業朱服等人組織力量校訂、彙編、出版上述七書。武學博士何去非參與了此項工作。校訂這七部兵書，花了三年多時間，到元豐六年（1083年）冬才完成了刊行的準備工作。

《武經七書》是從當時流行的三百四十多部古代兵書中挑選出來的。可見，這七部兵書是何等重要。它是中國古代兵書的精華，奠定了中國古代軍事學的基礎，甚至對世界近現代軍事科學都起到了積極的作用。校訂、頒行《武經七書》，是北宋朝廷在軍事理論建設上的一個貢獻。《武經七書》頒行後，成為宋朝以來軍事學校和考選武舉的基本教材。南宋規定，「武學」的學生，必須學習兵法。明朝開國皇帝朱元璋曾命令兵部刻印《武經七書》發給有關官員和高級將領及其子孫學習。

《武經七書》頒行後，備受世人關注，因此注家蜂起，先後出現幾十種注釋本。比如宋朝施子美的《武經七書講義》，是現存最早的注本，對以後的注家起了發凡啟例的作用；明朝劉寅的《武經七書直解》，因其「注疏詳明，引據切當」最為後人重視。此外還有黃獻臣的《武經開宗》、清代朱墉的《武經七書彙解》、丁洪章的《武經七書全解》等。這些注釋本，對研究、學習《武經七書》，發揮積極的作用。

《武經七書》及其注釋

《武經七書》是七本古代兵書的彙編本，成書於北宋年間，是當時官辦軍事學校的指定教科書，也是中國歷史上第一部軍事教科書。《武經七書》頒行後，備受世人關注，因此注家蜂起，先後出現了幾十種注釋本。

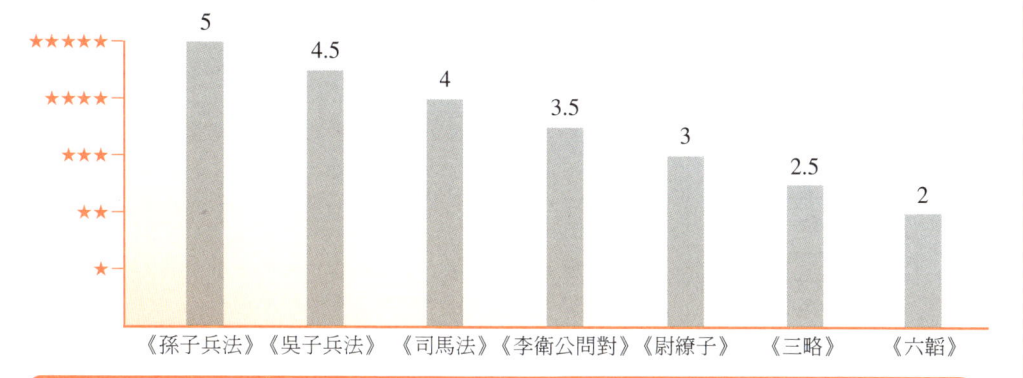

書名	評分
《孫子兵法》	5 ★★★★★
《吳子兵法》	4.5
《司馬法》	4 ★★★★
《李衛公問對》	3.5
《尉繚子》	3 ★★★
《三略》	2.5
《六韜》	2 ★★

關於「七書」的排序問題

「七書」的次序，是北宋國子監司業朱服組織校訂「七書」時確定的。他校訂的順序是：《孫子兵法》、《吳子兵法》、《司馬法》、《李衛公問對》、《尉繚子》、《三略》、《六韜》。到了南宋，這個順序開始被打亂。宋孝宗時刊本「七書」的順序變成了《孫子兵法》、《吳子兵法》、《司馬法》、《六韜》、《尉繚子》、《三略》、《李衛公問對》。現存最早的宋刊本《武經七書》，即藏在日本靜嘉堂文庫的南宋孝宗、光宗年間的刊本，又把《六韜》提到《孫子兵法》之前。到了明代，劉寅著《武經直解》時，又恢復朱服校訂的次序，仍以「孫、吳」居首，《六韜》居尾。後來，又出現許多不同的排列次序，但是《孫子兵法》、《吳子兵法》居《武經七書》之首基本上沒有改變，只是後面的幾部書互相移位罷了。

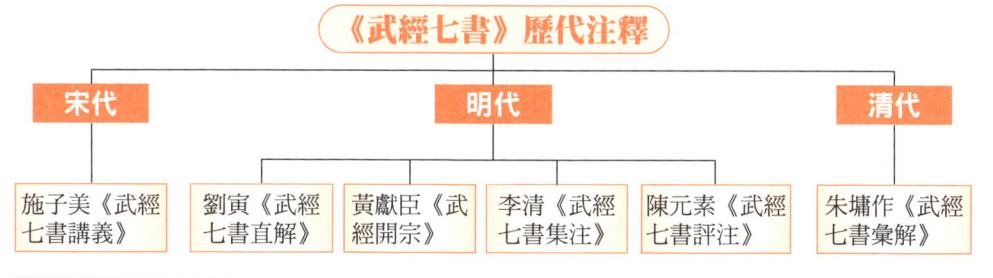

《武經七書》歷代注釋

宋代
- 施子美《武經七書講義》

明代
- 劉寅《武經七書直解》
- 黃獻臣《武經開宗》
- 李清《武經七書集注》
- 陳元素《武經七書評注》

清代
- 朱墉作《武經七書彙解》

相關鏈接

《武經七書》注釋

宋代施子美的《武經七書講義》是將「七書」作為一個整體統一注釋之始，此後歷代注釋皆以這種體例為摹本，紛紛效仿。此書既有自己的見解，又廣引史傳作論證，內容豐富，亦有很強的說服力。

繼《武經七書講義》之後，最突出的是明代劉寅所作的《武經七書直解》。該書通俗易懂，言簡意賅，字解與意解相結合，間以史實相參證，是所有注解中的佳本。明清學者游士注解《武經七書》蔚然成風，但其皆在劉寅「直解」以下，而少有創見。

「七書」之《吳子兵法》

除了《孫子兵法》之外，本節將陸續介紹「七書」中其他六種。《吳子兵法》，簡稱《吳子》，「七書」之一，在北宋國子監司業朱服組織校訂「七書」時被排在《孫子兵法》之後，位列第二。此書一般認為是戰國時期吳起（？～西元前381年）所作，計二卷。

《吳子兵法》軍事思想體系

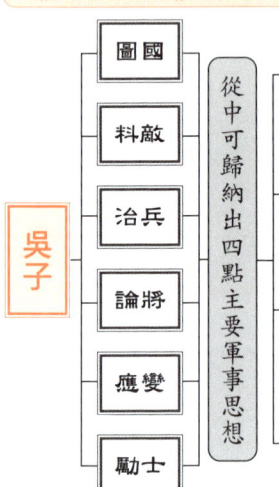

吳子		從中可歸納出四點主要軍事思想	
	圖國		強調國家與軍隊內部的統一，國政為先，後論用兵——「內修文德，外治武備」，「教百姓，親萬民」。重視軍事力量的儲備——「簡募良材，以備不虞」，「先戒為寶」。
	料敵		隨機應變，戰術靈活。根據具體情況總結出「擊之勿疑」、「急擊勿疑」、「避之勿疑」等戰略原則。
	治兵		兵「不在乎眾」，「以治為勝」，「教戒為先」。將帥要有優良品德和深邃的謀略，具備「理、備、果、戒、約」五個條件。
	論將		
	應變		樸素的軍事哲學思想。歸納出戰爭的五因：「一曰爭名；二曰爭利；三曰積惡；四曰內亂；五曰因飢。」同時，總結出戰爭具有義兵、強兵、剛兵、暴兵、逆兵等不同性質。
	勵士		

據傳，《吳子》在漢初時尚有四十八篇，今僅存六篇十八條，計三千餘字。六篇分別是：圖國、料敵、治兵、論將、應變、勵士。從這六篇中可總結出四點軍事理論思想，見上表。

吳子其人

吳起

吳子，名起（？～西元前381年），戰國時軍事家。衛國左氏（屬今山東定陶）人。善用兵。初任魯將，受讒赴魏，佐李悝變法，任西河守。後遭陷害，奔楚，任宛（今河南南陽）守，不久任令尹，佐楚悼王實行變法，國勢日強，悼王死，宗室內亂，遇害身死。歷史上，吳起作為軍事家與孫武齊名。作為政治家、改革家，與商鞅齊名。

在魯國
周威烈王十四年（西元前412年），吳起殺妻求將，率魯軍與齊軍抗衡，「示之以弱」，大獲全勝。後因魯王聽信流言，將其辭退。

在魏國
離魯去魏，被魏文侯拜為大將，率部攻打秦國，連克五城，以少勝多，功名顯赫。文侯死後，效力武侯。後遭人陷害，黯然離去。

在楚國
離魏至楚，被拜為相。南平百越，北併陳、蔡，擊退韓、趙、魏，西征秦國，並積極變法革新。楚悼王死後，諸侯叛亂，公族詆毀。最後終為舊貴族射殺。

「七書」之《司馬法》

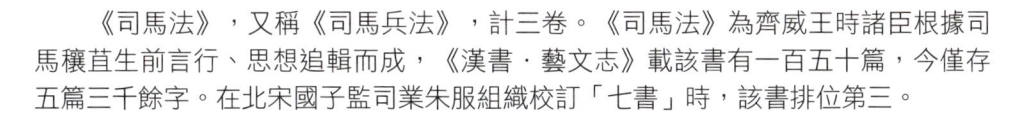

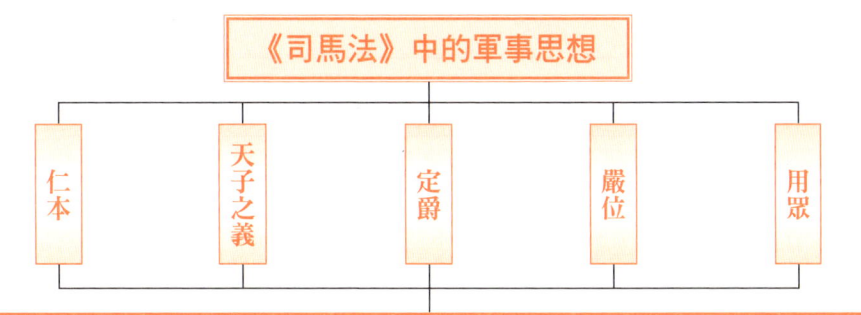

《司馬法》,又稱《司馬兵法》,計三卷。《司馬法》為齊威王時諸臣根據司馬穰苴生前言行、思想追輯而成,《漢書·藝文志》載該書有一百五十篇,今僅存五篇三千餘字。在北宋國子監司業朱服組織校訂「七書」時,該書排位第三。

《司馬法》中的軍事思想

- 仁本
- 天子之義
- 定爵
- 嚴位
- 用眾

《司馬法》側重於講軍事理論。其言大抵據道、依德、本仁、組義,糅合儒、道兩家思想,闡述戰爭目的在於安民止戰,並以夏、商、周三代議例設天子統率軍隊、軍隊內部制訂爵位階級、嚴肅軍紀、善於用眾。其核心思想是治軍以「仁、義、禮、讓」為本。書中論述了統率軍隊和指揮作戰的經驗,以及指揮員應具備的條件。同時也反映出春秋戰國時期的某些軍事制度和戰爭觀點。是中國古代戰爭實踐經驗的理論概括,也是早期兵法理論的繼承和總結,歷來為兵家所重視。

司馬穰苴其人

司馬穰苴,春秋末期著名軍事家。生卒年不詳。齊國人,本為田氏,名穰苴,為田完之後代。齊景公時被尊為專管軍事的大司馬而改姓。司馬穰苴曾率兵擊退晉、燕軍,傳為美談。其治軍嚴整,深通兵法。

春秋時期,晉國派兵入侵齊國,齊景公拜司馬穰苴為將軍,率兵抵禦晉軍。司馬穰苴認為軍隊要有強大的戰鬥力,必須號令嚴明,因此,他決定首先從整頓軍紀入手。軍隊出發前,司馬穰苴與齊王的親信、監軍大夫莊賈約定,於第二天中午召開誓師大會,然後起兵出發。第二天中午,只有莊賈沒有按時到會,直到午後,他才慢悠悠地來到。穰苴責問莊賈為何來遲,莊賈回答說:「因親友為我餞行,故而來遲。」穰苴一聽大怒:「作為國家將領,從受君命到指揮打仗,應該忘掉一切私事,忘掉個人安危。現在邊境軍情緊急,國君寢食不安,以三軍之眾託付給我們。在這緊急關頭,你卻不緊不急,像平日無事一樣,倘若臨陣如此,豈不誤了軍國大事!」說完,便以貽誤軍機之罪將莊賈斬首。齊景公得知司馬穰苴要殺他的親信,立刻授命梁丘據拿著他的手諭前往解救,但為時已晚,待梁丘據馳馬趕到,莊賈人頭早已落地。而梁丘據又犯了「馳騁軍中」的軍法,司馬穰苴照樣按法治罪,只是考慮到梁丘據是銜負君命而來,不便直接用刑,就搗毀了他乘坐的車,以示懲罰。司馬穰苴斬殺莊賈、治罪梁丘據震動了三軍,全軍上下只要聽到主將的號令,沒有不肅然起敬的,作戰時更是人人奮勇,個個爭先,終於打敗了晉軍。

第壹章 關於《孫子兵法》

中國古代兵書擷英

「七書」之《李衛公問對》

《李衛公問對》，全名為《唐太宗與李靖問對》。傳說此書的作者是唐代軍事家李靖，而據後人考證，一般認為此書實為宋人阮逸所著。此書雖是假託之作，阮逸也非名將，但其確具有較高的軍事學術價值，在北宋國子監司業朱服組織校訂「七書」時，該書排位第四。此書分上、中、下三卷，共一萬餘字。

《李衛公問對》中的軍事思想

上卷	中卷	下卷
上卷共分十七節。主要結合戰例闡述了兵法中的「奇正」關係理論，如「無處不用正，無處不用奇」、「正能勝，奇亦能勝」、「奇正相變，循環無窮」等。其次，還論述了陣法的起源和發展，兵法的源流和派別。最後，還以當時的局勢為例，探討了一些選將以及練兵等方面的問題。	中卷也分為十七節。其從奇正虛實而談到「治力」（增強戰鬥力）的辦法，還具體論述了軍隊的編制、指揮和訓練的問題。其中重點論述了各種陣法，如方、圓、曲、直、銳等陣。此外，還論述了車、步、騎等多兵種配合作戰，賞與罰、恩與威的關係，主與客的轉化，並且進一步闡明了虛實與奇正的運用。	下卷分為十四節。主要闡述了一些指揮作戰方面的重要原則，如對《孫子兵法》、《吳子兵法》等書中提到的「分合」、「攻守」、「治氣」、「詭道」、「慎戰」等原則做了詳細的分析，並提出了作者自己的觀點。其次，還結合了漢、唐的一些歷史逸事論述了選將用人之道。最後，還提出了學習兵法要循序漸進的思想。

《李衛公問對》的特點

❶ 繼承和發揚了《左傳》中用戰例來闡述和探討戰略、戰術的體例。把研究軍事的方法，從哲學推理發展到理論與實踐相結合，在總結戰爭經驗的基礎上發展戰略戰術原則，使其科學化。

❷ 《李衛公問對》的作者是秉承實事求是的態度，反對一切玄虛之詞的。比如前面所提到的方、圓、曲、直、銳等五種陣法與先秦時期大體上是一致的。這與唐宋時期穿鑿附會研究兵法的習氣相比，具有很大的進步意義。

❸ 該書堅持科學的態度，摒棄陰陽迷信的說法。戰國以來，陰陽五行等迷信的說法逐漸侵入了軍事科學的領域，到了唐代更是如此。而《李衛公問對》卻始終堅持嚴謹、科學的態度，這是十分難得的。

唐太宗與李靖在談論兵法

「七書」之《尉繚子》

《尉繚子》，戰國尉繚撰，共計五卷二十四篇，四千四百餘字。其中前十二篇為政治觀、戰爭觀，後十二篇則論述軍令和軍制。《尉繚子》主張依靠人的智慧，具有樸素的唯物主義思想。在戰略、戰術上，它主張不打無把握之仗，主張使用權謀，明察敵情，集中兵力，出奇制勝。北宋編製「七書」時，排名第五。

《尉繚子》各篇名稱

卷一	卷二	卷三	卷四	卷五
下分天官、兵談、制談、戰威等四篇。	下分攻權、守權、十二陵、武議、將理等五篇。	下分原官、治本、戰權、重刑令、伍制令、分塞令等六篇。	下分束伍令、經卒令、勒卒令、將令、踵軍令等五篇。	下分兵教上、兵教下、兵令上、兵令下等四篇。

尉繚，生卒年不詳，魏國大梁（今河南開封）人。姓失傳，名繚。著名的軍事理論家。關於尉繚的身世說法不一。一般認為，尉繚是鬼谷子的高足，學成後即過著隱士的生活，應魏惠王的招聘，曾向其陳述兵法。後於秦王政十年（西元前237年）入秦遊說，受秦王政重用，任為國尉，因此稱尉繚。

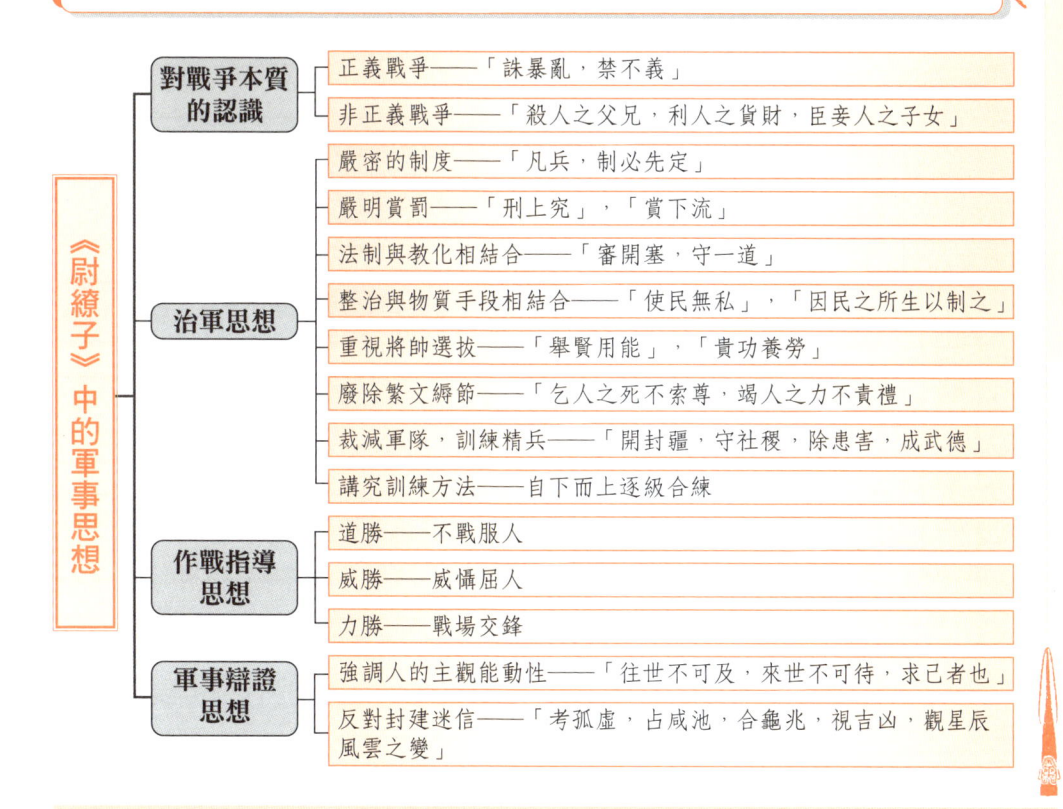

《尉繚子》中的軍事思想

- **對戰爭本質的認識**
  - 正義戰爭——「誅暴亂，禁不義」
  - 非正義戰爭——「殺人之父兄，利人之貨財，臣妾人之子女」

- **治軍思想**
  - 嚴密的制度——「凡兵，制必先定」
  - 嚴明賞罰——「刑上究」，「賞下流」
  - 法制與教化相結合——「審開塞，守一道」
  - 整治與物質手段相結合——「使民無私」，「因民之所生以制之」
  - 重視將帥選拔——「舉賢用能」，「貴功養勞」
  - 廢除繁文縟節——「乞人之死不索尊，竭人之力不責禮」
  - 裁減軍隊，訓練精兵——「開封疆，守社稷，除患害，成武德」
  - 講究訓練方法——自下而上逐級合練

- **作戰指導思想**
  - 道勝——不戰服人
  - 威勝——威懾屈人
  - 力勝——戰場交鋒

- **軍事辯證思想**
  - 強調人的主觀能動性——「往世不可及，來世不可待，求己者也」
  - 反對封建迷信——「考孤虛，占咸池，合龜兆，視吉凶，觀星辰風雲之變」

第壹章　關於《孫子兵法》

中國古代兵書擷英

「七書」之《三略》

《三略》，也稱《黃石公三略》，傳說是漢初黃石公所作，後又傳給張良的。但據後人考證，《三略》的成書時間應該是在東漢末年至魏晉時期。全書講政治策略較多，直接講軍事的內容反而較少。在北宋編製「七書」時，排位第六。

《三略》的篇章體系

上略
主要論述君主治國平天下，必須禮賢下士，賞祿有功，辨別奸佞，任賢選能，特別強調網羅人才，以定國平天下。此外，還兼論了戰爭勝敗、國家興亡的道理。

中略
主要論述了如何區別德行、洞悉權變、御將統眾及全功保身等。

下略
主要論述了「人」和「政」的重要性，以說明盛衰的根源，國家的綱紀。強調了人重賢能、政重禮樂的思想。

《三略》的思想根源：《三略》一書縱橫捭闔，實乃兼採多家思想成果而成。書中雜採了儒家的仁、義、禮；法家的權、術、勢；墨家的尚賢；道家的重柔；甚至還有讖緯之說。而且書中對政治策略論述頗多，對軍事講得反而較少。

《三略》大事記

❶ 西漢。據傳《三略》是漢初黃石公所作，但在成書於東漢和帝年間（89～105年）的《漢書・藝文志・兵家》中，並無《三略》一書的著錄。可見在東漢中期以前並無此書。

❷ 東漢。東漢末年的建安年間，陳琳在《武軍賦》中始提到有「三略六韜之術」。

❸ 三國。三國魏明帝時期，在李康〈運命論〉中有「張良受黃石公之符，誦《三略》」之說。

❹ 東晉。東晉末年（400～417年），時人曾注《黃石公三略》流行於世（見《北史》卷三十四，魏書卷五十二）。

❺ 唐代。在成書於唐代的《隋書・經籍志》中始著錄有《黃石公三略》三卷，題為下邳神人著。

「七書」之《六韜》

《六韜》，也稱《太公六韜》，傳為西周呂望所撰，共計六卷六十篇二萬餘字，在先秦兵家著作中是篇幅最長的。內容涉及先秦軍隊的編制、管理、訓練、行軍、布陣、攻守、戰具、兵器及其軍事理論等。全書通篇以太公答周文王、周武王之問的形式寫成，並有夾注，語言淺顯易懂，是一部普及性的古軍事專著。在北宋編製「七書」時，排位第七。

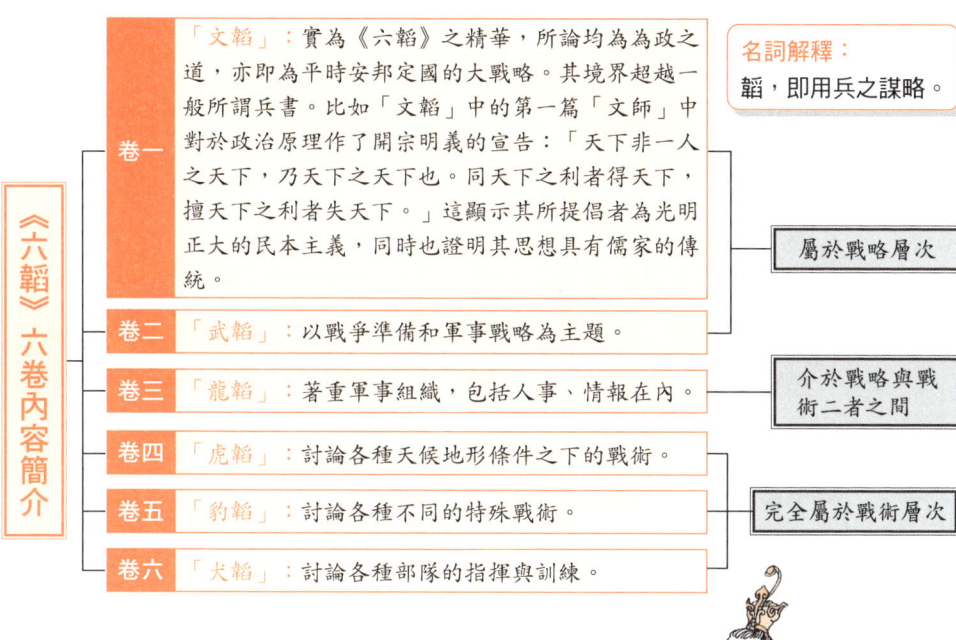

《六韜》六卷內容簡介

卷一「文韜」：實為《六韜》之精華，所論均為為政之道，亦即為平時安邦定國的大戰略。其境界超越一般所謂兵書。比如「文韜」中的第一篇「文師」中對於政治原理作了開宗明義的宣告：「天下非一人之天下，乃天下之天下也。同天下之利者得天下，擅天下之利者失天下。」這顯示其所提倡者為光明正大的民本主義，同時也證明其思想具有儒家的傳統。 — 屬於戰略層次

名詞解釋： 韜，即用兵之謀略。

卷二「武韜」：以戰爭準備和軍事戰略為主題。

卷三「龍韜」：著重軍事組織，包括人事、情報在內。 — 介於戰略與戰術二者之間

卷四「虎韜」：討論各種天候地形條件之下的戰術。

卷五「豹韜」：討論各種不同的特殊戰術。 — 完全屬於戰術層次

卷六「犬韜」：討論各種部隊的指揮與訓練。

關於《六韜》的作者

《隋書·經籍志》裡說是「周文王師姜望撰」，姜望就是西周的呂尚，即姜子牙。他在古書中又被稱為太公望或太公。書中詳細地論述了騎兵戰術，但騎兵作為一個新兵種，是到戰國時才出現的，其他的內容，例如：將相分職、談論王道霸業等，這都不是戰國前所有的事，之所以說是姜子牙所著，主要是後人假託的。《六韜》最晚在戰國後期就出現了。在1972年出土的銀雀山漢墓竹簡裡，有一部分抄錄了《六韜》，殘存的內容大多與現代本《文韜》、《武韜》、《龍韜》中的篇目相符。這說明在西漢前期此書已廣為流傳，由此可以斷定，這是戰國時期熟習兵學的謀士們廣泛吸收周王室的文獻、各種兵家言論，然後結合自己的體會編寫而成的，可能是多人所寫。

姜子牙

第壹章　關於《孫子兵法》

中國古代兵書擷英

第貳章
《孫子兵法》各篇詳解

　　《孫子兵法》全書共六千字左右，分為十三篇，分別論述了「計」、「作戰」、「謀攻」、「形」、「勢」、「虛實」、「軍爭」、「九變」、「行軍」、「地形」、「九地」、「火攻」、「用間」等問題。這些篇章與問題環環相扣，互為聯繫，結合在一起便形成了一套完整的軍事理論體系。中國兵學在不同的歷史時期雖都有所發展，但在西方軍事理論傳入以前，都沒能突破孫子的思維而建立一個新的兵學體系。正如明人茅元儀指出的：「前孫子者，孫子不遺；後孫子者，不能遺孫子。」

　　本章按照《孫子兵法》十三篇的體例結構亦分為十三節，每節均含有若干孫子軍事理論的重要觀點，並對其進行詳細解析。此外，在每一節之中還會附有若干歷史上發生的精彩戰例，以與觀點相佐證。

本篇圖版目錄

戰爭關乎國家的存亡、人民的生死／75
五事七計／77
武王伐紂：「五事七計」定勝負／79
兵行詭道／81
制定作戰計畫的重要性／83
春秋時期戰爭所需要的物質基礎／87
解決戰爭對國家經濟破壞的方法：
速戰速決／89
對「因糧於敵」的反制戰術：
堅壁清野／91
墨子不戰救宋國／95
距堙、轒轀：兩種攻城的器具／97
攻戰五法／99
現代戰爭的立體資訊網／101
《孫子兵法》十三篇／104
《孫子兵法》中的軍事地理學／106
《孫子兵法》中的軍事情報學／108
《孫子兵法》中的軍事人才學／109
《孫子兵法》中的攻戰思想／110
《孫子兵法》中的治軍思想／111
粟裕蘇中「七戰七捷」／112
粟裕與白起／114
抗日戰爭時期中國軍隊的武器裝備／115
龐大的蘇聯軍隊／119
戰略飛彈核潛艇／121
取勝之道在於以強擊弱／123
兵之「形」、「勢」／127
做好四個方面的工作／129
中國古代的陣法／131
創造有利態勢並且充分利用／135
薩拉米斯海戰的啟示／137
形人而我無形／143

中朝聯軍「避實擊虛」克平壤／145
士氣也是決定實力的因素／147
軍爭及其目的／153
軍爭的方法（一）：以迂為直／155
軍爭的方法（二）：以患為利／157
古代的十六種戰旗／159
朝氣銳，晝氣惰，暮氣歸：
士氣盛衰的一般規律／161
「軍爭」六要素／163
「五地」之變／167
中國古代城市的防禦建築／169
將帥的五種弱點／171
漢王朝血統表／173
周亞夫平定「七國之亂」／174
半濟而擊：特雷比亞河畔之戰／181
四種地形條件下的「處軍」之法／182
應該遠離的六種地形／185
相敵三十二法／188
賞罰分明是治軍的一大原則／191
六種作戰地形／197
軍隊內部組織關係的六種錯誤情況／199
關愛但不溺愛／201
散地、輕地、爭地、交地和重地／209
兵若「率然」／211
五胡十六國／213
鉅鹿之戰／215
火攻五法／219
幾種火攻的器具／221
合於利而動，不合於利而止／223
運用間諜的意義／227
間諜的種類及任務／229
使用「反間」的經典：蔣幹盜書／231

一、計篇

孫子曰：兵者，國之大事也。死生之地，存亡之道，不可不察也。

孫子說：戰爭是國家大事。它關係到人民的生死，國家的存亡，是不可以不認真考察研究的。

故經之以五事，校之以計而索其情：一曰道，二曰天，三曰地，四曰將，五曰法。

道者，令民與上同意也。故可與之死，可與之生，而不畏危也。天者，陰陽、寒暑、時制也。地者，高下、遠近、險易、廣狹、死生也。將者，智、信、仁、勇、嚴也。法者，曲制、官道、主用也。凡此五者，將莫不聞，知之者勝，不知者不勝。故校之以計，而索其情。曰：主孰有道？將孰有能？天地孰得？法令孰行？兵眾孰強？士卒孰練？賞罰孰明？吾以此知勝負矣。

因此，要透過對敵我五個方面的分析，透過對雙方七種情況的比較，來探索戰爭勝負的情勢。（這五個方面）一是政治，二是天時，三是地利，四是將領，五是法制。政治，就是要讓民眾和君主的意願一致，因此可以叫他們為君主死，為君主生，而不存二心。天時，就是指晝夜、晴雨、寒冷、炎熱、四時節候的變化。地利，就是指高陵窪地、遠途近路、險要平坦、廣闊狹窄、死地生地等地形條件。將領，就是指智謀、誠信、仁慈、勇敢、嚴明。法制，就是指軍隊的組織編制、將吏的管理、軍需的掌管。凡屬這五個方面的情況，將帥都不能不知道。充分了解這些情況的就能打勝仗，不了解這些情況的就不能打勝仗。所以要透過對雙方七種情況的比較，來探索戰爭勝負的情勢。（這七種情況）是：哪一方君主政治清明？哪一方將帥更有才能？哪一方擁有更好的天時地利？哪一方法令能夠貫徹執行？哪一方武器裝

備精良？哪一方士卒訓練有素？哪一方賞罰公正嚴明？我們依據這些，就能夠判斷誰勝誰負了。

將聽吾計，用之必勝，留之；將不聽吾計，用之必敗，去之。

如果能聽從我的計謀，用兵作戰一定勝利，我就留下；如果不能聽從我的計謀，用兵作戰一定失敗，我就離去。

計利以聽，乃為之勢，以佐其外。勢者，因利而制權也。

籌謀有利的方略已被採納，於是就造成一種態勢，作為外在的輔助條件。所謂態勢，即是憑藉有利於己的條件，靈活應變，掌握作戰的主動權。

兵者，詭道也。故能而示之不能，用而示之不用，近而示之遠，遠而示之近。利而誘之，亂而取之，實而備之，強而避之，怒而撓之，卑而驕之，佚而勞之，親而離之。攻其無備，出其不意。此兵家之勝，不可先傳也。

用兵打仗應以詭詐為原則。因此要做到：能打，裝作不能打；要打，裝作不要打；要向近處，裝作要向遠處；要向遠處，裝作要向近處；敵人貪利，就用小利引誘他；敵人混亂，就乘機攻取他；敵人力量充實，就注意防備他；敵人兵強卒銳，就暫時避開他；敵人氣勢洶洶，就設法屈撓他；敵人辭卑慎行，就要使之驕橫；敵人休整良好，就要使之疲勞；敵人內部和睦，就離間他。要在敵人沒有防備處發動攻擊，在敵人意料不到時採取行動。這是軍事家指揮的奧妙，是不可預先講明的。

夫未戰而廟算勝者，得算多也；未戰而廟算不勝者，得算少也。多算勝，少算不勝，而況於無算乎！吾以此觀之，勝負見矣。

開戰之前就預計能夠取勝的，是因為籌畫周密，勝利條件充分；開戰之前就預計不能取勝的，是因為籌畫不周，勝利條件不足。籌畫周密、條件充分就能取勝；籌畫疏漏、條件不足就會失敗，更何況不作籌畫、毫無條件呢？我們根據這些來觀察，誰勝誰負也就顯而易見了。

> **題解：**
> 計，本義是算計，在這裡是指戰前的打算，古代又稱之為廟算。本篇主要論述決定戰爭勝敗的五個基本因素。指出在作戰之前，必須將雙方的這五個因素拿來對比研究，預測戰爭的勝負，有了勝利的把握之後，才可以起兵作戰。此外，還提出「兵者，詭道也」，「攻其無備，出其不意」等，作為取勝的輔助條件，即所謂「以佐其外」。

❶ 兵者，國之大事
戰爭是關乎國家命運的大事

孫子曰：兵者，國之大事也。死生之地，存亡之道，不可不察也。

　　上面這段話的意思是說，孫子告訴我們戰爭是國家大事，它關係到人民的生死，國家的存亡，是不可以不認真考察研究的。孫子在這本書一開始就強調軍事的重要性，是想讓我們知道，打仗不是兒戲，而是關乎國家人民命運的大事情。

　　「兵」，本義是指兵器，引申為兵卒、戎事、軍旅之事或軍事等。

　　「國之大事」。古人說「國之大事，在祀與戎」，其中的「戎」就是「兵」。國家大事有兩件，一件是祭祀，一件是軍事。祭祀，是為了延續種族，與生命有關。軍事是為了國家安全，也和生命有關。孔子說，軍旅之事他沒學過，但他的弟子子貢問政，他講三條：足食、足兵、取信於民，其中就有兵。可見「兵者」對一個國家來說確實是十分重要的。春秋戰國時期，戰爭頻仍，國家沒有軍事力量，那是難以想像的。戰國末年更殘酷，光是秦、趙之間的長平一戰，秦軍就屠殺了四十萬趙兵。所以《鶡冠子‧近迭》中說，天地人，天地遠，人道近，三者之中，人最重要，人道又以兵最重要，叫「人道先兵」。

　　「死生之地，存亡之道」，這段話很清楚，即「兵」是關係到士兵生死、國家存亡的大事。「死生之地」，就是「死地」和「生地」的合稱。「死生之地」實際上就是戰場、戰地。戰場上的死生，關係到國家的存亡，軍事的背後是政治。這是生死存亡的大事，當然要重視，即「不可不察也」。在《孫子兵法》中，一再反覆地強調，三軍的將帥是決定人們生死的關鍵，即「司命」。《孫子兵法》開宗明義，第一篇就著重強調軍事對於國家的重要性，是對用兵者的警告。《孫子兵法》中，到處都是警告的話，這是其一大特點。

戰爭關乎國家的存亡、人民的生死

《孫子兵法》的第一篇第一句話就告訴我們，軍事是國家大事，它關係到人民的生死，國家的存亡，所以必須認真加以研究。這句話的目的在於指出軍事、兵法乃至撰寫此書的意義所在，在全書有提綱挈領的作用。

第貳章 《孫子兵法》各篇詳解

計篇

戰爭是勝利者的天堂，失敗者的地獄。就以宋金戰爭為例，北宋滅亡，其政治、經濟、文化等各方面都遭到了沉重打擊（見上組圖）。這為以後大宋王朝的徹底滅亡奏響了序曲。

❶ 在宋金戰爭中，宋軍戰敗。

❷ 北宋國都開封被金兵攻下，宋徽宗、宋欽宗兩位皇帝接連都被俘虜。在受盡了非人的凌辱和虐待之後，悲慘地死去了。

❸ 不僅國家的秩序被打亂、首領被俘虜，而且連民族的文化也被破壞，這將徹底打垮一個民族的意志。

❹ 老百姓的財產遭到無情的掠奪。

❺ 不僅財產被搶，而且生命也無保障，即使苟活於世，那也是二等公民，在入侵者面前卑微地活著。

❷ 經之以五事
決定戰爭勝負的五個因素

> 故經之以五事，校之以計而索其情：一曰道，二曰天，三曰地，四曰將，五曰法。

孫子認為用兵作戰前，首先要比較敵我雙方的客觀條件，這樣就會做出正確的判斷，制定正確的謀略，才能取得勝利。為此，孫子首先提出了「經之以五事」的比較內容與比較標準。孫子「經之以五事」的具體內容是：一曰道，二曰天，三曰地，四曰將，五曰法。

道

「道者，令民與上同意也。故可以與之死，可以與之生，而不畏危也。」道，就是政治。這裡明確提出道的標準是「令民與上同意」。也就是孟子提出的「人和」。同意、同欲，才能上下同心，三軍一心，為道義而戰，死不旋踵。

天

「天者，陰陽、寒暑、時制也。」也就是孟子所說的「天時」問題。古代春、秋不興師，恐妨礙農耕；冬、夏不出征，恐傷害健康，都是考慮到天時條件的制約。

地

「地者，高下，遠近、險易、廣狹、死生也。」地，即地理條件，孟子謂之「地利」。用兵須講地理條件；地高不宜仰攻，地下不宜處軍；遠者宜緩，近者宜速；險地宜用步兵，平地宜用車騎；地廣宜用大兵，地狹宜用精兵；死地宜戰，生地宜守。

將

「將者，智、信、仁、勇、嚴也。」作為將帥，應該智能謀劃，信能賞罰，仁能附眾，勇能果敢，嚴能立威。曹操稱此「五德」為「將德」。

五事七計

孫子認為決定戰爭勝負的因素有五種，稱之為「五事」，即「道、天、地、將、法」。在此基礎之上，孫子又提出了判斷勝負的七條標準，即：「主孰有道？將孰有能？天地孰得？法令孰行？兵眾孰強？士卒孰練？賞罰孰明？」它們合稱為「七計」。

❶ 道
道，就是政治。國君所發起的戰爭應該符合大多數人的意願，那麼國家就會上下一心，這就是「得道」，「得道」便可得天下無敵。

❷ 天
天，指天時。包括晝夜、晴雨、寒冷、炎熱、四時節侯的變化等。

❺ 法
法，即指法制。就是指軍隊的組織編制、將吏的管理、軍需的掌管等。這裡用一條繩索表示。

❹ 將
將，是指將領。合格的將帥必須具備智謀、誠信、仁慈、勇敢、嚴明等五種品德。

❸ 地
地，指地形，它是一種有形的客觀環境。包括高陵窪地、遠途近路、險要平坦、廣闊狹窄、死地生地等。

「五事」的排序：
孫子並不是將「五事」等量齊觀，而是透過先後排列，表明這五種制勝因素有輕重、主次之分。其排序如上圖中序號所示，為道、天、地、將、法。

「五事」與「七計」的關係

「五事」（比較內容）	「七計」（比較標準）
道	主孰有道？（即哪一方君主的政治清明？）
天	天地孰得？（即哪一方擁有更好的天時地利？）
地	天地孰得？（即哪一方擁有更好的天時地利？）
將	將孰有能？（即哪一方的將帥更有才能？）
法	法令孰行？兵眾孰強？士卒孰練？賞罰孰明？（即哪一方法令能夠貫徹執行？哪一方武器裝備精良？哪一方士卒訓練有素？哪一方賞罰公正嚴明？）

第貳章 兵法

「法者，曲制、官道、主用也。」法指軍事制度、治軍法規、後勤管理以及調兵遣將、任人用才之術，也是影響戰爭勝負的一個重要條件。

孫子的高明處是，他在制定決定勝負的比較內容時，不就戰爭講戰爭，不就軍事講軍事，而是全面考察軍事、政治、人力、物力、天時、地利諸因素，注重綜合實力的比較。臨戰之際，「五事」是制勝的條件；和平時期，「五事」則是治國治軍的基本內容。只有平時注意「五事」的治理，才能戰時突現綜合優勢。而軍事上的勝利，正依賴於「五事」優化產生的綜合實力，正是綜合國力的勝利。

此外，孫子不是將「五事」等量齊觀，而是透過先後排列，表明這五種制勝因素有輕重、主次之分。孫子將「道」居於「五事」之首，與孟子強調的「天時不如地利，地利不如人和」暗中相合。根據對「五事」的不同具備情況，可以把軍隊分為「仁義之師」、「節制之師」、「權詐之師」。根據將帥對「五事」的不同掌握和運用程度，又可以把軍事家分為不同的等級。可見，孫子「五事」不僅是衡量綜合國力的標準，也是考查軍事家優劣的尺度。

孫子尖銳指出：「凡此五者，將莫不聞，知之者勝，不知者不勝。」中國歷史上的重大戰役勝負預測驗證了「五事」要素的正確性、合理性。以著名的三國「赤壁之戰」為例，208年時，曹操率軍攻打江東，孫權召集群臣商議，群臣大都以敵眾我寡，難以抵禦為理由，主張歸降曹操。唯獨周瑜堅持抗戰，並以「五事」為標準，分析了孫權必勝的根據：「曹操雖然名為漢朝丞相，實際上是漢朝的奸賊。將軍以神武雄才，憑藉著父兄的基業，割據江東，地方數千里，兵精糧足，英雄樂業，正應當縱橫天下，為漢室除暴去穢，為什麼要去投降曹操呢？況且曹操引兵前來，已有多處違犯兵家的忌諱，可以說是自投羅網。如今曹操北方未定，馬騰、韓遂尚在關西為其後患，而曹操率眾久居江南，這是一大犯忌。北方軍隊不熟悉水戰，棄鞍馬而駕舟船，與江東爭鋒，這是二大犯忌。目前正是隆冬盛寒，糧草短缺，這是三大犯忌。中原士兵遠涉江湖，不服水土，多生疾病，這是四大犯忌。有此四大犯忌，曹操雖然兵精將廣，卻註定要失敗。這正是捉拿曹操的好機會。我願領精兵數千，屯駐夏口，保證為將軍破敵。」孫權聽後大喜，立即讓周瑜統兵拒敵，果然獲取了赤壁大捷。

武王伐紂：「五事七計」定勝負

孫子關於「五事七計」定勝負的觀點深刻而準確，並且一再被歷史上的一幕幕活劇所證明。武王伐紂，以周代商便是其中典型的一例。

七計

周武王

有道
武王施政昌明，大力發展生產，改善人民生活水準，並且聯合諸侯。這就是「有道」。

將帥有能
武王任用姜子牙等賢人為相，勵精圖治。這便是將帥有能。

天地有得
武王趁商軍主力在東夷平叛，路途遙遠不及回援的實際情況，適時對商朝國都朝歌發起進攻。這便是天地有得。

軍隊戰鬥力強
武王率領兵三百輛，虎賁（衛軍）三千人，訓練有素的士卒四萬五千人，可謂兵精糧足。這就是兵眾強而軍紀嚴明。

商紂王

無道
紂王橫征暴斂，「酒池肉林」，民不聊生，這就是無道。

將帥無能
紂王濫殺忠臣無辜，只有信任費仲、尤渾一類的奸臣。這便是將帥無能。

天地無得
商軍主力遠在東夷，於是紂王只能臨時用奴隸組成一支軍隊，倉促應戰。

軍隊戰鬥力弱
由奴隸組成的商軍，沒有經過軍事訓練，紀律也不嚴明。因此戰鬥力很弱。

武王得勝，登基為天子，是為周朝的第一代王。

結果 ← 交戰 → 結果

紂王戰敗，自焚於自己的宮殿之中，商朝滅亡。

第貳章　《孫子兵法》各篇詳解

計篇

79

❸ 兵行詭道
用兵打仗是一種詭詐的行為

兵者，詭道也。

孫子認為用兵打仗是一種詭詐的行為。在此基礎上，孫子還提出了所謂的「詭詐十二術」。

兵行詭道

「用兵重道」與「兵者詭道」兩個重要的軍事命題看似對立，其實並不矛盾。《孫子兵法》注家張預說：「用兵雖本於仁義，然其取勝必在詭詐。」《乾坤大略‧自序》說：「所有既明，則正道在，不必言矣。然不得奇道以佐之，則不能取勝。」闡明了「用兵重道」與「兵者詭道」處於軍事學的不同層面上。「用兵重道」說的是戰爭性質，強調用兵的正義性、人民性，這是用兵的「正道」；「兵者詭道」說的是用兵的戰術，它是輔佐「正道」而施行的「奇道」。失去「正道」則兵失其本；不用「奇道」則「正道」難行。所以《黃石公三略‧中略》總結說：「德同勢敵，無以相傾，乃攬英雄之心，與眾同好惡。然後加之以權變，故非計策無以決嫌定疑，非譎奇無以破奸息寇，非陰計無以成功。」或反用兵的真實意圖而行動，或掩蓋事實的真實面目而行動，或順應敵人的某些主觀願望而行動。總之，要以假象掩蓋真相，以形式掩蓋內容，造成對方判斷錯誤，達到出奇制勝的目的。

詭詐十二術

孫子在「兵行詭道」的基礎上，又總結出「詭詐十二術」，即十二條行詭之術，可謂軍事謀略的智慧總結。分別是：

(1)能而示之不能：本來能打，就裝作不能打。(2)用而示之不用：本來要打，就裝作不要打。(3)近而示之遠：本來要去近處，那麼就裝作要去遠處。(4)遠而示之近：本來要去遠處，那麼就裝作要去近處。(5)利而誘之：敵人貪婪，那麼就用小利去引誘他。(6)亂而取之：敵人混亂，就趁機攻擊他。(7)實而備之：敵人力量充實，就注意時刻防備他。(8)強而避之：敵人兵強卒銳，就暫時避開他。(9)怒而撓之：敵人來勢洶洶，就設法屈撓他。(10)卑而驕之：敵人辭卑慎行，就要使之驕橫。(11)佚而勞之：敵人休整得很好，就設法使之疲勞。(12)親而離之：敵人內部和諧，就離間他。

兵行詭道

東漢時期，虞詡「增灶斷追」敗羌人，是活用「兵行詭道」的典型戰例。其過程十分精彩，又處處突顯「詭詐」二字。

遇到的難題

1 羌人聚集了數千人，屯紮在前往隴西的必經之路上，企圖阻止虞詡赴任。

2 羌人發現上當，便在後面緊追不捨，以圖全殲虞詡的部隊。

3 虞詡的部隊進城以後，羌人大部隊便尾隨而至，將城池緊緊包圍。

運用「詭道」來解決的辦法

向外散布謠言，說等援軍到了，我們再出發。

以後每人每天要多一倍的灶。

你們要不斷地換衣服，並且不停地在不同的城門出入，營造我軍人數很多的假象。

結果：羌人聽信謠言，以為虞詡暫時不敢前進，便分兵散去了。於是，虞詡趁機過了這道關卡。

結果：追兵看到每天的灶都在增加，以為漢人的援軍已到，便不敢再窮追不捨了，而只是遠遠地跟著。

結果：羌人看到此景，以為漢軍真的很多，便撤兵了。虞詡又在羌人撤兵的途中埋伏人馬，最終全殲了叛軍。

戰例背景：

東漢時期，居住在隴西一帶的羌人發起叛亂，對抗漢朝的統治。於是，朝廷派虞詡作為那裡的太守，前去平息叛亂。羌人很多，而虞詡只帶了很少的人便出發了。一路上自然遇到很多困難，但都被虞詡採用「詭詐」的方法一一解決了，最終圓滿地完成了任務。

孫子詭詐十二術

- **能而示之不能**：本來能打，就裝作不能打。
- **用而示之不用**：本來要打，就裝作不要打。
- **近而示之遠**：本來要去近處，那麼就裝作要去遠處。
- **遠而示之近**：本來要去遠處，那麼就裝作要去近處。
- **利而誘之**：敵人貪婪，那麼就用小利去引誘他。
- **亂而取之**：敵人混亂，就趁機攻擊他。
- **實而備之**：敵人力量充實，就注意時刻防備他。
- **強而避之**：敵人兵強卒銳，就暫時避開他。
- **怒而撓之**：敵人來勢洶洶，就設法屈撓他。
- **卑而驕之**：敵人辭卑慎行，就要使之驕橫。
- **佚而勞之**：敵人休整得很好，就設法使之疲勞。
- **親而離之**：敵人內部和諧，就離間他。

第貳章 《孫子兵法》各篇詳解　計篇

81

❹ 廟算
計畫決定勝負

> 夫未戰而廟算勝者，得算多也；未戰而廟算不勝者，得算少也。多算勝，少算不勝，而況於無算乎！吾以此觀之，勝負見矣。

孫子十三篇，以〈計篇〉為始，其中又以「廟算」最重要。廟算是指古代交戰雙方在開戰前，最高決策者先在廟堂舉行會議，測算雙方綜合實力，謀劃作戰計畫，估算勝負。孫子從以下兩方面對「廟算」做闡述：

先算勝後算

戰爭事關人民生死、國家存亡，因此是否開戰，如何開戰的生死問題，一定要先在代表「社稷」的宗廟內召開最高軍事決策會議。成大事者必三思而後行，舉大兵者當先計而後動。只有在廟堂上將開戰與否的利害權衡好，策略謀劃好，才可增加行動的預見性，避免盲目作戰。孫子是兵權謀派，以長計善謀為特色，強調「廟算」中先計而後行、先算勝後算的重要性。

多算勝少算

孫子在如何「廟算」中，提出「多算勝，少算不勝，而況於無算乎」的重要運籌思想。孫子的「算」包含兩層含義：一是計算，即敵我雙方的力量對比和條件權衡，看誰的優勢多。例如「經之以五事」、「校之以七計」等，都是「算」的內容。「經之以五事」與「校之以七計」，是從宏觀戰略層面進行多側面的勝負決算。二是謀算，根據雙方綜合實力與具體條件謀劃制定作戰方案。〈計篇〉後半部分講的「因利而制權」、「詭道」十二術以及「攻其無備，出其不意」的戰術總則，都是講具體作戰方略、戰術的謀算。在「廟算」中只有把戰略上的計算與戰術上的謀算結合起來，才是真正周全的「多算」。只考慮某一層面或某一側面，則為「少算」。不加籌畫，一意孤行，就是「無算」。多算勝少算，無算則取勝的希望。

總結

關於孫子「廟算」決勝的思想，不僅為古今中外軍事家所推崇，且已被廣泛運用於經濟、文化和政治等多個領域。要制定正確的發展戰略，就必須遵循先算勝後算、多算勝少算的「廟算」法則。

制定作戰計畫的重要性

　　孫子認為，「廟算」即制定作戰計畫，是決定戰爭勝負的重要因素。誰的作戰計畫制定得更早，制定得更周密，誰就能獲得勝利。

第貳章　《孫子兵法》各篇詳解

計篇

周密地制定作戰計畫，即「廟算」的重要，就是因為它可以對交戰雙方的綜合國力進行比較，從而運籌帷幄，揚長避短，決勝千里。這也就是現在常說的「軟實力」。只有當一個國家的「軟實力」與其「硬實力」（即各種物質因素，如兵員數量、糧食儲備、兵器的多寡等）相結合，才能創造出強大的戰鬥力。

二、作戰篇

孫子曰：凡用兵之法，馳車千駟，革車千乘，帶甲十萬，千里饋糧，則內外之費，賓客之用，膠漆之財，車甲之奉，日費千金，然後十萬之師舉矣。

孫子說：用兵作戰的普遍規律是，要動用一千輛輕型戰車，一千輛重型戰車，軍隊十萬，還要越境千里運送軍糧，那麼前方後方的經費，款待使節、游士的用度，作戰器材的費用，車輛兵甲的維修開支，每天耗資千金，然後十萬大軍才能出動。

其用戰也勝，久則鈍兵挫銳，攻城則力屈，久暴師則國用不足。夫鈍兵挫銳，屈力殫貨，則諸侯乘其弊而起，雖有智者，不能善其後矣。故兵聞拙速，未睹巧之久也。夫兵久而國利者，未之有也。故不盡知用兵之害者，則不能盡知用兵之利也。

用這樣的軍隊去作戰，就要求速勝，曠日持久就會使軍隊疲憊、銳氣挫傷，攻城就會使兵力耗損，軍隊長期在外作戰，會使國家財政發生困難。如果軍隊疲憊、銳氣挫傷、軍力耗盡、國家經濟枯竭，那麼諸侯列國就會乘此危機前來進攻，那時即使有足智多謀的人，也無法挽回危局了。所以，在軍事上，只聽說過指揮雖拙但求速勝，沒見過為講究指揮工巧而追求曠日持久的現象。戰爭久拖不決而對國家有利的情形，從來不曾有過。所以，不完全了解用兵有害方面的人，也就不能完全了解用兵的有利方面。

善用兵者，役不再籍，糧不三載，取用於國，因糧於敵，故軍食可足也。

善於用兵打仗的人，兵員不再次徵集，糧秣不多次運送，武器裝備從國內取用，糧食飼料在敵國補充，這樣，軍隊的糧草供給就充足了。

國之貧於師者遠輸，遠輸則百姓貧。近師者貴賣，貴賣則

財竭，財竭則急於丘役。力屈中原，內虛於家，百姓之費十去其七。公家之費，破軍罷馬，甲冑矢弓，戟楯矛櫓，丘牛大車，十去其六。

國家之所以因用兵而貧困，就是由於軍隊遠征，遠道運輸。軍隊遠征，遠道運輸，就會使百姓世族貧困。臨近駐軍的地方物價必然飛漲，物價飛漲就會使國家財政枯竭。國家因財政枯竭就急於加重賦役。戰場上軍力耗盡，國內便家家空虛。百姓世族的財產將會耗去十分之七，政府的財力，也會由於車輛的損壞，戰馬的疲敝，盔甲、箭弩、戰盾、矛櫓的製作補充以及丘牛大車的徵用，而損失掉十分之六。

故智將務食於敵，食敵一鍾，當吾二十鍾；萁秆一石，當吾二十石。

所以，明智的將領務求在敵國解決糧草供應問題。消耗敵國的一鍾糧食，相當於從本國運輸二十鍾；動用敵國的一石草料，等同於從本國運送二十石。

故殺敵者，怒也；取敵之利者，貨也。故車戰，得車十乘已上，賞其先得者，而更其旌旗，車雜而乘之，卒善而養之，是謂勝敵而益強。

要使軍隊英勇殺敵，就應激勵部隊的士氣；要使軍隊奪取敵人的軍需物資，就必須依靠財貨獎賞。所以，在車戰中，凡是繳獲戰車十輛以上的，就獎賞最先奪得戰車的人，並且換上我軍的旗幟，混合編入自己的戰車行列。對於敵俘，要優待和使用他們，這也就是所謂愈是戰勝敵人，也愈是增強自己。

故兵貴勝，不貴久。

因此，用兵貴在速戰速決，而不宜曠日持久。

故知兵之將，生民之司命，國家安危之主也。

懂得如何用兵的將帥，是民眾生死的掌握者，是國家安危的主宰者。

題解：

「作」，始意有創辦和籌備等義。本篇題名為作戰，實際上講的卻是籌措戰爭，較為全面地論述了孫子的後勤論。本篇主要從戰略角度講述在作戰時，合理運用後勤等諸種問題。戰爭要消耗大量的人力、物力、財力，故從我方來說要速戰速決，爭取用最小的代價取得最大的戰果，同時要取之於敵方，為我所用，這樣就能夠「勝敵而益強」。

❶ 用兵之害
戰爭對國家的損害

孫子曰：凡用兵之法，馳車千駟，革車千乘，帶甲十萬，千里饋糧。則內外之費，賓客之用，膠漆之財，車甲之奉，日費千金，然後十萬之師舉矣。其用戰也勝，久則鈍兵挫銳，攻城則力屈，久暴師則國用不足。夫鈍兵挫銳，屈力殫貨，則諸侯乘其弊而起，雖有智者，不能善其後矣。

孫子認為，用兵作戰的普遍規律是，要動用一千輛輕型戰車，一千輛重型戰車，軍隊十萬，還要越境千里運送軍糧，那麼前方後方的經費，款待使節、游士的用度，作戰器材的費用，車輛兵甲的維修開支，每天都要耗資千金，然後十萬大軍才能出動。用這樣的軍隊去作戰，曠日持久就會使軍隊疲憊、銳氣挫傷，攻城就會使兵力耗損，軍隊長期在外作戰，會使國家財政發生困難。如果軍隊疲憊、銳氣挫傷、軍力耗盡、國家經濟枯竭，那麼諸侯列國就會乘此危機前來進攻，那時即使有足智多謀的人，也無法挽回危局了。

因此，作為「國家安危之主」的「知兵之將」，如果「不盡知用兵之害者，則不能盡知用兵之利」。兵為雙刃凶器，可傷敵也可傷己，只有懂得在一定條件下利害可以相互轉化的道理，才能防患於未然，確定正確的作戰方略。1643年4月，滿清多羅豫郡王多鐸見清兵連年征戰，造成國庫空虛，民不聊生，認為應該暫停戰爭，讓人民休養生息，為清統一中國奠定雄厚的物質基礎。於是他向清太宗皇太極建議說：「自古以來，凡是用兵打仗，都是因為不得已而為之。如果自恃力量強大，違背正義原則四處征伐，上天也不會保佑他。我分析觀察天下形勢，似乎應該暫停用兵為好。我們把主要精力用到解決國內問題上，特別是要把發展農業作為當務之急放在首要的位置上。這樣老百姓才能豐衣足食，國家也能有支持長期戰爭之需的雄厚物質基礎。」多鐸這一富有戰略遠見的建議實施後，很快收到了顯著成效。

春秋時期戰爭所需要的物質基礎

戰爭是一種國家行為，它會大量、迅速地消耗掉國家的財力、物力。下面就具體闡述一下，春秋時期的戰爭到底都需要哪些物質條件，以便讀者對這個問題有一個更加直觀的了解。

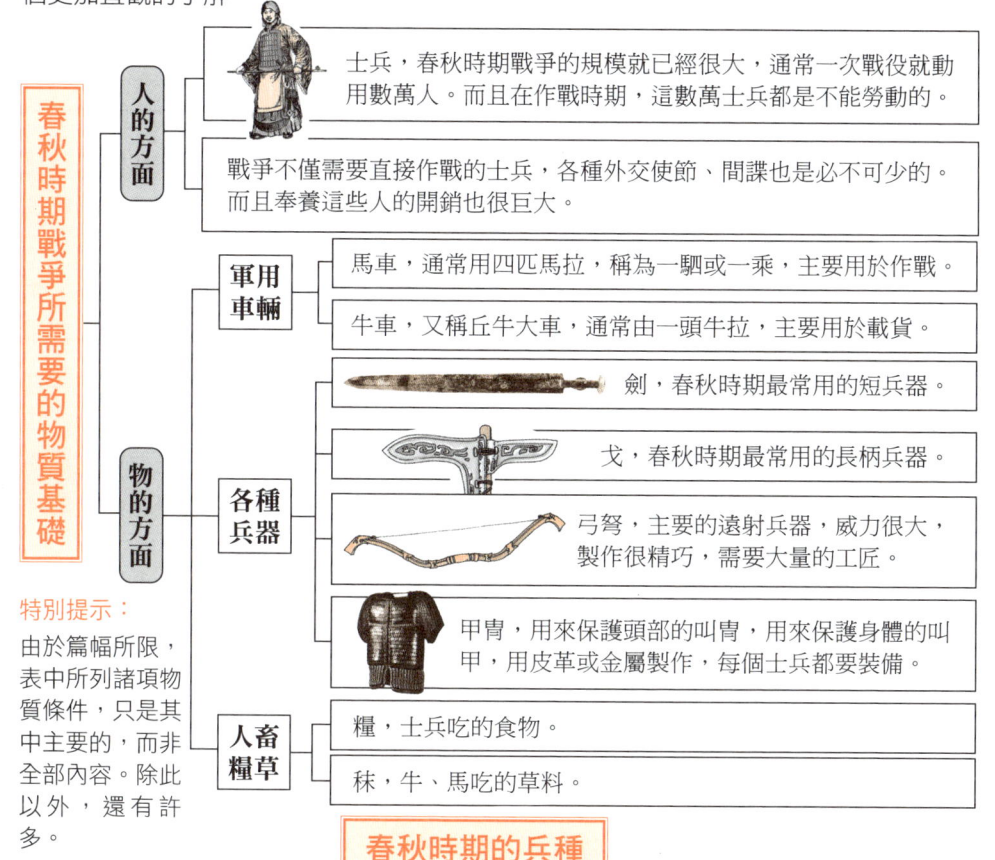

春秋時期戰爭所需要的物質基礎

人的方面

- 士兵，春秋時期戰爭的規模就已經很大，通常一次戰役就動用數萬人。而且在作戰時期，這數萬士兵都是不能勞動的。
- 戰爭不僅需要直接作戰的士兵，各種外交使節、間諜也是必不可少的。而且奉養這些人的開銷也很巨大。

物的方面

軍用車輛
- 馬車，通常用四匹馬拉，稱為一馴或一乘，主要用於作戰。
- 牛車，又稱丘牛大車，通常由一頭牛拉，主要用於載貨。

各種兵器
- 劍，春秋時期最常用的短兵器。
- 戈，春秋時期最常用的長柄兵器。
- 弓弩，主要的遠射兵器，威力很大，製作很精巧，需要大量的工匠。
- 甲胄，用來保護頭部的叫胄，用來保護身體的叫甲，用皮革或金屬製作，每個士兵都要裝備。

人畜糧草
- 糧，士兵吃的食物。
- 秣，牛、馬吃的草料。

特別提示：
由於篇幅所限，表中所列諸項物質條件，只是其中主要的，而非全部內容。除此以外，還有許多。

春秋時期的兵種

步兵
步兵是最古老的兵種，有戰爭以來就有步兵。即使在現代戰爭中，步兵也還發揮著巨大的作用。中國古代的步兵主要分為兩種：一種是附屬於戰車的步兵，另一種則是獨立的步兵。

車兵
車兵是從步兵分化而來的，相當於現在的裝甲兵。在世界上，車兵的出現以中亞最早，四千年前就有馬拉戰車。在中國，距今也有三千多年的歷史。所以有些學者推測，中國的戰車技術是從中亞傳入的，但中國的戰車製造技術卻遠勝於前者。春秋時期，如齊、秦這樣的大國一般都有上千輛兵車，稱之為「千乘之國」。

特別提示

騎兵
古代的兵種除了步兵和車兵外，騎兵也很重要。但中國古代的騎兵發源於戰國時期趙武靈王的「胡服騎射」，所以春秋時期並沒有騎兵部隊。

第貳章 《孫子兵法》各篇詳解 作戰篇

❷ 兵貴神速
作戰宜速戰速決

故兵聞拙速，未睹巧之久也。夫兵久而國利者，未之有也。

　　上面的話意思是說，在軍事上，只聽說過指揮雖然笨拙但求速勝，沒見過為講究指揮技巧而追求曠日持久的現象。戰爭久拖不決而對國家有利的情形，從來不曾有過。

　　戰爭對國家經濟的消耗非常的大，比如人和牛馬要吃糧食，馬車、牛車、甲冑弓矢、戈矛劍戟，少一樣都不行。而且糧食每天都會消耗，兵器車仗等東西每天都會有損毀。一切補充，如果都取之於自己的國家，那將是一筆極大的開銷。而且，即使國家有這些物資，再透過長途運輸運到前線，也是一個很大的問題。怎麼辦呢？孫子提出了兩個解決辦法：一是速戰速決；二是「因糧於敵」，即糧食等作戰物資從敵國獲得，說白了就是搶敵人的。本節主要闡述一下速戰速決的問題。

　　用兵越久，消耗越多；取勝越速，消耗越少。因此減少戰爭消耗的理想辦法，自然是速戰速決。為了取得速勝，「寧速毋久，寧拙毋巧；但能速勝，雖拙可也」。戰爭的目的是勝，不是久。勝意味著把敵人打敗、打服，使對方屈服於自己的意志。消耗不是目的，持久不是目的。尤其是入侵他國，更是利於速決，拖久了，必然不利。第二次世界大戰時，德國用閃電戰，一開始很順利，直到入侵蘇聯後，被蘇軍利用其廣闊的國土縱深拖垮，最終導致失敗。抗日戰爭時期，中國採取「持久戰」的觀點，那是針對日軍迅速占領中國的戰略所提出的。日軍以強凌弱入侵中國，所以要快；中國以弱抗強，在本土作戰，自然要反其道而行之。還有，「持久戰」強調的是戰略持久，在戰術上還是要速戰速決的。所以孫子說：「善用兵者，役不再籍，糧不三載。」（善於用兵打仗的人，兵員不再次徵集，糧草不多次運送。）其根本原因就在於善用兵者能夠做到速戰速決。

解決戰爭對國家經濟破壞的方法：速戰速決

孫子看到戰爭對國家經濟的損耗和破壞，尤其是戰爭持續的時間越長，這種損害就越大。所以他提出了「兵貴勝，不貴久」的觀點，即作戰要速戰速決。

> 對於戰爭給國家所帶來的巨大經濟損失，最有效、最便捷的方法就是速戰速決。就像圖中的雄鷹從高空而下抓兔子一樣，來勢凶猛，動作迅速，有如狂風捲地，一招制敵。

第貳章 《孫子兵法》各篇詳解

作戰篇

兵久四危

鈍兵挫銳	屈力殫貨	百姓財竭	諸侯乘其弊而起
戰事拖延時間過長，會使軍心士氣受挫而低落。	戰事拖延的時間過長，會使國家財政發生困難，財用不足，人力、資金等各種資源都發生枯竭。	國家的財政空虛，就會向老百姓多收賦稅。這樣一來，百姓也會貧窮，長久以往國家就會陷入內憂外患、動盪不安之中。	國家虛弱，周圍的國家就會乘機入侵。

❸ 因糧於敵
用敵國物資補充自己

故智將務食於敵，食敵一鍾，當吾二十鍾；萁稈一石，當吾二十石。

　　上面一句話的意思是說，明智的將領務求在敵國解決糧草供應問題。消耗敵國的一鍾（一鍾：古代的容量單位，六十四斗為一鍾。）糧食，相當於從本國運輸來二十鍾；搶掠敵國的一石草料，等同於從本國運送二十石。

　　如上節所述，對於如何妥善解決戰爭消耗與後方補給困難的矛盾，孫子完整地提出了他的後勤保障方略，即速戰速決和「因糧於敵」兩個解決辦法。上節主要論述的是速戰速決，那麼這節則主要論述「因糧於敵」。

因糧於敵

　　「因糧於敵」的基本思想是一方面要盡量減少國內在人力、物力、財力上的供給，另一方面盡可能在敵國就地解決糧草、兵器，善待和使用俘虜，以「取敵之利」，說白了就是搶奪敵國物資補充自己。這樣，就能借助敵方的人力、物力、財力而使自己強大起來。皇太極統一中國之前就曾在休養生息、壯大自己的同時，巧妙地「因糧於敵」、「取敵之利」。1633年6月，皇太極詢問諸王大臣，攻伐明軍、察哈爾、朝鮮三者，以誰為先？禮部尚書薩哈林說：「應該以寬仁對待朝鮮，防守對待察哈爾，專門征伐明軍。因為緩攻明軍，它就會日益鞏固而不可戰勝。應該在今年秋天莊稼剛熟時進兵，借敵之糧資助我軍，下步進兵更有基礎。到時我留少量兵力，防守察哈爾，先派騎兵往來襲擾明軍，再選精兵入山海關，切斷北京四路，根據地形，占據糧足之地，乘機出擊，兩三年內，大功就可告成。」皇太極依計而行，很快使自己「勝敵而益強」。

賞其先得者

　　在論述完「因糧於敵」以至「勝敵而益強」的觀點之後，孫子又提出了怎樣鼓勵己方士兵積極地搶奪敵人物資的具體方法。如「故車戰，得車十乘以上，賞其先得者」。這段話的意思是說，在車戰中，凡是繳獲敵方戰車十輛以上的，就獎賞最先奪得戰車的人。這樣一來，士兵們就會人人爭先，個個奮勇向前了。

對「因糧於敵」的反制戰術：堅壁清野

「因糧於敵」（即搶奪敵國的物資以補充自己）可以有效解決入侵一方所面臨的後勤補給困難的問題。但是被入侵國對此也有反制的方法，即「堅壁清野」。這種方法是將四野的居民、物資全部轉移、隱藏，使敵人一無所獲，而站不住腳。歷史上，拿破崙就曾慘敗於俄國「堅壁清野」的戰術之下。

沒有足夠的糧食，許多法軍士兵都被餓死。

沒有充足的棉衣，沒有房屋禦寒，大多數的法軍士兵只能在俄國的冰天雪地中哀號。

在經過無數的苦戰之後，才得以進入莫斯科的拿破崙發現，全城的建築被燒毀了三分之二，人員被轉移了三分之二，包括糧食在內的各種物資幾乎被轉移得一點不剩。莫斯科已成一座空城、死城。

經過許多場苦戰，法軍的武器損壞頗多。

因為缺醫少藥，法軍的傷員得不到及時救治。

第貳章 《孫子兵法》各篇詳解　作戰篇

戰役背景：

1812年6月24日，法國皇帝拿破崙一世率領了六十萬大軍突然入侵俄國。因為俄軍實力不濟，因此俄軍統帥庫圖佐夫決定採取邊打邊撤，逐步拖垮法軍的戰略，為此他甚至讓出了首都莫斯科。可留給拿破崙的莫斯科只是一座空城（俄軍的「堅壁清野」戰術所致）。此時，寒冬來臨，法軍補給困難，缺衣少糧，凍餓而死的士兵不計其數。這時，俄軍又突然回師猛攻，法軍大敗。拿破崙只帶著極少數的人逃回法國去了。

三、謀攻篇

孫子曰：凡用兵之法，全國為上，破國次之；全軍為上，破軍次之；全旅為上，破旅次之；全卒為上，破卒次之；全伍為上，破伍次之。是故百戰百勝，非善之善者也；不戰而屈人之兵，善之善者也。

孫子說：戰爭的指導法則是，使敵人舉國屈服是上策，擊破敵國就次一等；使敵人全「軍」降服是上策，擊破敵「軍」就次一等；使敵人全「旅」降服是上策，擊破敵「旅」就次一等；使敵人全「卒」降服是上策，擊破敵「卒」就次一等；使敵人全「伍」降服是上策，擊破敵「伍」就次一等。因此，百戰百勝，還不是最高明的；不經交戰而能使敵人屈服，才算最高明的。

故上兵伐謀，其次伐交，其次伐兵，其下攻城。攻城之法，為不得已，修櫓轒輼，具器械，三月而後成，距闉，又三月而後已。將不勝其忿而蟻附之，殺士三分之一，而城不拔者，此攻之災也。

所以，上策是挫敗敵人的戰略方針，其次是挫敗敵人的外交，再次是打敗敵人的軍隊，下策是攻打敵人的城池。攻城是不得已的。製造攻城的大盾和轒輼，準備攻城的器械，幾個月才能完成；構築攻城的土山又要幾個月才能竣工。將帥控制不住憤怒的情緒，驅使士卒像螞蟻去爬梯攻城，結果士卒傷亡三分之一，城池依然未能攻克。這就是攻城帶來的災難。

故善用兵者，屈人之兵而非戰也，拔人之城而非攻也，毀人之國而非久也，必以全爭於天下，故兵不頓而利可全，此謀攻之法也。

所以，善於用兵的人，使敵軍屈服而不是靠硬打，攻占敵人的城堡而不是靠強攻，毀滅敵人的國家而不是靠久戰。必須用全勝的戰略爭勝於天下，這樣軍隊不致疲憊受挫，而勝利卻能夠圓滿獲得，這就是以謀攻敵的法則。

故用兵之法：十則圍之，五則攻之，倍則戰之，敵則能分之，少則能守之，不若則能避之。故小敵之堅，大敵之擒也。

因此，用兵的原則是。有十倍於敵的兵力就包圍敵人，有五倍於敵的兵力就

進攻敵人，有兩倍於敵的兵力就努力戰勝敵人，有與敵相等的兵力就要設法分散敵人，兵力少於敵人就要堅壁自守，實力弱於敵人就要避免決戰。所以，弱小的軍隊假如固執堅守，就會成為強大敵人的俘虜。

夫將者，國之輔也，輔周則國必強，輔隙則國必弱。

將帥好比是國家的輔木，將帥對國家如能像輔車相依，盡職盡責，國家一定強盛；如果相依有隙，未能盡職，國家一定衰弱。

故君之所以患於軍者三：不知軍之不可以進而謂之進，不知軍之不可以退而謂之退，是謂縻軍。不知三軍之事而同三軍之政，則軍士惑矣。不知三軍之權而同三軍之任，則軍士疑矣。三軍既惑且疑，則諸侯之難至矣。是謂亂軍引勝。

國君危害軍事行動的情況有三種：不了解軍隊不可以前進而硬讓軍隊前進，不了解軍隊不可以後退而硬讓軍隊後退，這叫做束縛軍隊；不了解軍隊的內部事務，而去干預軍隊的行政，就會使將士迷惑；不懂得軍事上的權宜機變，而去干涉軍隊的指揮，就會使將士疑慮。軍隊既迷惑又疑慮，那麼諸侯列國乘機進犯的災難也就到了。這就是所謂自亂其軍，自取滅亡。

故知勝有五：知可以戰與不可以戰者勝，識眾寡之用者勝，上下同欲者勝，以虞待不虞者勝，將能而君不御者勝。此五者，知勝之道也。

預知勝利的情況有五種：知道可以打或不可以打，能夠勝利；懂得多兵與少兵不同用法，能夠勝利；全軍上下意願一致，能夠勝利；以己有備對敵無備，能夠勝利；將帥有指揮才能而君主不加牽制，能夠勝利。這是預知勝利的方法。

故曰：知彼知己，百戰不殆；不知彼而知己，一勝一負；不知彼不知己，每戰必殆。

所以說，既了解敵人，又了解自己，百戰都不會有危險；不了解敵人但了解自己，勝敗機會各一半；既不了解敵人，又不了解自己，每次用兵都有危險。

題解：

「謀攻」，就是謀劃如何進攻敵人，戰勝敵人的意思。本篇主要論述了軍事謀攻策略的理論。「上兵伐謀，其次伐交，其次伐兵，其下攻城。」這是孫子的謀攻策略四部曲。孫子以「不戰而屈人之兵」，「必以全爭於天下」為謀攻的最高原則，主張以優勢兵力與敵作戰，反對弱小軍隊的硬拼，指出了慎擇良將，充分發揮良將主動性的重要性，進而從預測勝利的途徑歸納出「知彼知己，百戰不殆」這一軍事科學的至理名言。

❶ 不戰而屈人之兵
作戰的最高原則是不戰而勝

> 孫子曰：凡用兵之法，全國為上，破國次之；全軍為上，破軍次之；全旅為上，破旅次之；全卒為上，破卒次之；全伍為上，破伍次之。是故百戰百勝，非善之善者也；不戰而屈人之兵，善之善者也。

　　孫子認為，戰勝敵人的方式有兩種，一種是「不戰而屈人之兵」，即不用透過戰鬥就使敵人完整地屈服於自己；一種是武力強攻，以使敵人屈服於自己。孫子注重權謀，主張「以全爭於天下」，因而他在兵法第三篇的「攻」字前特別加了一個「謀」，強調「謀攻」勝於「力攻」。正是根據這一戰略思想，孫子認為克敵制勝的方式，以全國、全軍、全旅、全卒、全伍為上，以破國、破軍、破旅、破卒、破伍為次。靠武力進攻，即使百戰百勝，也不是高明中最高明的；靠智力謀攻，「不戰而屈人之兵」，才是高明中最高明的，才是克敵制勝的最高境界。

　　孫子的這一智鬥、謀攻、全勝的戰略思想，對中國古代的軍事指揮藝術產生了深遠的影響。

　　韓信謀攻克燕就是「不戰而屈人之兵」的一個典型戰例。韓信在攻下魏國和趙國之後，向謀士李左車請教進攻燕國和齊國的辦法。李左車說：「現在為您打算，不如解下盔甲，放下武器，留守在趙國，安撫百姓，存恤遺孤。這樣的話，百里之內地區的百姓，每日都會送來牛和酒，以犒勞您的將士，犒賞您的兵卒。然後再向北進軍，讓部隊駐守在通往燕國的路上，接著派一位辯士，送一封信給燕王，把漢軍的長處顯示出來，燕國一定不敢違背您的命令。用威勢降服燕國後，再派一位辯士，向東去轉告齊國，齊王聽到這個消息，一定也會像燕王那樣降服於您。因為這時即使有再聰明的人，也不知道該怎麼辦才好。這樣一來，爭取天下的大事，都可以圖謀了。」韓信聽後依計而行，燕國聞訊後果然立即就投降了。

墨子不戰救宋國

孫子認為「百戰百勝」都不是最高明的，「不戰而屈人之兵」才是高明中最高明的。這聽起來有些不太可能，但歷史上這樣的事卻時常發生。春秋時期，墨子不動一兵一卒而使楚王取消了攻打宋國的軍事行動，即為「不戰而屈人之兵」的經典案例。

春秋末年，楚王欲稱霸諸侯，想要先攻占宋國。他請來魯班發明、製造了許多攻城用的器械。另一大發明家墨子聽說了，於是就前往楚國，企圖阻止戰爭的發生。墨子與魯班就在楚王的面前展開攻守城的演習，結果九次交手都是墨子獲勝。楚王便放棄了攻打宋國的計畫。

魯班，本名公輸般，春秋時期魯國人。曾發明了攻城的「雲梯」，是中國歷史上著名的發明家和能工巧匠。

墨子，本名墨翟，春秋時期魯國人。墨子早年也是一個能工巧匠，甚至與魯班齊名。後來創立了墨家學派，與儒家一起並稱當世兩大顯學。

第貳章 《孫子兵法》各篇詳解　謀攻篇

❶ 魯班是當時有名的科學家，他輔佐楚王製造了很多攻城用的器械，想要進攻宋國。

❷ 墨子得到消息後，趕了十天十夜的路到達楚國，想要遊說楚王，阻止戰爭的發生。

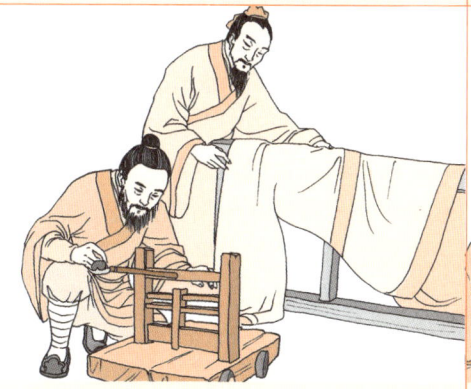

❸ 墨子見勸說無效，便脫下衣服做城牆與魯班進行了一場演習。結果魯班進攻了九次均被打敗。

❹ 楚王沒有辦法，覺得即使發兵也無勝算，遂放棄了進攻宋國的行動。

❷ 上兵伐謀
以智謀取勝

> 故上兵伐謀，其次伐交，其次伐兵，其下攻城。攻城之法，為不得已，修櫓轒轀，具器械，三月而後成，距堙，又三月而後已。將不勝其忿而蟻附之，殺士三分之一，而城不拔者，此攻之災也。

孫子謀攻戰略的核心是要「不戰而屈人之兵」、「以全爭於天下」，即最好不打或以最小的代價換取最圓滿的勝利果實。要做到這一點，就不能靠死拼、硬攻和久耗，而必須「伐謀」，即以智取勝。也就是說，「不戰而屈人之兵」是目的，而「伐謀」則是為之服務的手段或途徑。據此，孫子將用兵的法則分為四等：較量智謀是上策；較量外交次一等；較量武力又次一等；耗費大量的人力、物力、財力，損兵三分之一還打不贏的攻城是最下策。這一以智取勝、減少傷亡的用兵原則，促使人類戰爭從力量大小、財產多寡等方面的較量向智慧方面的較量升華；從神道、血道，向人道轉化；從血淋淋的沙場較量、流水般的財力消耗，向將帥的智謀競爭提升。這是中國戰爭史上軍事藝術的一次飛躍，也是孫子對世界軍事理論的重要貢獻。

「上兵伐謀」，這是孫子最推崇的用兵法則。漢朝的開國功臣陳平就屢出奇謀，替代了百萬士兵的直接征戰。西元前201年，有人上書朝廷，告楚王韓信謀反。劉邦問陳平如何處置，陳平分析說：「現在陛下的兵士不如楚國精銳，將領用兵不及韓信，如果發兵攻伐，這是逼韓信作戰，我私下為陛下感到不安。」劉邦忙問：「那麼，此事該怎麼辦？」陳平答道：「古時天子有巡行天下，會合諸侯的禮儀。南方有雲夢澤，陛下只裝作出遊雲夢澤，而在陳州會合諸侯。陳州在楚地的西界，韓信聽到天子因為愉快而出遊，必定出城來迎接，晉謁陛下。當他晉謁時，陛下即可乘機拘捕他。這只是一名武士的事情。」劉邦依計行事，立即派使者通告諸侯在陳州會合，宣稱將南遊雲夢澤。隨後，劉邦一行向南進發，快到陳州時，韓信果然郊迎於道。於是，劉邦依照事先安排，當即下令武士將韓信拘捕起來。就這樣，不費一兵一卒，平息了一次大的戰亂。

距堙、轒轀：兩種攻城的器具

在此篇中出現的「轒轀」、「距堙」等都是中國古代攻城所必需的器具。從左圖中就可以看出，古代攻城戰是一件多麼危險、多麼耗費物力財力的事情了。這也正是孫子提出「上兵伐謀」的原因所在。

距堙

「距堙」實際上就是土山。由攻城一方在靠近城牆的地方推土而成（因其體型巨大，往往需要數月才能完成），有的還在山頂上修建小屋，上面覆以生牛皮，以防守城一方的弓箭攻擊。強行攻城時，可以在山頂上用箭射擊守城士兵，為己方攻城人員提供火力掩護。有的時候，甚至可以直接利用它登上城樓。

轒轀

「轒轀」，是一種用於挖掘地道的器械。攻方往往利用轒轀挖掘地道，祕密潛入城中，攻擊敵方個措手不及，以攻占城池。在挖掘地道的器械中，除轒轀外，還有「半截船」和「頭車」等。其中轒轀出現得最早，在《詩經》中就有關於它的記載。轒轀本指車內推車的武士，後來才引申為這種車的名稱。轒轀的下面沒有底，上面有蓋，可以掩護人員在車內進行挖掘地道的作業。車子在運輸過程中，要靠車內的人推動前進。

第貳章　《孫子兵法》各篇詳解　謀攻篇

97

❸ 以強擊弱
最基本的攻戰之法

> 故用兵之法：十則圍之，五則攻之，倍則戰之，敵則能分之，少則能守之，不若則能避之。故小敵之堅，大敵之擒也。

以「伐謀」的手法達到「不戰而屈人之兵」的目的是孫子軍事指揮思想中的最高境界。但這一目標在大多數的境況下只能是一種理想，因為不經過戰鬥就心甘情願投降的人恐怕不多。所以在大多數的情況下，勝負還要靠戰鬥來解決。對此，孫子又提出了他的戰鬥指導原則。

孫子主張在優勢條件下對敵作戰，反對在劣勢條件下與敵硬拼。據此，孫子提出了「十則圍之，五則攻之，倍則戰之，敵則能分之，少則能守之，不若則能避之」的用兵之法，即有十倍於敵的兵力就包圍敵人，有五倍於敵的兵力就進攻敵人，有兩倍於敵的兵力就努力戰勝敵人，有與敵相等的兵力就要設法分散敵人，兵力少於敵人就要堅壁自守，實力弱於敵人就要避免決戰。這種強調根據敵對雙方兵力對比的不同而採取不同戰法的思想，無疑是正確的。

優勢與劣勢的較量，可以分為兩種情況，一種是我方在兵力、裝備等諸方面占據優勢，敵方居於劣勢，就要採取圍之、攻之的進攻型戰術。西元前202年，劉邦會合韓信、彭越和黥布，集數十萬大軍，在垓下對楚軍發起總攻擊。項羽的軍隊不足十萬，且軍用物資無法供給。結果，漢軍大敗楚軍於垓下，楚軍由此全部潰敗，項羽也被迫自殺。楚漢戰爭遂以劉邦一方的勝利而告結束。

優勢與劣勢較量的另一種情況是，我方在兵力、裝備等諸方面居劣勢，而敵方則占有優勢。在這種不利的情況下，就應該採取守之、逃之、避之的防守型戰術。如果硬要死拼強攻，那就會落得「小敵之堅，大敵之擒」的可悲下場。西元前123年，大將軍衛青統領蘇建、趙信、李廣等六位將軍出征匈奴。出塞之後，蘇建所部騎兵僅有三千多人，遭遇匈奴單于的大部隊。雙方交戰一日有餘，漢軍死傷殆盡，結果只有蘇建一人逃了回來。衛青認為，蘇建以弱抗強，指揮失誤，於是把蘇建囚禁起來，送交漢武帝制裁。蘇建最後被免去死罪，用穀物贖為平民。

攻戰五法

孫子認為，如果不能「不戰而屈人之兵」的話，那麼就要與敵作戰。為此，他提出了攻戰五法，即「十則圍之，五則攻之，倍則戰之，敵則能分之，不若則避之」。

十則圍之
有十倍於敵的兵力就包圍敵人。

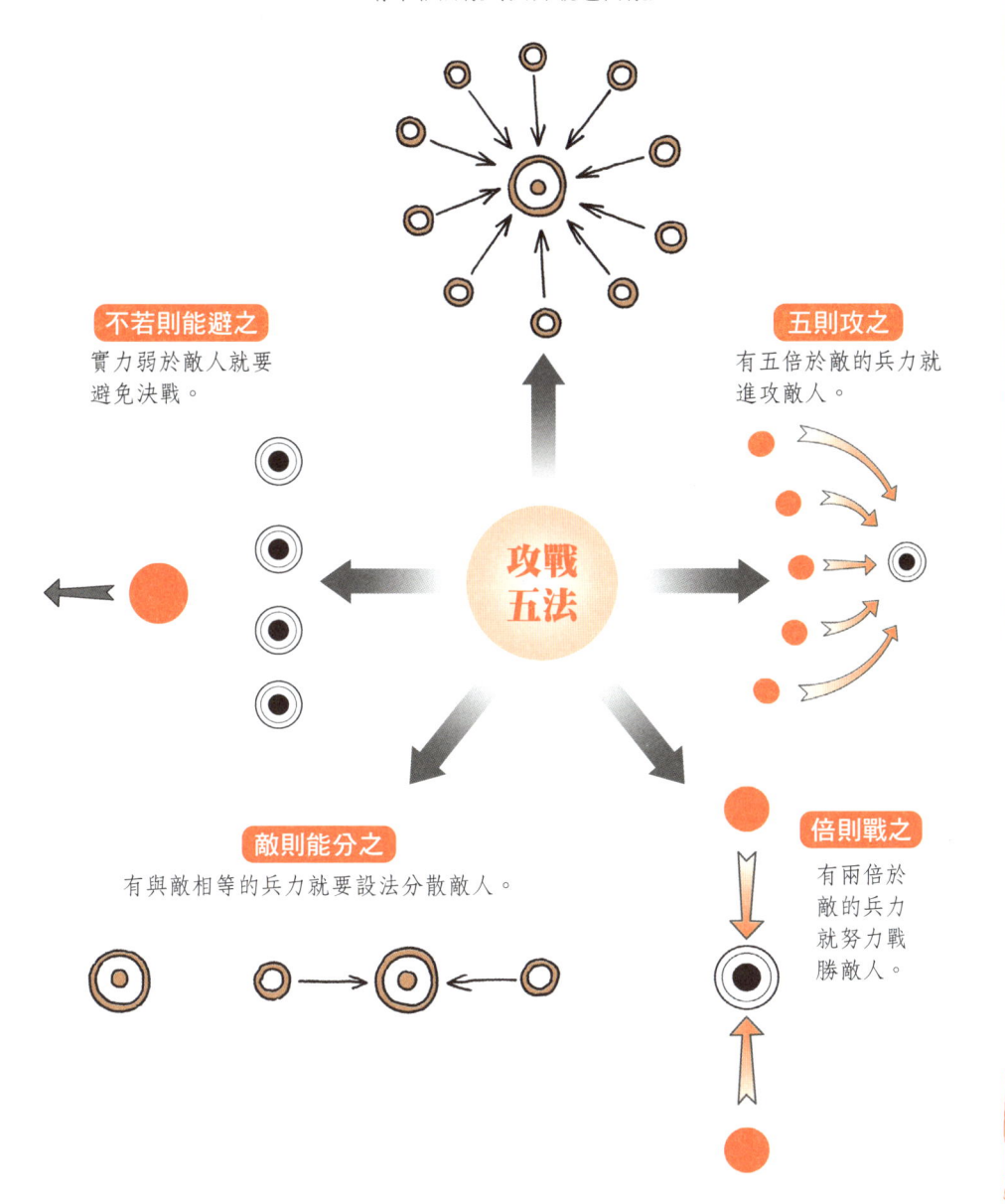

不若則能避之
實力弱於敵人就要避免決戰。

五則攻之
有五倍於敵的兵力就進攻敵人。

敵則能分之
有與敵相等的兵力就要設法分散敵人。

倍則戰之
有兩倍於敵的兵力就努力戰勝敵人。

❹ 知彼知己，百戰不殆
作戰的關鍵是要掌握資訊

> 知彼知己，百戰不殆；不知彼而知己，一勝一負；不知彼不知己，每戰必殆。

無論是「伐謀」、「伐交」、「伐兵」、「攻城」，還是「十則圍之，五則攻之，倍則分之」。這些戰略戰術的選擇都必須建立一個前提，就是必須對敵我雙方的兵員數量、武器裝備、天時、地理等諸要素有充分、客觀的認識。只有對敵我雙方各個側面的情況都有全面的了解與認識，才能做出正確的戰略決策與戰役部署，從而掌握戰爭的主動權、制勝權。這就是所謂的「知彼知己，百戰不殆」了。只了解自己一方，對敵方的情況若明若暗，勝敗的機會就會各占一半。對敵我雙方的情況都不了解，那就會像盲人騎瞎馬，亂摸亂撞，其結局只能是失敗。孫子用「知彼知己，百戰不殆；不知彼而知己，一勝一負；不知彼不知己，每戰必殆。」這樣簡潔、明瞭的語言，指明戰爭指導者對敵我雙方情況的了解與戰爭勝負之間的內在聯繫，這就揭示了指導戰爭的普遍規律，顯示了唯物主義戰爭觀的思想光輝。

袁崇煥勝皇太極的寧遠之戰，就是「知彼知己，百戰不殆」的一個成功戰例。1627年5月，皇太極久攻錦州不下，只好留少量部隊繼續圍困錦州，自率主力轉攻寧遠。寧遠由明朝名將袁崇煥駐守，他認真分析形勢，認為明軍不利於野戰，和擅長縱橫馳突的清兵無法進行野外較量；而守城和火器的使用卻是明軍的優勢，清兵攻城沒有經驗。於是決定採取依託堅固城池，充分發揮火炮威力的戰術，以克敵制勝。當城外的清兵蜂擁而上時，袁崇煥穩坐城頭，指揮明軍連續用大炮轟擊，大量殺傷敵方兵將。皇太極遭此重創，只好放棄寧遠，無功而還。

現代戰爭的立體資訊網

古代戰爭的交戰雙方需要「知彼知己」，現代戰爭的交戰雙方同樣需要「知彼知己」，只是「知」的方法更先進了，各種偵察手段交織在一起，組成了一個龐大的立體偵察資訊網。

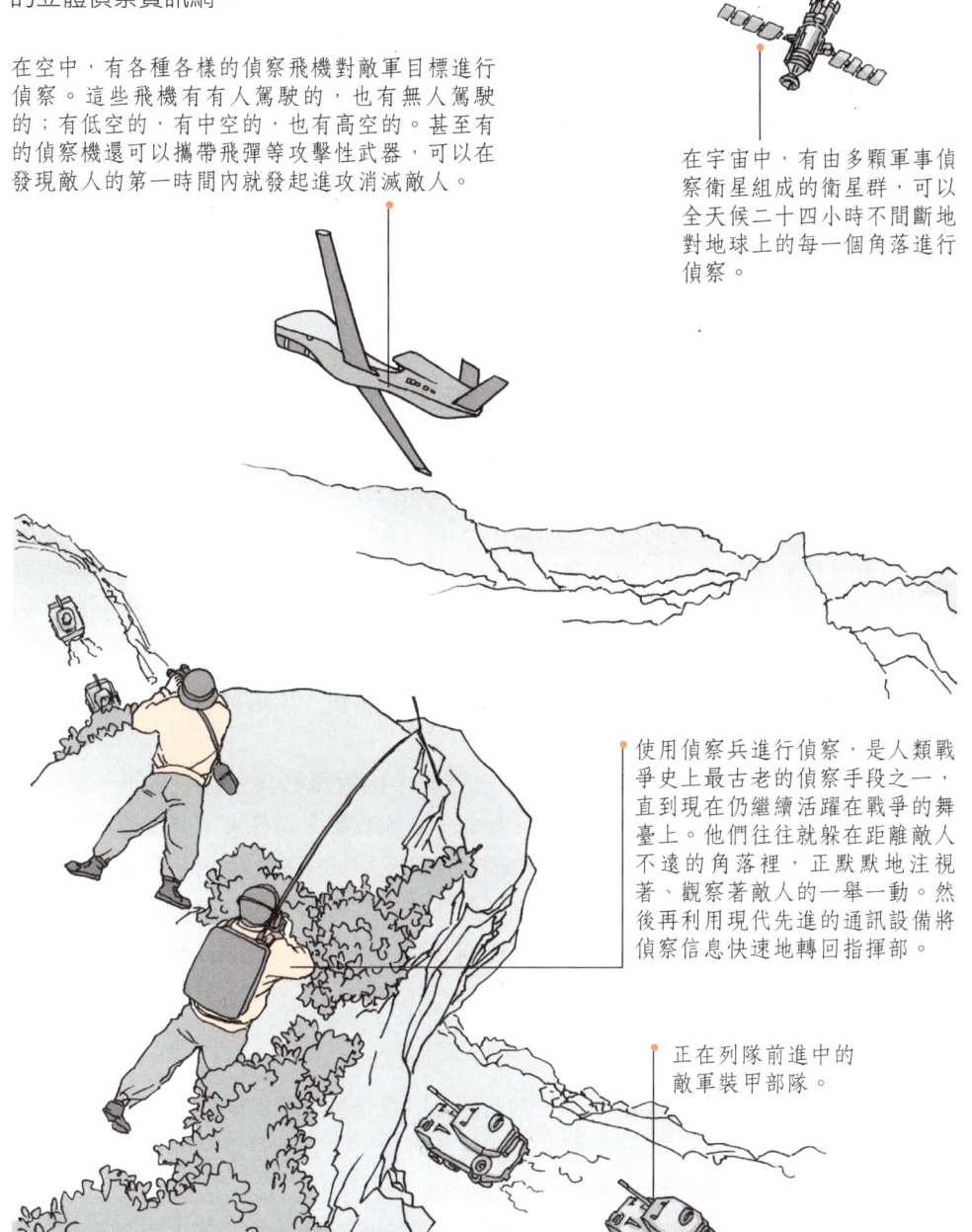

在空中，有各種各樣的偵察飛機對敵軍目標進行偵察。這些飛機有有人駕駛的，也有無人駕駛的；有低空的，有中空的，也有高空的。甚至有的偵察機還可以攜帶飛彈等攻擊性武器，可以在發現敵人的第一時間內就發起進攻消滅敵人。

在宇宙中，有由多顆軍事偵察衛星組成的衛星群，可以全天候二十四小時不間斷地對地球上的每一個角落進行偵察。

使用偵察兵進行偵察，是人類戰爭史上最古老的偵察手段之一，直到現在仍繼續活躍在戰爭的舞臺上。他們往往就躲在距離敵人不遠的角落裡，正默默地注視著、觀察著敵人的一舉一動。然後再利用現代先進的通訊設備將偵察信息快速地轉回指揮部。

正在列隊前進中的敵軍裝甲部隊。

第貳章 《孫子兵法》各篇詳解　謀攻篇

101

❺ 七戰七捷
「集中優勢兵力，各個殲滅敵人」的典範

> 孫子關於在優勢條件下對敵作戰，在劣勢條件下與敵周旋的用兵之法，為歷代兵家所重視。毛澤東更是創造性地發展了孫子兵法，提出了「集中優勢兵力，各個殲滅敵人」的有效作戰方法。

集中優勢兵力，各個殲滅敵人

毛澤東認為這種新的作戰方法不但必須應用於戰役的部署方面，而且必須應用於戰術的部署方面。

在戰役的部署方面。當敵人以優勢兵力分幾路向我軍進攻的時候，我軍必須集中絕對優勢的兵力，即集中六倍、五倍或四倍於敵的兵力，至少也要有三倍於敵的兵力。在適當時機，首先包圍攻擊敵軍一路。這一路，應當是敵軍中較弱的，或者是其駐地的地形和民情對我最為有利而對敵不利的。然後，我軍再以少數兵力牽制敵軍的其餘各部，使其不能向被圍擊之部迅速增援，這樣我軍就可以全力殲滅這路敵軍。得手後，依情況或收兵休整，或繼續集中優勢兵力擴大戰果。

在戰術的部署方面。當我軍已經集中絕對優勢兵力包圍敵軍一路的時候，我軍各攻擊兵團，不應平分兵力，處處攻擊，這樣會造成處處不得力，拖延時間的局面。而是應當集中絕對優勢兵力，即集中六倍、五倍、四倍，至少也是三倍於敵的兵力，並集中全部或大部分炮火，從敵軍諸陣地中，選擇較弱的一點，猛烈地攻擊之，務期必克。得手後，迅速分割殘餘敵人，各個殲滅。

七戰七捷

在中國歷史上，蘇中「七戰七捷」戰役是國共內戰時期中國人民解放軍在江蘇中部地區粉碎國民黨進攻的著名戰役。這場戰役就是運用毛澤東「集中優勢兵力，各個殲滅敵人」戰法的典範。

抗日戰爭勝利後，在「雙十協定」簽字的墨跡未乾之時，蔣介石就發布

了進攻解放區的密令，企圖完全占領長江以南地區，奪取華北戰略要地和交通線，分割和壓縮解放區，打開進入東北的通道，進而占領整個東北。1946年6月26日，國民黨軍向各解放區全線進攻，從此全面內戰爆發。

1946年7月，國民黨軍第一綏靖區部隊是湯恩伯指揮的十五個旅，約十二萬人，由江蘇南通至泰州一線分路向蘇中解放區大舉進攻，企圖殲滅人民解放軍蘇北部隊於如皋、陳安地區，而後北進策應淮北國民黨軍進攻淮陰。蘇中解放區位於華北解放區東南前哨，與國統區的心臟——寧滬地區隔江對峙，戰略位置極其重要。況且蘇中地區人稠地富，擁有約九百萬人口，占華北總人口的五分之二，沿江地區商業繁盛，占華中總稅收的二分之一，一旦淪入敵手，即為敵所用。當時解放軍華中部隊根據中共中央的指示，在華中野戰軍司令員粟裕指揮下，決定集中主力十九個團（後增至二十三個團），約三萬多人，採取集中優勢兵力，在運動中殲滅敵人。7月13日，解放軍先機制敵，向蘇中國民黨軍隊發起進攻。7月15日，攻克宣家堡。18日，雙方再戰於如皋以南，解放軍殲敵千餘人，並在如皋至海安間運動防禦作戰中帶給敵人很大損傷。之後，華中野戰軍經過一周休整，於8月11日攻占李堡，殲敵一個旅和一個團。8月22日，又殲滅相當於兩個團兵力的交通警察部隊。此後，華中野戰軍主力轉入敵後方作戰。8月26日、27日，又在黃橋地區殲敵兩個半旅。至此，歷時一個半月的蘇中戰役勝利結束。華中野戰軍每次都集中優勢兵力，殲敵一部，七戰七捷，共殲滅國民黨軍六個旅及五個交通警察大隊共五萬六千餘人。

蘇中戰役是國共內戰初期一次非常重要的戰役，它首創國共內戰殲敵紀錄，挫敗了國民黨軍進攻的氣焰。

《孫子兵法》十三篇

篇名	解讀
❶ 計篇	「計」本義是算計，在這裡是指戰前的打算，古代又稱之為「廟算」。本篇主要論述決定戰爭勝敗的五個基本因素。指出在作戰之前，必須將雙方的這五個因素拿來對比研究，預測戰爭的勝負，有了勝利的把握之後，才可以起兵作戰。此外，還提出「兵者，詭道也」，「攻其無備，出其不意」等，作為取勝的輔助條件即所謂「以佐其外」。
❷ 作戰篇	「作」，始意有創辦和籌備等義。本篇題名為作戰，實際上講的卻是籌措戰爭，其較為全面地論述了孫子的後勤論。本篇主要從戰略角度講述在作戰時，合理運用後勤等諸種問題。戰爭要消耗大量的人力、物力、財力，故從我方來說要速戰速決，爭取用最小的代價取得最大的戰果，同時要取之於敵方，為我所用，這樣就能夠「勝敵而益強」。
❸ 謀攻篇	「謀攻」就是謀畫如何進攻敵人，戰勝敵人的意思。本篇主要論述了軍事謀攻策略的理論。「上兵伐謀，其次伐交，其次伐兵，其下攻城。」這是孫子的謀攻策略四部曲。孫子以「不戰而屈人之兵」，「必以全爭於天下」為謀攻的最高原則，主張以優勢兵力與敵作戰，反對弱小軍隊的硬拼，指出了慎擇良將，充分發揮良將主動性的重要性，進而從預測勝利的途徑歸納出「知彼知己，百戰不殆」這一軍事科學的至理名言。
❹ 形篇	「形」在本篇中指軍事實力及其外在表現。本篇主要論述了如何根據敵我雙方物質條件，軍事實力的強弱，靈活採取攻守兩種不同形式，以達到在戰爭保全自己而消滅敵人的目的。孫子在本篇中提出了打仗關鍵在於「併力」、「料敵」、「取人」，反對少謀無慮、輕敵冒進的重要的作戰指導思想。
❺ 勢篇	「勢」，態勢、氣勢、形勢。此篇與〈形篇〉可以說是姊妹篇，是孫子兵法軍事指揮學的概說。本篇主要論述在強大的軍事實力的基礎上，充分發揮將帥的傑出指揮才能，積極創造和利用有利的作戰態勢，出奇制勝。孫子對將帥的指揮原則，精妙的指揮技巧，擇人任勢，爭取指揮主動權等問題都有獨到的論述。
❻ 虛實篇	「虛」即空虛，指兵力分散而薄弱，「實」即充實，指兵力集中而強大。「虛實」也指作戰行動中虛實結合，示形佯動等手段。本篇是「任勢」戰略思想的進一步發揮和深化。論述了戰爭中「虛」、「實」關係相互對立、相互轉化這一具有普遍規律的問題，提出了「致人而不致於人」的重要作戰指導思想。
❼ 軍爭篇	「軍爭」乃「兩軍相對而爭利」，即兩軍爭奪制勝條件，爭取戰場上的主動權。孫子十分重視在作戰中爭取有利的作戰地位，他在本篇中主要論述了在一般情況下怎樣趨利避害，力爭掌握戰場的主動權，奪取制勝條件的基本規律。為此他要求指揮者處理好迂與直、利與害的辯證關係，洞察各方面的情況去有效地爭利，並以此為目的提出了「避其銳氣，擊其惰歸」等作戰原則。在篇尾處，孫子總結了八條「用兵之法」，成為中國優秀軍事文化傳統中的重要精髓。

篇名	解讀
⑧ 九變篇	「九」泛指多，「變」，改變，機變，即不按正常原則靈活處置。「九變」即指只有靈活多變地指導戰爭才能取勝。本篇主要論述應根據各種特殊情況，高度靈活機動地變換作戰方式與策略。在上篇〈軍爭〉以闡明一般情況下兩軍爭勝爭利的原則，同時已提及「以分合為變」、「治變」之術，但後者展開得不夠。為了補充說明「治變」的思想，孫子特立此篇，進行系統地發揮。
⑨ 行軍篇	「行」，行列，行陣，行軍布陣。「軍」，屯，駐紮之意。「行軍」就是指戰時行軍布陣、駐紮安營的意思。本篇主要論述軍隊在不同的地理條件下如何行軍作戰、駐紮安營以及怎樣根據不同情況觀察判斷敵情等問題。本篇是《孫子兵法》十三篇中較多談到行軍布陣的部分，旨在論述「處軍」、「相敵」和「附眾」三個問題。
⑩ 地形篇	「地形」即「軍事地形」。這裡所謂「地形」，主要是根據會戰的要求，按攻守進退之便而劃分，偏重形勢特點。它與〈行軍篇〉中所述的「處軍」之地不同，「處軍」之地是講行軍時的地形依託，偏重地貌；與〈九地篇〉中所述的「九地」也不同，「九地」往往是從「主客」形勢方面論述，偏重區域性。本篇集中論述了利用地形的意義以及軍隊在不同地形條件下進行作戰的基本原則。孫子把野戰地形進行了詳細分類，並就這些具體的地形條件，提出了具體而又實用的用兵法則。本篇旨在論述地有無形、兵有無敗、為將責任和養兵原則等問題。
⑪ 九地篇	「九」，泛指數量多。「九地」，指各種複雜地形。〈地形篇〉中的「地」指純粹的自然地理概念，此篇之「地」則加上了環境氛圍等因素。前者從地形的廣狹、險易和距離遠近對排兵布陣的影響的角度論述。後者從深入敵國作戰時在不同地區，因官兵的心理狀態不同，在軍事、政治、經濟、外交上應採取不同作戰原則和處置方法的角度論述。本篇還以較大篇幅論述了適於各環境條件下的重要戰略戰術原則和治軍原則。
⑫ 火攻篇	「火攻」，用火攻敵。本篇主要論述了火攻的種類、條件和實施方法等，較早地在兵法上記述了古代軍事利用天文、氣象的可貴資料。孫子指出以火助攻，是提高軍隊戰鬥力、奪取作戰勝利的重要手段。雖然受當時火攻實踐水平所限，論述比較簡略，但已說明孫子獨具慧眼。在篇尾孫子還指出「主不可以怒而興軍，將不可以慍而致戰」，這種慎戰思想已成為軍事上的至理名言。
⑬ 用間篇	「用間」，即使用間諜。本義旨在論述使用間諜的重要性和如何使用間諜的問題，是論述關於軍事情報工作的意義、方針、原則、方法和任務的專題。孫子主張戰爭指導者必須做到「知彼知己」。而要「知彼」，最重要的手段之一，就是用間。孫子認為與戰爭的巨大消耗相比，用間實在是代價小而收獲多的好方法，必須充分運用。本篇作為最後一篇與首篇〈計篇〉遙相呼應，首尾渾然一體，從而構成了一部完整的兵法體系。

105

《孫子兵法》中的軍事地理學

六地：劃分的標準是按照純粹的自然地理環境對軍事行動的影響。

❶ 通形地

是指四通八達的地區。這樣的地區，我軍可以去，敵軍也可以去。在這樣的地區，誰能先占領地勢高且向陽的地方，並且隨時保持己方糧道的暢通，在戰鬥中誰就有利。

❷ 掛形地

是指那些可以前往，但難以返回的地區。在這樣的地區作戰，有兩種變化：一是，在敵軍沒有防備的情況下，可突然襲擊；二是，在敵軍已有防備的情況下，不可冒然進攻。

❸ 支形地

是指敵對雙方都可以據險對峙，不宜於發動進攻的地區。在這樣的地區作戰，最好不要強行進攻敵人，而應該假裝撤退，等敵人因追擊我而離開陣地的時候再回擊他。

❹ 隘形地

是指夾在兩山之間的狹窄、險要地帶。這種地區，我軍應率先搶占，並用重兵封鎖隘口；如敵軍搶先占領，且重兵把守，則不可進攻；如敵軍搶先占領，但兵力衰微，則可出擊。

❺ 險形地

是指地勢險峻、行動不便的地帶。這種地區，我軍應搶先占領，占據地勢較高、向陽一面的制高點以待敵軍；如敵軍搶先占領，我軍應主動撤退，萬不可進攻。

❻ 遠形地

是指距離敵我營壘都很遙遠的地方。在這種地區，如果敵我雙方實力相當，那麼不宜挑戰，若勉強出戰，也是不容易取得勝利的。

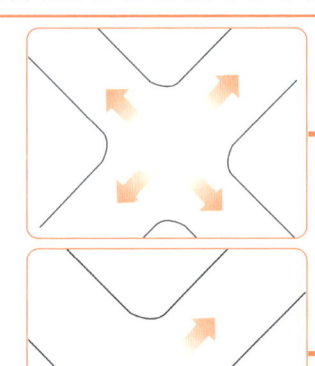

孫子歸納的兩種地形體系

孫子非常注意研究地形與軍事之間的關係，認為「夫地形者，兵之助也」。孫子在〈行軍篇〉、〈地形篇〉、〈九地篇〉等三篇中都有大段的關於軍事地形學的論述。最重要的是他按不同的標準將地形分為了兩大系統，並依每一種地形的特點提出不同的作戰準則。

> **九地：劃分的標準是以軍隊所處的整個態勢的不同。**

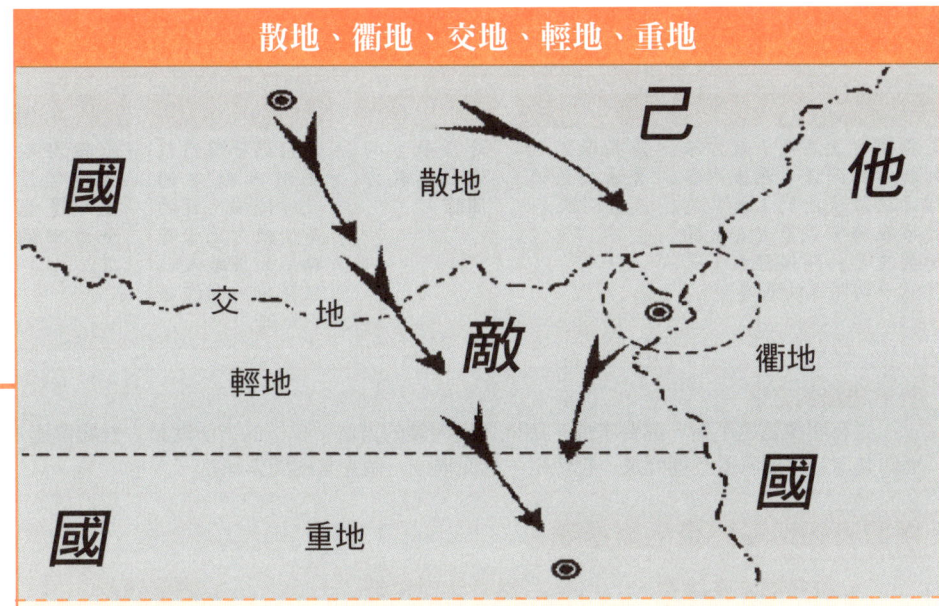

散地、衢地、交地、輕地、重地

①**散地**：在本國境內作戰的地區。在散地不宜作戰；如果要作戰，就要統一軍隊的意志。
②**衢地**：多國交界的地區。在衢地就要打好外交關係，鞏固與各國的聯盟關係。
③**交地**：我軍可以去，敵軍也可以來的地區。在交地要謹慎防守，而且行軍的序列不要斷絕。
④**輕地**：在敵國淺近縱深作戰的地區。在輕地不宜停留；如果停留，就要使營陣之間緊密相連。
⑤**重地**：深入敵境，背靠敵人眾多城邑的地區。在重地要特別注意軍隊的補給問題。

爭地：我軍得到有利，敵軍得到也有利的地區。在爭地不要冒然進攻，而且要使後續部隊能夠迅速跟上。

圮地：諸如山嶺、森林、沼澤等難於通行的地區。遇到圮地，就要迅速通過。

死地：奮勇作戰就能生存，不奮勇作戰就會全軍覆沒的地區。到了死地，就要殊死戰鬥。

圍地：進軍的道路狹窄，撤退的道路遙遠，敵軍能夠以少擊多的地區。陷入圍地，就要運籌帷幄，巧設計謀，以擺脫困境。

《孫子兵法》中的軍事情報學

孫子對軍事情報是高度重視的，認為「知彼知己，百戰不殆」。為此他還總結了一些獲取軍事情報的方法，主要有三點：（1）正確地運用間諜；（2）根據客觀環境的變化而推測；（3）「先知三不可」，即禁止採用的獲取情報的三種方法。下面就一一詳細說明。

正確地運用間諜

諜分五類

反間
是指想方設法找出敵方派到我方的間諜，然後用各種方法降伏他們，使其為我方服務。孫子認為反間是最重要的間諜種類，是其他一切間諜的基礎。

鄉間
是指敵國的普通公民為我方間諜。

內間
是指敵方的官員為我方間諜。

死間
是指攜帶假情報並潛入敵方的我方間諜，目的是使敵方上當受騙。如果敵人一旦發現，間諜必死無疑。

生間
是指潛入敵營搜集情報後，還能安全返回的間諜。

使用間諜的方法

光有間諜遠遠不夠，還要掌握正確地運用間諜的方法。孫子的方法就是「五間俱起，莫知其道」，即將這五種間諜一起使用，進而構成一個完整的間諜網絡。

根據客觀環境的變化而推測

1. 許多樹木在搖晃 — 有敵軍
2. 鳥兒突然飛起 — 有伏兵
3. 野獸猛跑 — 有大批敵人來襲
4. 灰塵高而尖 — 有敵人的戰車
5. 灰塵低而廣 — 有敵人的步兵
6. 灰塵時起時落 — 有敵人正在安營
7. 灰塵飛散 — 敵人正拖著柴禾行走

先知三不可

① 不可取於鬼神 ✗

卦象上說…

是指不能靠祈求鬼神（如占卜算卦等）來獲取軍事情報。

② 不可象於事 ✗

上次是我軍勝了，那麼這次也一定是我軍勝了。

是指不能用以往的經驗或類似的事情去推測軍事情報。

③ 不可驗於度 ✗

星象上是這樣說的…

是指不能企圖用日月星辰的運行規律去解釋或預測軍事情報。

《孫子兵法》中的軍事人才學

在戰爭中，作為指揮者的將帥對戰爭的勝負起著非常重要的作用。因此，孫子甚至稱他們為「民之司命，國家安危之主」。孫子還提出了用以衡量將帥是否合格的五條標準，即「將者，智、信、仁、勇、嚴也」。具體解釋見下表。

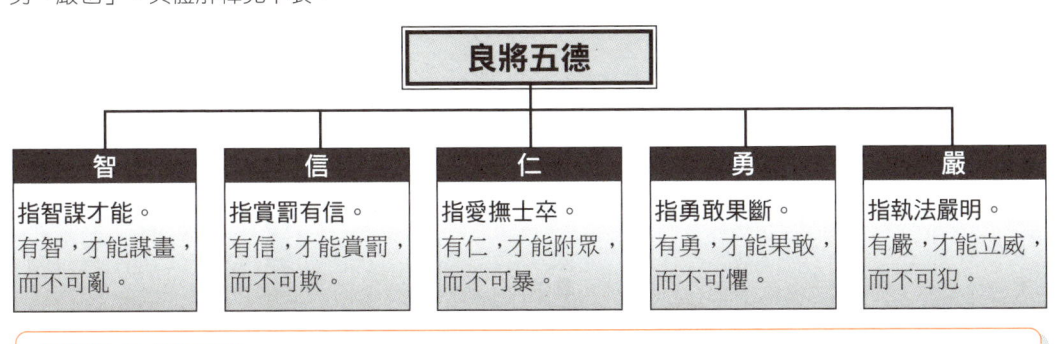

良將五德

智	信	仁	勇	嚴
指智謀才能。有智，才能謀畫，而不可亂。	指賞罰有信。有信，才能賞罰，而不可欺。	指愛撫士卒。有仁，才能附眾，而不可暴。	指勇敢果斷。有勇，才能果敢，而不可懼。	指執法嚴明。有嚴，才能立威，而不可犯。

對將帥的政治要求

上述的良將五德只是孫子對為將帥者的軍事指揮方面的才能而說的。除此之外，孫子還對為將帥者提出了政治方面的要求，他從兩方面進行了闡述：（1）「將聽吾計，用之必勝，留之」（如果將帥能夠聽從君主的命令，那麼就重用他）；（2）「將不聽吾計，用之必敗，去之」（如果將帥不聽從君主的命令，那麼就不用他）。

《孫子兵法》中的攻戰思想

孫子攻戰思想的核心是以「謀」為先、「全爭於天下」。如在《孫子兵法・謀攻篇》中說：「凡用兵之法，全國為上，破國次之；全軍為上，破軍次之；……」孫子在闡述完這一戰略目的之後，又提出了達成此一目的手段，即「不戰而屈人之兵」──不用透過戰鬥就使敵人完整地屈服於自己。當然，並不是在所有情況下都能做到「不戰而屈人之兵」的。因此孫子又提出了「攻戰五法」。可以說，「不戰而屈人之兵」和「攻戰五法」就構成了孫子攻戰思想體系的全部。

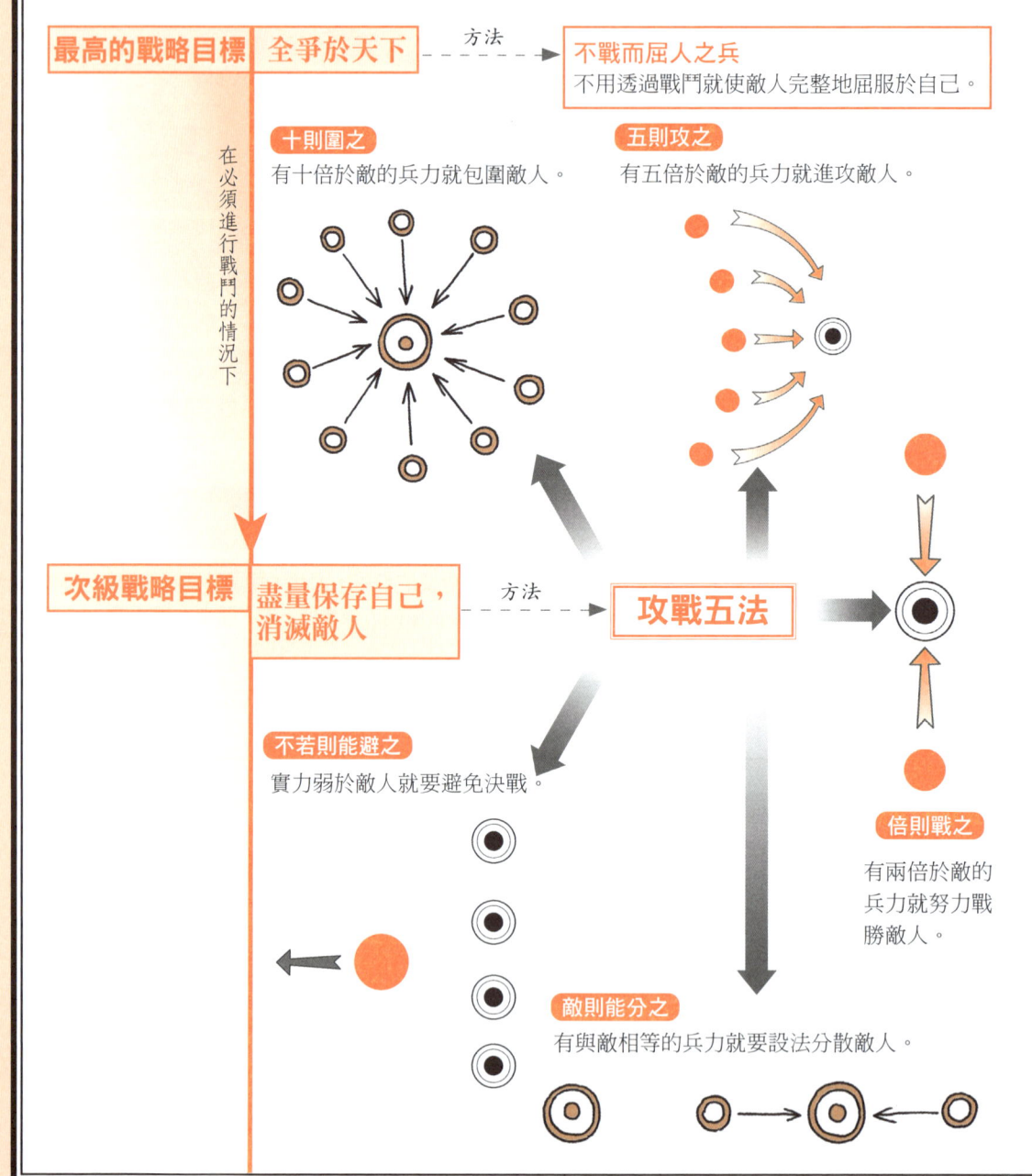

最高的戰略目標　**全爭於天下**　──方法──▶　**不戰而屈人之兵**
不用透過戰鬥就使敵人完整地屈服於自己。

在必須進行戰鬥的情況下

十則圍之
有十倍於敵的兵力就包圍敵人。

五則攻之
有五倍於敵的兵力就進攻敵人。

次級戰略目標　**盡量保存自己，消滅敵人**　──方法──▶　**攻戰五法**

不若則能避之
實力弱於敵人就要避免決戰。

倍則戰之
有兩倍於敵的兵力就努力戰勝敵人。

敵則能分之
有與敵相等的兵力就要設法分散敵人。

110

《孫子兵法》中的治軍思想

軍隊「以治為勝」，不經過整治訓練的軍隊不過是烏合之眾，不堪一擊。為此，孫子提出了治理軍隊的一系列行之有效的原則與方法。這方面的內容主要散見在《孫子兵法》的《行軍篇》、《地形篇》、《九地篇》等篇中。

正確地關愛士卒

孫子認為，一支軍隊要保持良好的紀律，採用正確的制度只是一方面，另一方面，為將帥者對待士卒的態度也很關鍵。孫子認為，為將帥者如果能像對待兒子一樣的愛護自己的士卒，那麼士卒就會與將帥一起同生共死。但這種愛護不要變成溺愛，否則就會過猶不及。

建立合理的軍隊紀律

孫子認為，嚴格的軍事紀律是使軍隊保持強大戰鬥力的保證。而一支軍隊要保持嚴格的紀律，最重要的莫過於要做到賞罰分明。賞罰分明通常包括雙重含義，一是什麼事該賞，什麼事該罰，這兩者要明確；二是，確保該賞的時候就賞，該罰的時候就罰，不要因人而異。將帥賞罰分明，部下就會擁護他，軍隊就有戰鬥力；將帥賞罰不明，部下就會抵觸他，軍隊就沒有戰鬥力。

蒙蔽視聽

如採用變更作戰部署，改變原定計畫，經常改換駐地，故意迂迴行進等辦法，使士卒推測不出將帥的意圖，搞不清下一步的行動內容。這樣，軍隊就會像羊群一樣被將帥所控制了。

利用形勢

如將部隊置於無路可走的絕境，士卒雖死也不會敗退。不須強求，就能完成任務；不須約束，就能親附協力；不待申令，就會遵守紀律。

治軍的典範

六過

走
是指在敵我條件相當的情況下，如果攻擊十倍於我的敵人，因而招致失敗的，叫做「敗走」。顯然，「走」之過在於將帥不知「眾寡之用」，犯了兵家大忌。

弛
指將帥懦弱而士卒強悍，這必然導致指揮失效，紀律渙散。曹操注：「吏不能統，故弛壞。」張預注：「士卒豪強，將吏懦弱，不能統轄約束，故軍政弛壞。」

陷
指將帥雖然強硬，但士卒的戰鬥力卻弱，這樣在作戰時，會造成將帥孤身奮戰，力不能支，而最終導致失敗的發生。曹操注：「吏強欲進，卒弱輒陷，敗也。」

崩
指偏將不服從主將的指揮，遇到敵人便擅自率軍出戰，而主將又不了解他們的能力，這必然導致軍隊指揮的混亂，就如大山之崩潰。

亂
指將帥軟弱又無威嚴，治軍沒有章法，官兵關係混亂緊張，布陣雜亂無序，必然自己搞亂自己，進而導致失敗。

北
北，在這裡指敗北，古人常以「北」表示因戰敗而逃走。指將帥不能正確判斷敵情，以少擊多，以弱擊強，作戰又沒有尖刀分隊，這必然導致失敗。

孫子除了從正面論述了一系列治軍的原則、方法之外，還從反面對這一問題予以闡述。孫子認為，在治軍方面通常存在有六種典型的、錯誤的情況，它們是：走、弛、陷、崩、亂、北。這六種情況都是由於人為的原因造成的，都是會導致失敗的禍根。因此，是每一名合格的、優秀的將帥都必須極力避免的。

111

粟裕蘇中「七戰七捷」

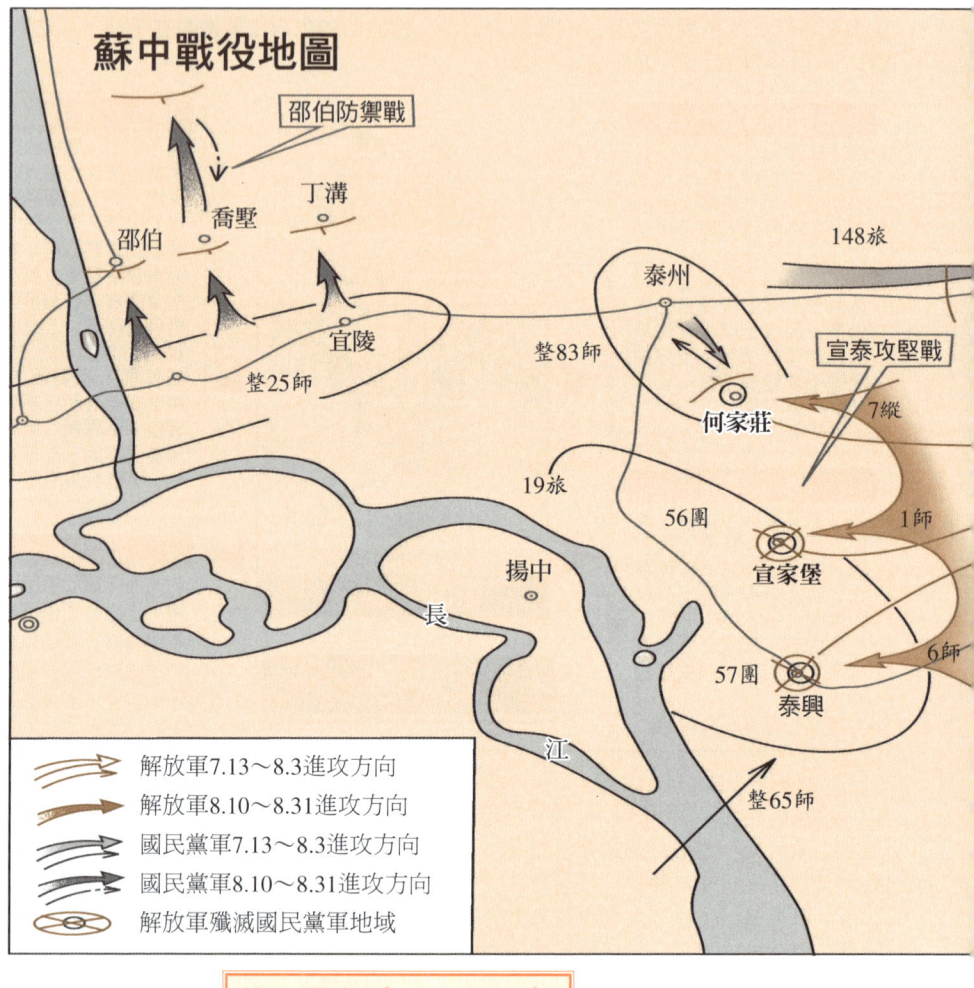

蘇中戰役地圖

邵伯防禦戰
邵伯　喬墅　丁溝
宜陵
整25師
整83師
泰州
宣泰攻堅戰
何家莊
7縱
19旅
56團
1師
揚中
宣家堡
長江
57團
泰興
6師
整65師

- 解放軍7.13～8.3進攻方向
- 解放軍8.10～8.31進攻方向
- 國民黨軍7.13～8.3進攻方向
- 國民黨軍8.10～8.31進攻方向
- 解放軍殲滅國民黨軍地域

148旅

第一階段（7.13～8.3）

宣泰攻堅戰（7.13～7.15）

是宣家堡和泰興殲滅戰的合稱。是役，粟裕反常用兵，以反進攻戰法，殲敵於將出未出之時。在不到六十小時內殲滅國民黨整編第83師二個團又二個營，生俘敵第56團少將團長鍾雄飛等三千二百餘人，首創殲滅美械裝備的蔣介石嫡系部隊的紀錄。

如南戰鬥

如南戰鬥，粟裕捨近而求遠，飛兵百餘里，出其不意，攻敵無備。經過四天四夜的激戰，殲滅國民黨軍整編第49師一個半旅和整編第65師第99旅各一部共一萬餘人，生俘少將旅長胡琨以下六千多人，整編第49師師長王鐵漢被俘後化裝潛逃。

海安防禦戰（7.30～8.3）

海安防禦戰，粟裕以節節抗擊之法，挫敵鋒芒。擔任海安運動防禦戰的華野第從7縱隊從7月30日戰到8月3日，三千多兵力抗擊五萬多國民黨軍的輪番進攻，以傷亡二百多人的代價殺傷敵軍三千多人，創造了敵我傷亡15:1的新紀錄。

蘇中「七戰七捷」被認為是粟裕軍事指揮藝術中最能代表「上兵若水」這兵家最高境界的生花妙筆。此役，粟裕不拘成法，用兵有如行雲流水。粟裕率兵三萬，臨十二萬大敵，在靠近敵人心臟的戰略前沿地區與敵周旋一個半月，七戰七捷，殲敵五萬多人，這在戰爭史上是罕見的。

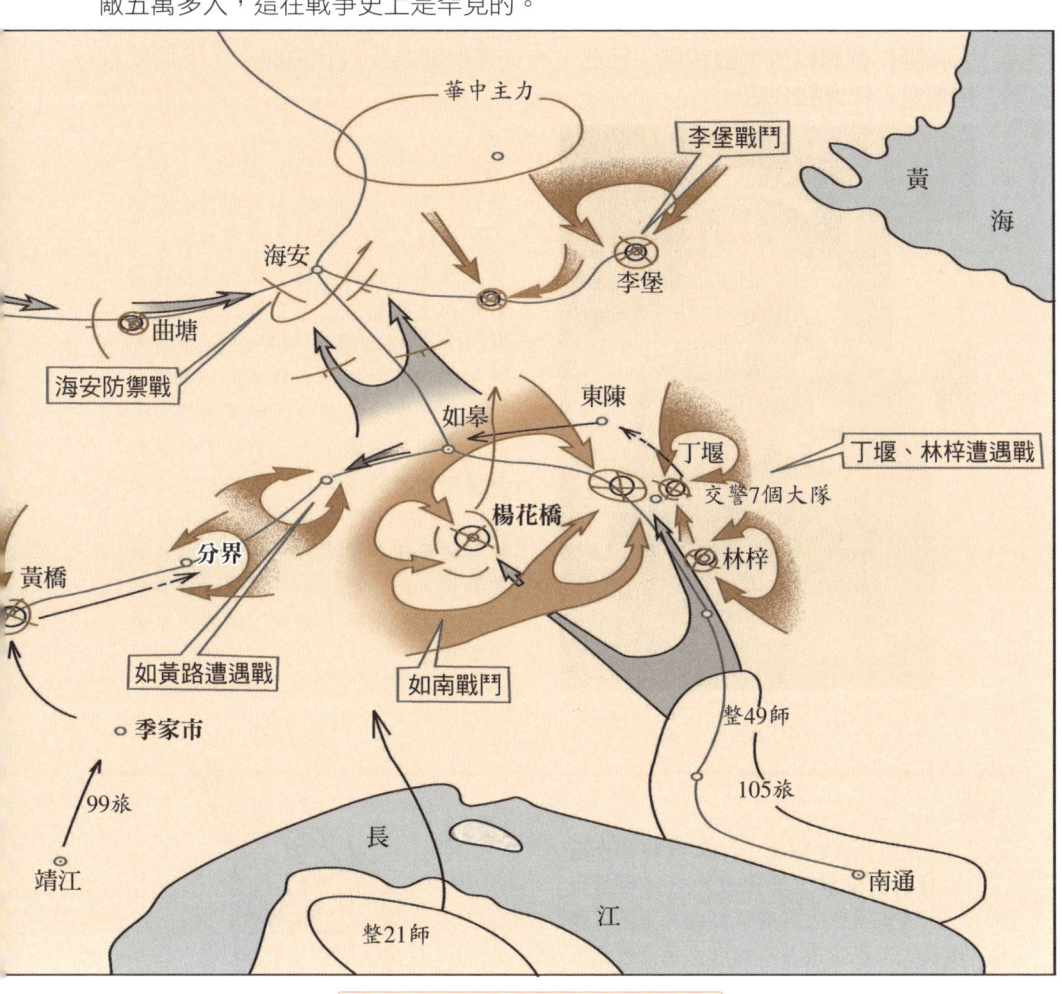

第貳章 《孫子兵法》各篇詳解

謀攻篇

第二階段（8.10～8.31）

李堡戰鬥
李堡戰鬥，粟裕乘敵「祝捷」得意忘形之際，揮兵奇襲。在李堡、角斜等地，前後僅用二十個小時的時間，殲敵一個半旅共九千餘人。

丁堰、林梓戰鬥
丁堰、林梓戰鬥（兩場戰鬥同時發生），粟裕選敵弱點，劍指敵腹。經過一夜激戰，全殲國民政府交通警察總隊的六個大隊和國民黨軍第26旅一個營，約三千七百人。生俘少將副總隊長以下二千多人，解救了許多被捕的地方幹部、民兵和土改積極分子，繳獲了美國製造的卡車、槍械等大批軍用物資。

如黃路遭遇戰
攻黃（橋）救邵（伯），粟裕鑽到敵人肚子裡去打，把中國古代「圍魏救趙」的戰法成功地運用於戰役作戰實踐之中，既有力地策應了邵伯方向的作戰行動，又在運動中殲敵一萬七千餘人，打得敵人六神無主，不知所措。

113

粟裕與白起

粟裕是中國人民解放軍高級將領，作戰指揮的藝術極其高超，尤其擅長大兵團作戰和打大型殲滅戰，因此，有人將他稱為「現代白起」。下面就對這兩個人做詳細介紹。

粟裕

粟裕（1907～1984年）湖南省會同縣人，侗族。1927年加入中國共產黨。從土地革命到新中國成立，粟裕從一名普通士兵開始，一直做到中國人民解放軍總參謀長，國防部副部長等職，1955年被授予大將軍銜。粟裕一生指揮了許多經典的重大殲滅戰。尤其是在國共內戰初期，粟裕的戰爭指揮藝術發展到了輝煌的頂點。從1946年7月到1947年9月的短短14個月裡，他率領華中和華東野戰軍進行六次大的戰役，中小戰鬥不可計數，使華東戰區成為吸引敵軍最多、消滅敵軍最多的戰區。

白起

白起（？～西元前258年），戰國時期秦國人，被封為武安君，秦國眉（今陝西眉縣東）人，為戰國四大名將（白起、王翦、廉頗、李牧）中戰功最為卓越者。他是中國戰爭史上最善於打殲滅戰的軍事統帥之一。自十六歲從軍，白起一生指揮許多重要戰役：大破楚軍，攻入郢都，迫使楚國遷都，楚國從此一蹶不振；攻楚三次，燒其祖廟，共殲滅三十五萬楚軍；伊闕之戰又殲滅韓、魏聯軍二十四萬，徹底掃平秦軍東進之路；長平之戰一舉殲滅趙軍四十五萬，開創了中國歷史上最早、規模最大的包圍殲滅戰先例。白起從最低級的武官一直升到武安君，一生共殲滅六國軍隊一百六十五萬，致使六國聞白起而膽寒。

抗日戰爭時期中國軍隊的武器裝備

抗日戰爭時期，中國軍隊裝備大多都是美式或德式武器，且有飛機、坦克等重型武器裝備。下面就介紹幾種中國軍隊的主要武器裝備。

美國M3「斯圖亞特」輕型坦克
M3輕型坦克是美國1940年代的產品，主要用於偵察、警戒或執行快速機動作戰任務，也稱「斯圖亞特」輕型坦克。M3系列輕型坦克是第二次世界大戰中使用最廣泛的輕型坦克之一。

美國M1「加蘭德」半自動步槍
美國M1式「加蘭德」步槍，是二戰時期美軍步兵的標準裝備。該槍被公認為是二戰時期設計得最好的步槍，也是世界上大量裝備部隊的第一支半自動步槍。

美國M3衝鋒槍
由美國人喬治‧海德設計的一種衝鋒槍，結構簡單，造價低廉（單價只有二十美元）。該槍從1944年開始大量生產，到二戰結束時共生產了六十萬支。

德國魯格手槍
1908年被德軍選作制式武器的魯格P08手槍，是當時最具魅力的半自動手槍。P08手槍結構獨特，做工精良。據資料記載，P08手槍共生產約二百零五萬支。P08手槍有多種變型槍，有標準型、海軍型、炮兵型、卡賓槍型和商用型五種。

中正式步騎槍
中正式步騎槍是中國近現代史上第一支全國性的制式步槍。該槍仿自德國毛瑟Kar98K步槍的優秀設計，因而品質優異，性能出色。該槍取自蔣介石（蔣中正）之名。

第貳章　《孫子兵法》各篇詳解

謀攻篇

115

四、形篇

孫子曰：昔之善戰者，先為不可勝，以待敵之可勝。不可勝在己，可勝在敵。故善戰者，能為不可勝，不能使敵之必可勝。故曰：勝可知，而不可為。

孫子說：從前善於打仗的人，要先做到不會被敵戰勝，然後待機戰勝敵人。不會被敵戰勝的主動權操在自己手中，能否戰勝敵人則在於敵人是否有隙可乘。所以，善於打仗的人，能夠創造不被敵人戰勝的條件，而不可能做到使敵人必定被我所戰勝。所以說，勝利可以預見，但不可強求。

不可勝者，守也；可勝者，攻也。守則有餘，攻則不足。善守者，藏於九地之下；善攻者，動於九天之上，故能自保而全勝也。

若要不被敵人戰勝，就要採取防禦；想要戰勝敵人，就要採取進攻。採取防禦，是因為敵人兵力有餘；採取進攻，是因為敵人兵力不足。善於防禦的人，隱蔽自己的兵力如同深藏於地下；善於進攻的人，展開自己的兵力就像自重霄而降。所以，既能保全自己，而又能取得完全的勝利。

見勝不過眾人之所知，非善之善者也；戰勝而天下曰善，非善之善者也。故舉秋毫不為多力，見日月不為明目，聞雷霆不為聰耳。古之所謂善戰者，勝於易勝者也。故善戰者之勝也，無奇勝，無智名，無勇功。故其戰勝不忒；不忒者，其所措必勝，勝已敗者也。故善戰者，立於不敗之地，而不失敵之敗也。是故，勝兵先勝而後求戰，敗兵先戰而後求勝。善用兵者，修道而保法，故能為勝敗之正。

預見勝利不超過一般人的見識，不是高明的。激戰而後取勝，即便是

普天下人都說好，也不算是高明中最高明的。這就像能舉起秋毫稱不上力大，能看見日月算不得眼明，能聽到雷霆談不上耳聰一樣。古時候所說的善於打仗的人，總是戰勝那容易戰勝的敵人。因此，善於打仗的人打了勝仗，沒有卓異的勝利，沒有智慧的名聲，沒有勇武的戰功。所以他們取得勝利，不會有差錯；其所以不會有差錯，是由於他們的作戰措施建立在必勝的基礎之上，是戰勝那已處於失敗地位的敵人。善於打仗的人，總是使自己立於不敗之地，而不放過擊敗敵人的機會。所以，勝利的軍隊先有勝利的把握，而後才尋求與敵交戰；失敗的軍隊往往是先冒險與敵人交戰，而後企求僥倖取勝。善於領導戰爭的人，必須修明政治，確保法制，所以能夠掌握勝敗的決定權。

兵法：一曰度，二曰量，三曰數，四曰稱，五曰勝。地生度，度生量，量生數，數生稱，稱生勝。故勝兵若以鎰稱銖，敗兵若以銖稱鎰。稱勝者之戰民也，若決積水於千仞之谿者，形也。

基本原則有五條：一是土地面積的「度」，二是物產資源的「量」，三是兵員眾寡的「數」，四是軍力強弱的「稱」，五是勝負優劣的「勝」。敵我所處地域的不同，產生雙方土地面積大小不同的「度」；敵我土地面積大小的「度」的不同，產生雙方物產資源多少不同的「量」；敵我物產資源多少的「量」的不同，產生雙方兵員多寡不同的「數」；敵我兵員多寡的「數」的不同，產生雙方軍事實力強弱不同的「稱」；敵我軍事實力強弱的「稱」的不同，最終決定戰爭的勝負成敗。勝利的軍隊較之於失敗的軍隊，有如以「鎰」稱「銖」那樣占有絕對的優勢；而失敗的軍隊較之於勝利的軍隊，就像用「銖」稱「鎰」那樣處於絕對的劣勢。軍事實力強大的勝利者指揮部隊作戰，就像在萬丈懸崖決開山澗的積水一樣，這就是軍事實力的「形」。

第貳章 《孫子兵法》各篇詳解

形篇

題解：
「形」在本篇中指軍事實力及其外在表現。本篇主要論述了如何根據敵我雙方物質條件，軍事實力的強弱，靈活採取攻守兩種不同形式，以達到在戰爭中保全自己而消滅敵人的目的。孫子在本篇中提出了打仗關鍵在於「併力」、「料敵」、「取人」，反對少謀無慮、輕敵冒進的重要作戰指導思想。

117

❶ 先為不可勝，以待敵之可勝
立於不敗之地而後求勝

> 孫子曰：昔之善戰者，先為不可勝，以待敵之可勝。不可勝在己，可勝在敵。故善戰者，能為不可勝，不能使敵必可勝。故曰：勝可知，而不可為。

孫子是一個非常理智、務實的謀略家，他在〈形篇〉中反覆強調「自保而全勝」，即先使自己立於不敗之地，然後再待機破敵的軍事思想。孫子這一思想，主要表現在以下三個層面。

一、善戰者應「先為不可勝，以待敵之可勝」。

孫子認為作為一個善於用兵的軍事家，首先應當做到先不被敵人戰勝，然後再等待可以戰勝敵人的機會。先求自保，再求克敵，這是一種穩妥而積極的作戰思想。

二、善戰者要「能為不可勝，不能使敵必可勝」。

孫子認為，在戰場上使自己不被敵人戰勝是可能的，因為主動權掌握在自己手中；而戰勝敵人，則要等待敵人出現可乘之機，主動權不在自己手中。正是基於這種分析，孫子主張要把主要精力放在創造自己不被敵人戰勝的條件上。

三、善戰者應懂得「勝可知，而不可為」。

孫子認為，透過雙方實力與部署的全面比較（如「經之以五事」），勝利是可以「預知」的。但在具體的作戰中，敵人有沒有可乘之隙而為我所利用，被我所戰勝，則不能由我方來決定，這就是勝「不可為」。善戰者只有懂得「勝可知，而不可為」，才能真正做到「自保而全勝」。

違背孫子「自保而全勝」的原則，不顧自身實力的限制而貿然進攻對手，其結果不僅消滅不了敵人，反而會被敵人消滅。冷戰時期，蘇聯為了與美國爭霸，將大量的國力投入核武軍備的競賽中，國防開支一度占國民生產總值的11%至13%。然而其國民經濟發展速度，卻不斷滑落。蘇聯從1950年代的世界第二超級大國，到1980年代國民生產總值滑落到只占世界的12%，遠遠落後於美國、西歐和日本。這結果是，蘇聯不僅沒能稱霸世界，反而導致自身瓦解。從反面證明，在政治、經濟、軍事的全面較量中，如果不先求自保，也就說不上再求克敵；如果不先求不敗，也就說不上再求必勝。

龐大的蘇聯軍隊

蘇聯解體的原因很多，但其不顧自身經濟實力的限制，一味地發展武裝力量，耗盡了國力（即違反了孫子所說的「先為不可勝，以待敵之可勝」的原則），卻是一個很重要的因素。下面就以1970年代末為例，說明一下蘇聯超級龐大的武裝力量。

蘇聯的軍事實力（1970年代末期）

此時，蘇聯的總兵力保持在440萬左右。其中：五大軍種共有370萬人；蘇軍的總部機關約10萬人；軍事院校24萬人；鐵道、建築部隊36萬人。

陸軍
共195萬人，編為123個摩托化步兵師、49個坦克師、8個空降師、8個大隊，總共擁有坦克5.21萬輛。自1970年以來，蘇聯每五年就研製和裝備一種新式坦克，每兩年就生產一種新型戰鬥裝甲車。

空軍
41萬人，編為48個師、104個團、8個大隊，擁有各型飛機10,546架，其中作戰飛機就有6,826架。

防空軍
52.8萬人，分為5個防空集團軍、76個防空團，防空導彈發射架9,536部、各型飛機2,220架、雷達7,000部。

海軍
44.6萬人，編為北方、波羅的海、黑海和太平洋4個艦隊，擁有各型艦艇2,104艘，排水量總計415頓，潛射彈道飛彈991枚、海軍飛機1,432架，海軍陸戰隊1個師又3個團。

戰略火箭軍
36.6萬人，基地77個。所屬5個火箭集團軍司令部分別駐文尼察、斯摩棱斯克、弗拉基米爾、歐姆斯克和赤塔。戰略火箭軍作為蘇聯五大軍種之首，被視為「國防威力的基礎」。主要裝備遠程洲際和中程彈道飛彈。其中洲際飛彈射程在5,500公里以上，共有1,398枚，彈頭總數5,654個，總當量為435,160萬噸；中程彈道飛彈射程為1,000～5,500公里，共有599枚，彈頭總數為1,320個，總當量為40,100萬噸。

蘇聯工業人數增長分配情況（1965~1981年）

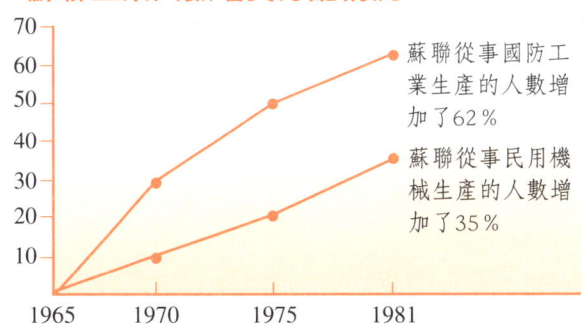

- 蘇聯從事國防工業生產的人數增加了62%
- 蘇聯從事民用機械生產的人數增加了35%

蘇聯武器生產廠家的數量

生產飛彈	49家
生產飛機	37家
生產艦船	24家
生產地面武器裝備	24家

此外，還有3,500多家軍工零部件配套工廠。這些軍工企業能生產150多種武器系統，種類之多、數量之大，均居世界首位。

蘇聯國防工業部門的員工總人數在1965～1981年間增加了62%，而民用機械製造部門的員工人數卻只增加了35%。1981年，蘇聯直接從事軍事工業的人數約為800萬人，加上民用工業部門中為軍工生產服務的人員，共有1,600萬人。這必然會給蘇聯的經濟造成嚴重的消極影響。

❷善守者，藏於九地之下；善攻者，動於九天之上
孫子的攻守原則

不可勝者，守也；可勝者，攻也。守則有餘，攻則不足。善守者，藏於九地之下；善攻者，動於九天之上，故能自保而全勝也。

在論述了「先為不可勝，以待敵之可勝」的思想之後，孫子又提出了其攻守原則。孫子認為要做到自己的「不可勝」，其原因在於「善守」；而要做到「敵之可勝」，其原因則在於自己「善攻」。那麼，什麼是「善守」，什麼又是「善攻」呢？孫子在這裡提出了一條非常嚴格的標準，那就是要做到「能自保而全勝」。做到「能自保」的，就是「善守」；能做到「全勝」的，便就是「善攻」了。孫子的攻守思想可以從以下三個方面來認識：

一、「守則有餘，攻則不足。」孫子認為對攻守戰法的選擇要看自身的實際情況。「守則有餘，攻則不足」的意思是說，在取勝條件不足的情況下，就要採取守勢；在取勝條件充足的情況下，就要採取攻勢。「形者，強弱也」，孫子在〈謀攻篇〉後講〈形篇〉，目的正在揭示攻守戰術與強弱軍力的內在聯繫。這是一種實事求是，一切從實際出發的軍事思想。按照這一軍事思想，作戰指揮者就不能憑個人的喜惡與一時的意氣來行事。取勝條件不足，硬要憑勇氣去進攻，這是軍事上的冒險主義；取勝條件有餘，一味求穩固守，這是軍事上的保守主義。要防止這兩種傾向，採取正確、恰當的攻防戰術，就一定要根據戰場上敵我雙方的實際力量對比與變化情況而定。

二、「善守者，藏於九地之下。」這是孫子對「善守」的比喻。意思是說一個善於防守的人就像藏身於「九地」（「九」代表多，「九地」意為在很深的地下）之下，使敵人無形可窺、無隙可乘。

三、「善攻者，動於九天之上」，這是孫子對於「善攻」比喻。意思是說，善於進攻的人就像從「九天」（形容極高的天上）上降落一樣，其勢銳不可擋，而使敵人無從防備、突擊而潰。

戰略飛彈核潛艇

戰略飛彈核潛艇是一種極其重要的戰略威懾力量。孫子所說的「善守者，藏於九地之下；善攻者，動於九天之上」，在戰略飛彈核潛艇的身上得到了集中體現。下面以美國產的「俄亥俄級」彈道飛彈核潛艇為例，對此做說明。

「俄亥俄級」彈道飛彈核潛艇

正處在水面航行狀態的「俄亥俄級」核潛艇，其背部的飛彈發射井清晰可見。

「俄亥俄級」彈道飛彈核潛艇性能數據：

艇型：	拉長水滴形，單殼體結構。
數量：	18艘。
尺度：	長170.7公尺，寬12.8公尺，吃水11.1公尺。
排水量：	水上排水量1.67萬噸，水下排水量1.87萬噸。
航速：	水面25～30節；水下30節。
最大潛深：	400公尺。

武器：每艘潛艇裝載24枚「三叉戟」彈道飛彈。其中4艘裝備的射程為7,400公里的「三叉戟-I」型飛彈，另14艘裝備的是射程1.2萬公里的「三叉戟-II」型飛彈。該飛彈每枚可攜帶8至12個TNT當量為10萬噸分導式多彈頭，圓機率誤差90公尺。此外，其還備有4具魚雷發射管，可發射MK48型魚雷。

彈道飛彈核潛艇是綜合國力的體現，目前世界上只有美、俄、中、法、英等五個公認的核大國才有裝備。彈道飛彈核潛艇以核能為動力，可長時間地潛入數百公尺深的海底而不浮出海面，這就大大增加了其隱蔽性。一般在艇上都會裝有數枚遠程洲際彈道飛彈，作為主要的進攻武器。就以圖中的美製「俄亥俄」級為例，其載彈總數可達192至288枚，每枚核彈頭相當於10萬噸TNT當量（廣島原子彈的TNT當量為20萬噸），可見一艘該艇的攻擊力是多麼的驚人。藏身有術，攻擊驚人，彈道飛彈核潛艇真正做到了「善守者，藏於九地之下；善攻者，動於九天之上」的境界。

第貳章 《孫子兵法》各篇詳解 形篇

❸勝兵若以鎰稱銖，敗兵若以銖稱鎰

實力決定勝負

> 故勝兵若以鎰稱銖，敗兵若以銖稱鎰。稱勝者之戰民也，若決積水於千仞之谿者，形也。

實力決定勝負

孫子認為決定戰爭勝負的關鍵或根本就在於敵我兩軍實力的對比。孫子以「鎰」和「銖」（「鎰」和「銖」都是中國古代的重量單位。一鎰是二十四兩，一兩是二十四銖。鎰比銖重五百多倍。）兩種重量單位做比喻，提出了「故勝兵若以鎰稱銖，敗兵若以銖稱鎰。稱勝者之戰民也，若決積水於千仞之谿者，形也」的思想。意思是說，勝利的軍隊與失敗的軍隊相比，就好像處於以鎰稱銖的絕對優勢的地位，而失敗的軍隊與勝利的軍隊相比，就好像處於以銖稱鎰的絕對劣勢的地位。那麼在這種情況下，勝利者在指揮軍隊打仗時，就像從萬丈懸崖決開山間的積水一樣，其能量無可阻擋，這就是軍事實力的體現啊！以強擊弱就好比以鎰稱銖，以弱擊強就好比以銖稱鎰，其結果自然是「弱肉強食」了。由此，孫子又得出了經過激烈的戰鬥後取得勝利的，即使天下人都說他勇敢，那他也不是最高明的將帥。這就好比能舉起秋毫不能說是力大，能看見日月不能說是眼亮一樣。而總是取勝於容易戰勝的敵人，那才是真正善於作戰的人。即真正會打仗的人，總是以強擊弱，只有這樣他的勝利才是有把握、無疑的。

決定軍事實力強弱的條件

孫子又在「軍事實力決定勝負」論的基礎上論述了軍事實力的強弱都取決於哪些條件。

孫子認為戰爭勝負取決於五個層層遞進的環節，即「一曰度，二曰量，三曰數，四曰稱，五曰勝」。意思是說敵我兩國土地面積大小不同的「度」決定了產生雙方物產資源多少不同的「量」；而「量」又決定了雙方兵員多寡不同的「數」；「數」又決定了雙方軍事實力強弱不同的「稱」；「稱」又最終決定戰爭的「勝」。在這裡，孫子實際上已經意識到，勝負並不僅僅取決於兩軍的實力對比，而是敵對兩國綜合國力的對比了。

取勝之道在於以強擊弱

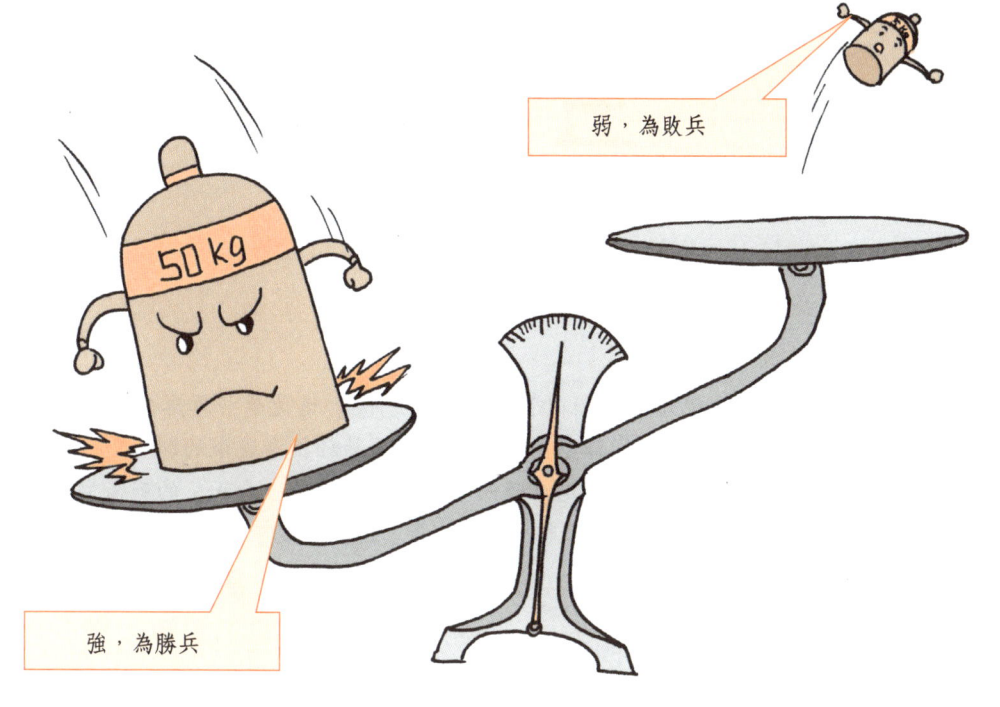

孫子認為決定戰爭勝負的真理永遠是強者勝而弱者敗，所以取勝之道的關鍵就在於以強擊弱。

弱，為敗兵

50 kg

強，為勝兵

決定實力強弱的物質因素

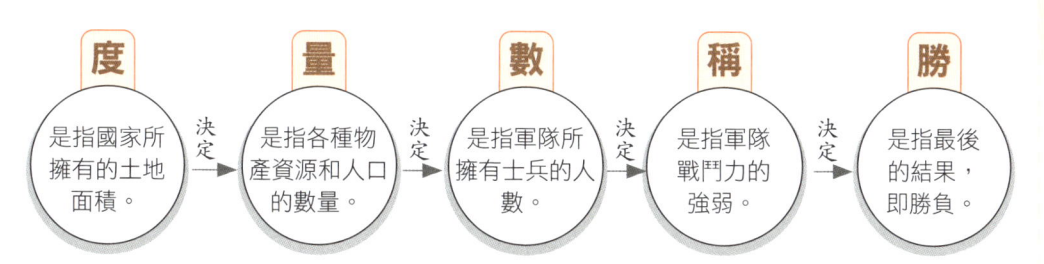

度 是指國家所擁有的土地面積。 →決定→ **量** 是指各種物產資源和人口的數量。 →決定→ **數** 是指軍隊所擁有士兵的人數。 →決定→ **稱** 是指軍隊戰鬥力的強弱。 →決定→ **勝** 是指最後的結果，即勝負。

此處提到的決定戰爭勝負的原因，與在第一篇中所提到的另一組決定戰爭勝負的概念，即「經之以五事」是有區別的。「經之以五事」的「道、天、地、將、法」是從更加宏觀的角度所作總結，它包含物質的、人力的和制度的等各方面的原因。而此處的「度、量、數、稱」等則只是從純粹的物質角度做出總結。

第貳章 《孫子兵法》各篇詳解

形篇

123

五、勢篇

孫子曰：凡治眾如治寡，分數是也；鬥眾如鬥寡，形名是也；三軍之眾，可使畢受敵而無敗者，奇正是也。兵之所加，如以碫投卵者，虛實是也。

孫子說：管理大部隊如同管理小部隊一樣，這是屬於軍隊的組織編制問題；指揮大部隊如同指揮小部隊一樣，這是屬於指揮號令的問題；統率全軍能夠使它一旦遭到敵人的進攻時而不致失敗，這是「奇正」的戰術變化問題；軍隊打擊敵人如同以石擊卵一樣，這是「避實就虛」的正確運用問題。

凡戰者，以正合，以奇勝。故善出奇者，無窮如天地，不竭如江河。終而復始，日月是也。死而復生，四時是也。聲不過五，五聲之變，不可勝聽也；色不過五，五色之變，不可勝觀也。味不過五，五味之變，不可勝嘗也。戰勢不過奇正，奇正之變，不可勝窮也。奇正相生，如環之無端，孰能窮之？

一般作戰都是用「正」兵當敵，用「奇」兵取勝。所以善於出奇制勝的將帥，其戰法變化就像天地那樣不可窮盡，像江河那樣不會枯竭。終而復始，如同日月的運行；去而又來，就像四季的更迭。樂音不過五個音階，可是五音的變化，就聽不勝聽；顏色不過五種色素，可是五色的變化，就看不勝看；滋味不過五樣味道，可是五味的變化，就嘗不勝嘗；戰術不過「奇」「正」，可是「奇」「正」的變化，就無窮無盡。「奇」「正」相互轉化，就像圓環旋繞不絕，無始無終，誰能窮盡它呢？

激水之疾，至於漂石者，勢也；鷙鳥之擊，至於毀折者，節也。是故善戰者，其勢險，其節短。勢如彍弩，節如發機。

湍急的流水飛快地奔瀉，以致能漂移石頭，這就是流速飛快的「勢」；雄鷹迅飛搏擊，以致能捕殺雀鳥，這就是短促急迫的「節」。所以善於指揮

作戰的人，他所造成的態勢是險峻的，發出的節奏是短促的。險峻的態勢就像張滿的彎弓，短促的節奏就像擊發弩機。

紛紛紜紜，鬥亂而不可亂也；渾渾沌沌，形圓而不可敗也。亂生於治，怯生於勇，弱生於強。治亂，數也；勇怯，勢也；強弱，形也。故善動敵者，形之，敵必從之；予之，敵必取之。以利動之，以卒待之。

旌旗紛紛，人馬紜紜，要在混亂中作戰而使軍隊不亂；混混沌沌，迷迷濛濛，要周到部署、保持態勢而不會被打敗。示敵混亂，是由於有嚴整的組織；示敵怯懦，是由於有勇敢的素質；示敵弱小，是由於有強大的兵力。嚴整與混亂，是由組織編制好壞決定的；勇敢與怯懦，是由態勢優劣造成的；強大與弱小，是由實力大小對比顯現的。善於調動敵人的將帥，偽裝假象迷惑敵人，敵人就會聽從調動；用小利引誘敵人，敵人就會來奪取。用這樣的辦法去調動敵人，再用重兵伺機來殲滅它。

故善戰者，求之於勢，不責於人，故能擇人而任勢。任勢者，其戰人也，如轉木石；木石之性：安則靜，危則動，方則止，圓則行。故善戰人之勢，如轉圓石於千仞之山者，勢也。

善於作戰的人，總是設法造成有利的態勢，而不苛求部屬，所以他能不強求人力去利用和創造有利的態勢。善於創造有利態勢的將帥指揮部隊作戰，就像滾動木頭、石頭一般。木頭、石頭的特性，是放在安穩平坦的地方就靜止，放在險陡傾斜的地方就滾動；方的容易靜止，圓的滾動靈活。所以，善於指揮作戰的人所造成的有利態勢，就像轉動圓石從萬丈高山上滾下來那樣，這就是所謂的「勢」！

第貳章　《孫子兵法》各篇詳解

勢篇

題解：

「勢」，態勢、氣勢、形勢。此篇與〈形篇〉可以說是姊妹篇，是孫子兵法軍事指揮學的概說。本篇主要論述在強大的軍事實力的基礎上，充分發揮將帥的傑出指揮才能，積極創造和利用有利的作戰態勢，出奇制勝。孫子對將帥的指揮原則、精妙的指揮技巧、擇人任勢、爭取指揮主動權等問題都有獨到的論述。

❶勢
勢的概念以及作用

故善戰者，求之於勢，不責於人，故能擇人而任勢。任勢者，其戰人也，如轉木石。木石之性：安則靜；危則動，方則止，圓則行。故善戰人之勢，如轉圓石於千仞之山者，勢也。

勢的重要性

孫子認為，作戰中的「勢」非常重要，可以說「勢」就是最終克敵制勝的原因。比如他說：「紛紛紜紜，鬥亂而不可亂也；渾渾沌沌，形圓而不可敗也。」這句話的意思是說，旌旗紛紛，人馬紜紜，要在混亂中作戰而使軍隊不亂；混混沌沌，迷迷濛濛，要周到部署、保持態勢而不會被打敗。一支軍隊之所以能夠做到這樣，完全就是因為「勢」的作用。因此，孫子又說：「故善戰者，求之於勢，不責於人。」意思是說，善於作戰的人，總是設法造成有利的態勢，而不苛求部下。由此可見，孫子對於「勢」的重視程度。

形與勢的關係

「勢」如此重要，那麼「勢」到底是什麼呢？這要從其與「形」的關係中去探究。

在《孫子兵法》中，「形」與「勢」是一對聯繫得異常緊密的概念。「形」是決定戰爭勝負的基礎，而「勢」則是決定戰爭勝負的直接原因。「形」是基礎，「勢」則是結果。有「形」必然有「勢」，「形」、「勢」相連，理固使然。物質之「形」是客觀存在，運動之「勢」則可以主觀造就，故〈形篇〉是指對軍事實力的客觀分析，強調的是客觀物質力量的積聚；而〈勢篇〉則著重論述戰爭指揮者的「治」、「鬥」、「變」和「任勢」，即造勢與用勢，強調的是主觀能動作用的發揮。放到軍事上說，「形」指的就是雙方靜態的物質力量的大小；而「勢」指的則是各種客觀存在的物質因素的動態組合，是雙方物質力量大小（即「形」）的最終發揮效果。所以說，決定戰爭勝負的基礎是「形」，但最終決定戰爭勝負的原因則是「勢」。下面舉一個例子來說明「形」、「勢」的概念及其關係。

例如：一條大蟒要吃東西的時候，不像其他蛇要咬住東西，牠只要將口張開，就可以把一定距離以內的東西，吸到牠的口中，吞入腹內。牠的攻勢

兵之「形」、「勢」

孫子認為，戰爭的勝負雖以交戰雙方之「形」（即實力強弱的大小）為基礎，但最終的決定因素卻是「勢」（即雙方實力的實際發揮效果）。下面就以一組例子來說明「形」與「勢」的關係。

形 → **勢**

兵之形若水，靜若處子，波瀾不興，勿形於人；
兵之勢若水，奔騰傾瀉，摧枯拉朽，勢如破竹。

兵之形若鷹，蓄勢待發，宛如石刻，心守一處；
兵之勢若鷹，急急如風，防不勝防，勢不可擋。

兵之形若石，沉穩堅定，固若金湯，堅不可摧；
兵之勢若石，借勢而下，驍勇無敵，志在必得。

第貳章　《孫子兵法》各篇詳解　勢篇

一出，尾巴一擺，可以把直徑很粗的大樹掃斷，非常厲害。可是有一隻小蜘蛛和一條大蟒是世仇，要對大蟒報復。就在蛇洞口的樹上懸了一根絲下來，等待大蟒出洞覓食的時候，急落下來，打在大蟒致命的頭部七寸部位。每當大蟒剛把頭伸出來，蜘蛛就急速下降，大蟒就立刻縮回洞裡，不敢出來。這麼厲害的一條大蟒，就這樣被一隻脆弱的小蜘蛛制住了。反過來，如果這條大蟒能夠衝出洞穴，躲過頭部七寸部位上的一擊，只要一張口，也就可以輕易地把這隻小蜘蛛吸進腹中消化掉了。可是，當大蟒沒辦法施展牠吸物的能力時，這樣一隻脆弱的小蜘蛛，就可以要大蟒的命。蜘蛛弱小，大蟒強大，這就是雙方的「形」。蜘蛛占據洞口的有利位置，所以蜘蛛將牠的力量全部發揮了出來；大蟒處於洞內的不利位置，所以大蟒就難以施展牠的力量。這種有利於或不利於力量發揮的狀態，就是「勢」。「勢」決定勝負，蜘蛛雖「形」小，但「勢」強；大蟒雖「形」大，但「勢」弱。以勢強戰勢弱，所以蜘蛛戰勝大蟒是必然的。所以說，「形」是物質力量的客觀存在，「勢」是有利於或不利於物質力量的發揮狀態。

四個方面

既然勝負取決於實力發揮的效果，那麼如何才能遏制對手的實力發揮而將自身的實力得以有效的發揮呢？孫子認為，應該從軍隊內外的四個方面做好，就可以解決這個問題。這四個方面分別是：

一、「分數」，是指部隊的組織編制，是治理全軍、統率兵眾的關鍵。編制有序，組織嚴密，部隊的管理就能輕鬆自如，因此是第一位的。

二、「形名」，是指部隊的通信聯繫，是指揮者的意圖能否順利傳達貫徹，部隊能否及時調度、令行禁止的主要手段，這直接關係到戰局的進行和勝敗，故居其次。

三、「奇正」，是指用兵的戰術及其變化。正面迎敵為正，側面襲擊為奇；明攻為正，偷襲為奇；按常規作戰為正，採用特殊作戰為奇。

四、「虛實」，是指善於避實擊虛，造成以實擊虛、以石擊卵的絕對優勢，「勝於易者」、「勝已敗者也」。

做好四個方面的工作

「勢」既然這樣重要，那麼一支軍隊就應該在平時加強「勢」的各個方面的能力。孫子認為，有四個方面的「勢」最為重要，即一支軍隊實力發揮的效果取決於最重要的四個方面。

「勢」的四個方面

原文

1. 凡治眾如治寡，分數是也。
2. 鬥眾如鬥寡，形名是也。
3. 三軍之眾，可使畢受敵而無敗者，奇正是也。
4. 兵之所加，如以碫投卵者，虛實是也。

譯文

1. 管理大部隊就如同管理小部隊一樣，這是屬於軍隊的組織編制問題。
2. 指揮大部隊就如同指揮小部隊一樣，這是屬於指揮號令的問題。
3. 統率全軍能夠使它一旦遭到敵人的進攻時而不致失敗，這是屬於「奇正」的戰術變化問題。
4. 軍隊打擊敵人如同以石擊卵一樣，這是「避實就虛」的正確運用問題。

講解

1. 一支軍隊人多事雜，如果沒有有序的組織管理，那只能是一盤散沙。因此，部隊的組織編制，就是治理全軍、統率兵眾、使之發揮出強大戰鬥力的關鍵，這就是「分數」。
2. 部隊的通信聯繫也是能否發揮軍隊戰鬥力的關鍵問題，因為這是指揮者的意圖能否順利傳達貫徹，部隊能否及時調度、令行禁止的主要手段，這直接關係到戰局的進行和勝敗，這就是「形名」。
3. 用兵的戰術及其變化也是關係到軍隊發揮戰鬥力的重要問題。一支軍隊的戰鬥力再強大，如果戰術運用錯誤，也會導致全軍覆沒的結局，這就是「奇正」。
4. 善於避實擊虛，造成以實擊虛、以石擊卵的絕對優勢，也是正確發揮戰鬥力的方法之一，這就是「虛實」。

第貳章　《孫子兵法》各篇詳解

勢篇

名詞解釋

分數
指的是部隊的組織編制。曹操注：「部曲為『分』，什伍為『數』。」劉寅《直解》：「偏裨卒伍之分，十百千萬之數。」

形名
是指聯絡與指揮軍隊的信號，引申為部隊的指揮系統。曹操注：「旌旗曰形，金鼓曰名。」

奇正
是指軍隊的戰術運用。一般情況下，都是用正兵當敵，用奇兵取勝，二者配合使用。曹操注：「先出合戰為正，後出為奇。」李荃注：「當敵為正，傍出為奇。」

虛實
指的也是軍隊的戰術運用問題。曹操注：「以至實擊至虛。」實力所在為「實」，反之為「虛」；有備為「實」，無備為「虛」。

❷ 以正合，以奇勝
軍隊的戰術運用

凡戰者，以正合，以奇勝。故善出奇者，無窮如天地，不竭如江河。

孫子在論述完軍隊之內外要做好四個方面的工作之後，又著重闡述了其中的一項，即戰術的運用問題。戰術的運用問題直接關係到軍隊實力的發揮效果。戰術運用得好，自身實力就發揮得好；戰術運用得不好，就限制自身實力的發揮。孫子認為，軍隊戰術運用的總原則就是「奇」、「正」二字，即所謂「戰勢不過奇正」。「奇」、「正」可以從以下三個方面來理解：

一、**用兵之則，正合奇勝**。從哲學的範疇來講，「正」為「常」、奇為「非常」，兩者處於對立統一的關係之中。孫子則完全從戰爭本身的角度來討論「奇」、「正」問題。他認為用「奇」、「正」這個概念可以概括所有的戰勢、戰法：「凡戰者，以正合，以奇勝。」在這裡，所謂「正」就是戰法上的常則；所謂「奇」就是戰法上的非常則。離開了戰法上的常則，戰爭就不成其為戰爭，就不能以正常的交戰形式進行。離開了戰法上的非常則，戰爭也就沒有了千變萬化的發展過程，也就沒有鬥智鬥勇，出奇制勝的必要了。

二、**戰勝不復，出奇無窮**。如果說戰勢中的常態、戰法中的常則，使用起來比較規範單調，那麼戰勢中的非常態、戰法中的非常則，則表現得千變萬化，妙不可測。這就是戰勝不復，出奇無窮的道理。

三、**奇正相生，變化無窮**。「正」與「奇」並不是全然對立的，它們在一定條件下可以互相轉化，「正」可以變為「奇」，「奇」也可以變為「正」，「奇」、「正」相生，就可以變化無窮。對孫子的這一「奇」、「正」相生的辯證轉化思想，李靖在《李衛公問對》中有一段很好的發揮：「以奇為正者，敵意其奇，則吾正擊之；以正為奇者，敵意其正，則吾以奇擊之。」還有，「善用兵者，無不正，無不奇，使敵莫測。故正亦勝，奇亦勝，三軍之士止知其勝，莫知其所以勝，非變而能通，安能至是哉！」「若非正兵變為奇，奇兵變為正，則豈能勝哉？故善用兵者，奇正，人而已。變而神之，所以推乎天也。」

中國古代的陣法

兩軍對陣之前，陣法的運用極其重要，它可以有效發揮或抑制軍隊戰鬥力的作用。下面就介紹幾種中國古代常見的陣法。

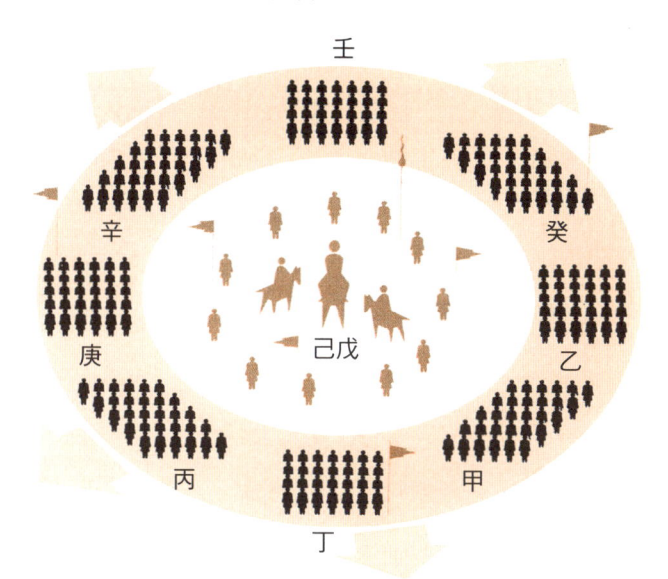

【方陣】 ↓
通常用於正面攻擊時的最正統陣形
增加正面兵力，加強攻擊力，加固側面，提高安全性，指揮官位於中央後方，掌握全體狀況進行指揮。中心部的兵力不得不弱化。

【圓陣】 ↑
在平坦地方沒有可依靠的地形時用於緊急防禦的陣形
集結兵力，將部隊設為圓形，採取防禦體制。本來是車輛部隊，將車輛排成圓周形，隱藏在其中從四周攻擊敵人。

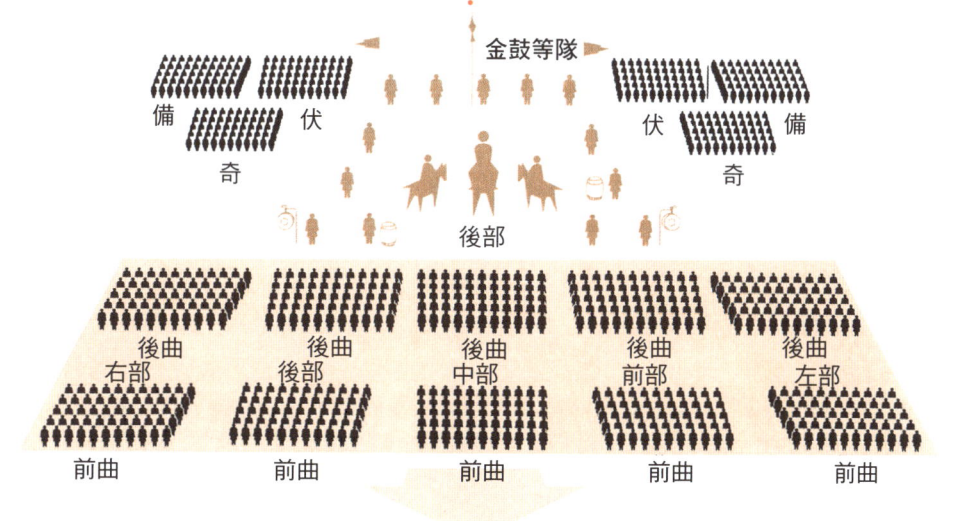

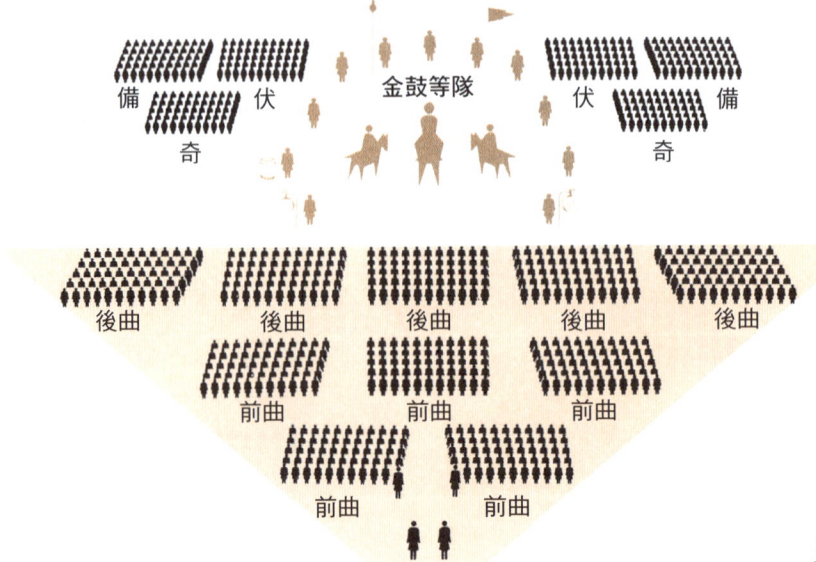

【錐形陣】↑
中央突破、切斷敵陣時採用的陣形
像斧頭一樣，用尖端的銳利刀刃劈開敵陣，前曲第二列深入敵陣，後曲的強韌部分切斷敵陣。此後，後續主力部隊對被切斷、陷入混亂的敵人實行各個包圍殲滅。

【鉤形陣】↓
在行動中預先考慮到作戰變化的陣形
方陣陣式，特別將左右彎成強韌的鉤形。指揮所準備指令旗、鐘、鼓等情報傳達手段，並讓傳騎待令，以應付變化。左右鉤形在確保側面安全的同時，也成為變換隊形和方向時的支點。

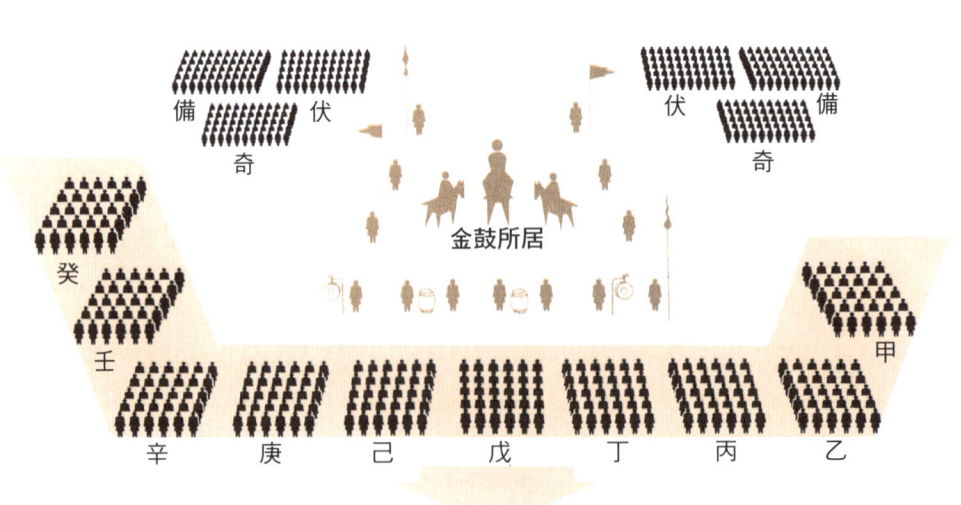

【車城】 ↓
戰車部隊在不利情況下採取的野戰防禦陣式

這是在野戰中的防禦陣式。當情勢不利時，首先軍隊從方陣變為圓陣，實行環形防禦。然後在陣前設置障礙物，連接戰車形成環形，使防禦無懈可擊。

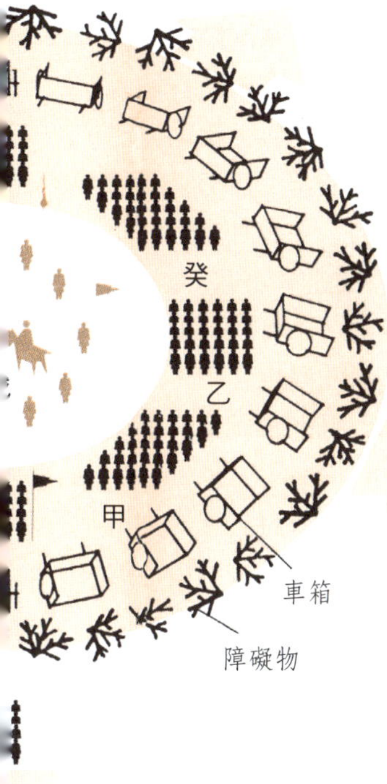

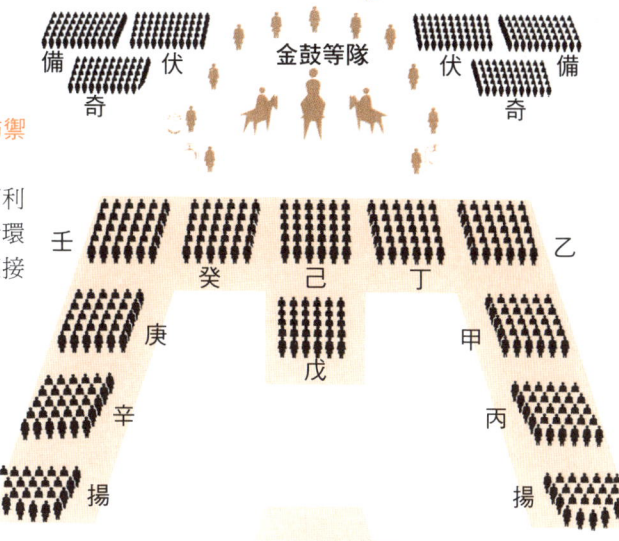

【箕形陣】 ↑
攻守兩用的陣形

「雁形陣」的變形，兵力有餘時，在主力部隊前面再設一陣，以強化攻守。陣形隨情勢變化，如水流不止。

【雁形陣】 ↓
用於射擊戰的陣形

部隊呈八字或逆八字形梯隊排列。排成八字形時，右側各隊的戰鬥力集中於右側的敵人，左側的戰鬥力集中於左側的敵人。逆八字形主要利用地形實行防禦，可將全隊戰鬥力集中於侵入中央的敵人。前面的敵人最為強大，這裡布置了最精壯的部隊。圖為八字形的陣形。

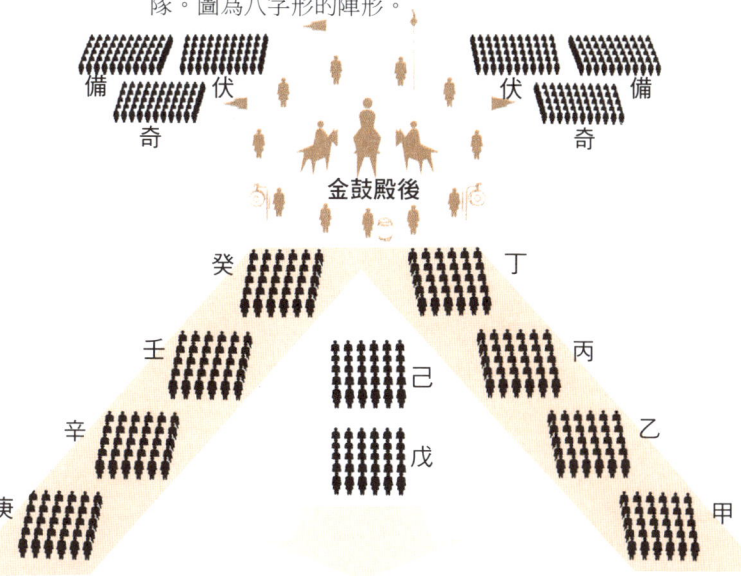

133

❸ 求勢、造勢、任勢
創造並且充分地利用優勢

故善動敵者，形之，敵必從之；予之，敵必取之。以利動之，以卒待之。

「勢」，是克敵制勝的綜合因素，是敵對雙方實力的實際發揮狀態，是未戰先勝的明顯徵候，是「因利制權」而形成的有利趨勢。軍事鬥爭中的「勢」，是包括了殺敵氣勢、險峻地勢、戰場上的有利態勢等在內的一切因素的綜合體。孫子作為一個尚智的軍事謀略家，十分強調將帥者要以自己的軍事實力為基礎，充分發揮自己的主觀能動性以求勢、造勢、任勢，即積極、主動地追求於己有利的「勢」、創造於己有利的「勢」，並且充分利用於己有利的「勢」。下面就對求勢、造勢、任勢三者具體闡述一下：

一、在求勢的問題上。孫子強調善戰者要「求之於勢，不責於人」。勢是可變動的，無論是殺敵的氣勢與戰場的態勢都處於不斷的變化之中。高明的將帥要有意識地處處留心以尋求這種有利的形勢，而不是一味責備部屬或不適當地苛求部屬。

二、在如何造勢的問題上。敵人不是傻子，不會輕易地就將自己的劣勢暴露給你。因此，孫子強調為將帥者也不要一味地等「勢」主動來到自己的跟前，而是要積極地造勢，即積極主動地創造於己有利的作戰條件。至於如何造勢，孫子強調要「示形」、「動敵」。

所以他說：「故善動敵者：形之，敵必從之；予之，敵必取之。以此動之，以卒待之。」「示形」的直接目的，就是使對方產生錯覺，並以此做出錯誤的判斷，導致錯誤的行為。「示形」還在於隱蔽自己的企圖，製造假象，佯動誤敵，這樣既可以掩蓋我之真實意圖，又可以調動敵人就範。乘敵兵勢空虛之際，出其不意，奇襲殲敵。兩軍對陣，精明的將帥總是能通過「示形」達到「動敵」，再通過「動敵」達到「造勢」的結果。

三、在任勢的問題上。任勢，就是充分利用已經造成的有利態勢，再加以升溫，從而迅速擴大戰爭，全線擊潰敵軍。

創造有利態勢並且充分利用

「勢」是一種狀態或態勢，其作用在於可以加強或者減弱軍隊作戰實力的發揮效果。「勢」強的，自身軍事實力發揮的效果就好；「勢」弱的，自身軍事實力發揮的效果就差。因此，孫子強調作為一名合格的軍事統帥必須要做好「求勢」、「造勢」、「任勢」的工作，即積極地追求優「勢」，努力地創造優「勢」和有效地利用優「勢」。

造勢
造勢，是指為了努力創造一種有利於己的作戰態勢，而透過巧妙地設計所積極實施的一種活動。就如圖中的士兵，正努力地將石頭推向山頂，企圖用巨石的慣性打擊敵人，這種推石頭的過程就是造勢。

石頭已經推到山頂，標示著造勢的完成。

任勢
任勢，是指充分利用已經造成的有利於己的作戰態勢。如圖中所示，石頭被推下山頂並一路向敵人砸去，這就是任勢。

求勢
求勢，指的是為將帥者要從思想上積極地尋找有利於己的作戰態勢，即尋找一種有利於發揮自己實力，而又可以有效地遏制敵軍實力發揮的態勢。就如圖中的士兵，面對數倍於己的敵人，他正在苦苦地思索著解決的辦法。

第貳章 《孫子兵法》各篇詳解　勢篇

135

❹ 以地勢取勝
薩拉米斯海戰

> 最終決定勝負的關鍵在於雙方「勢」的強弱。「勢」只是一種交戰雙方實力發揮的效果或狀態，即「形」的發揮狀態。實際上能夠影響這種發揮的因素有許多，比如有地形的、士氣的、戰術運用的因素等等。在波希戰爭的薩拉米斯海戰中，希臘人之所以能夠戰勝強大的波斯海軍，就在於以「地勢」取勝。

西元前480年，波斯國王薛西斯率領三十萬大軍，一千多艘戰艦，開始對希臘的遠征。當時希臘只有戰艦三百多艘，處於明顯的劣勢，因此有許多人都對勝利缺乏信心。在這種情況下，希臘聯軍海軍司令特米斯托克列斯沉著冷靜，提出了在薩拉米斯海峽與波斯軍決戰的作戰方案。他認為，弱小的希臘海軍與強大的敵人在寬闊的海域作戰是極為不利的，而薩拉米斯海峽水面狹窄，浪高潮急，可使對方在數量上的優勢無法發揮，而有利於希臘海軍隱蔽行動，埋兵設伏，出其不意地打擊敵人。所以，希臘是很有可能取得勝利的。

為了能把敵人誘進薩拉米斯海峽，特米斯托克列斯作了周密的部署。他將自己的艦隊全部集中在海峽內，甚至在海峽的入口處也不設防。許多人擔心這樣做會被敵人封鎖在海灣裡。但摸透了敵人心理的特米斯托克列斯卻認為，敵人驕傲輕敵，求戰心切，一定會進入海峽的。為了進一步迷惑敵人，特米斯托克列斯還派人發布假消息，說希臘人發生了分裂，已經開始潰散了。薛西斯果然相信了，於是將自己的艦隊駛進薩拉米斯海峽，決心趁機將希臘人一舉擊敗。

薛西斯將艦隊一股腦地開進了海峽，因為船多而海峽窄，所以波斯船艦的間隔很小，這就造成了戰艦在戰鬥中很難機動。戰鬥一開始，波斯艦隊就抵擋不住希臘人的猛烈進攻，開始撤退，但因隊形密集，艦隊的行動非常遲緩。就這樣，波斯艦隊在敵方戰船的撞擊和自相碰撞下遭受了巨大損失。此役，希臘聯軍大獲全勝，他們共擊沉了約二百艘波斯軍艦，並且俘獲多艘，而自己僅失去了四十艘。

這個戰例充分說明了，取勝的關鍵在於交戰雙方實力的實際發揮效果，即「勢」的強弱對比。

薩拉米斯海戰的啟示

發生在西元前480年的薩拉米斯海戰，希臘人面對數倍於己的波斯艦隊，沒有氣餒，而是將其成功地誘入狹窄的薩拉米斯海峽，致其人數優勢無法發揮出來，最終大敗波斯艦隊。此役充分說明，實力作為戰爭的基礎固然重要，但戰時實力的發揮狀態才是決定勝利與失敗的直接原因。

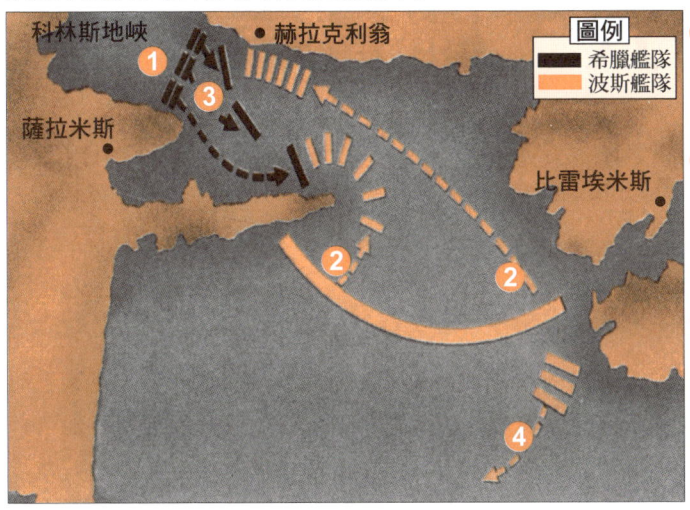

圖例
- 希臘艦隊
- 波斯艦隊

① 數量上處於劣勢的希臘艦隊在海峽的狹窄處形成戰鬥編隊，靜靜地等待著波斯艦隊的到來。
② 龐大的波斯艦隊一起駛入海峽的狹窄部分。因為船多，所以導致其艦船都擠作一團，機動力嚴重受限。
③ 希臘艦隊發起猛烈攻擊，大敗調度困難的波斯艦隊。
④ 波斯艦隊留在海峽之外的少數殘存兵力聞聽敗訊之後，倉皇撤退。

希臘的重裝士兵

這是一名典型的古希臘重裝士兵的形象。左手拿一面由硬木製作並鑲有金屬邊的圓形盾牌，右手持一柄長達數公尺的矛，可謂攻防兼備，具有很強的戰鬥力。

圖中所描繪的是薩拉米斯海戰中的激烈戰鬥場面。因為古代海戰的模式都是衝撞戰和接舷戰，所以希臘人才可以集中優勢兵力一口口地吃掉人數占優勢但機動不便的波斯艦隊。

六、虛實篇

孫子曰：凡先處戰地而待敵者佚，後處戰地而趨戰者勞。故善戰者，致人而不致於人。能使敵人自至者，利之也；能使敵人不得至者，害之也。故敵佚能勞之，飽能飢之，安能動之者，出其所必趨也，趨其所不意。

孫子說：凡先占據戰場等待敵人的就主動安逸，後到達戰場倉促應戰的就被動疲勞。所以善於指揮作戰的人，能調動敵人而不被敵人調動。能使敵人自動進到我預定地域的，是用小利引誘的結果；能使敵人不能到達其預定地域的，是製造困難阻止的結果。因此，敵人休息得好就使他疲勞，敵人糧食充足就使他飢餓，敵人駐紮安穩能使他移動，因為出擊的是敵人必然往救的地方。

行千里而不勞者，行於無人之地也；攻而必取者，攻其所不守也；守而必固者，守其所必攻也。故善攻者，敵不知其所守；善守者，敵不知其所攻。微乎微乎，至於無形；神乎神乎，至於無聲，故能為敵之司命。進而不可禦者，衝其虛也；退而不可追者，速而不可及也。故我欲戰，敵雖高壘深溝，不得不與我戰者，攻其所必救也；我不欲戰，畫地而守之，敵不得與我戰者，乖其所之也。

行軍千里而不勞累，因為走的是沒有敵人阻礙的地區；而進攻必然會得手的，因為進攻的是敵人不防守的地點；防禦而必然能穩固的，因為防守的是敵人必來進攻的地方。所以善於進攻的，使敵人不知道怎麼防守；善於防守的，使敵人不知道怎麼進攻。微妙呀！微妙到看不出形跡；神奇呀！神奇到聽不見聲息，所以能成為敵人命運的主宰。前進而使敵人不能抵禦的，是因為襲擊它空虛的地方；撤退而使敵人無法追擊的，因為行動迅速使敵人追

趕不上。所以我軍要打，敵人即使高壘深溝也不得不脫離陣地作戰，是因為進攻敵人所必救的地方；我軍不想打，雖然畫地防守，敵人也無法來與我作戰，是因為使敵人改變了進攻方向。

故形人而我無形，則我專而敵分；我專為一，敵分為十，是以十攻其一也，則我眾而敵寡。能以眾擊寡者，則吾之所與戰者約矣。吾所與戰之地不可知，不可知，則敵所備者多；敵所備者多，則吾所與戰者寡矣。故備前則後寡，備後則前寡；備左則右寡，備右則左寡；無所不備，則無所不寡。寡者，備人者也；眾者，使人備己者也。

示形於敵，使敵人暴露而我軍不露痕跡，這樣我軍的兵力就可以集中而敵人兵力就不得不分散。我軍兵力集中在一處，敵人兵力分散在十處，這就能用十倍於敵的兵力去攻擊敵人，這樣就造成了我眾敵寡的有利態勢。能做到以眾擊寡，那麼與我軍當面作戰的敵人就有限了。我軍所要進攻的地方敵人不得而知，不得而知，那麼他所要防備的地方就多了；敵人防備的地方越多，那麼我軍所要進攻的敵人就少了。所以防備了前面，後面的兵力就薄弱；防備了後面，前面的兵力就薄弱；防備了左邊，右邊的兵力就薄弱；防備了右邊，左邊的兵力就薄弱；處處都防備，就處處兵力薄弱。兵力薄弱是因為處處去防備；兵力充足是因為迫使敵人處處防備。

故知戰之地，知戰之日，則可千里而戰；不知戰地，不知戰日，則左不能救右，右不能救左，前不能救後，後不能救前，而況遠者數十里，近者數里乎！以吾度之，越人之兵雖多，亦奚益於勝哉？故曰：勝可為也。敵雖眾，可使無鬥。

所以，能預知交戰的地點，預知交戰的時間，那麼即使相距千里也可以與敵人交戰。不能預知在什麼地方打，不能預知在什麼時間打，那就左翼也不能救右翼，右翼也不能救左翼，前面也不能救後面，後面也不能救前面，何況遠在數十里，近在數里呢？依我分析，越國的軍隊雖多，對爭取戰爭的勝利又有什麼補益呢？所以說，勝利是可以造就的。敵軍雖多，可以使它無法與我較量。

故策之而知得失之計，作之而知動靜之理，形之而知死生之地，角之而知有餘不足之處。故形兵之極，至於無形；無形，則深間不能窺，智者不能謀。因形而措勝於眾，眾不能知；人皆知我所勝之形，而莫知吾所以制勝之形。故其戰勝不復，而應形於無窮。

所以籌算一下計謀，來分析敵人作戰計畫的優劣；挑動一下敵軍，來了解敵人的活動規律；偵察一下情況，來了解哪裡有利哪裡不利；進行一下小戰，來了解敵

人兵力虛實強弱。所以偽裝佯動做到最好的地步，就看不出形跡；看不出形跡，即便有深藏的間諜也窺察不到我軍底細，聰明的敵人也想不出對付我軍的辦法。根據敵情變化而靈活運用戰術，即使把勝利擺在眾人面前，眾人還是看不出其中奧妙。人們只知道我用來戰勝敵人的方法，但是不知道我是怎樣運用這些方法出奇制勝的。所以每次戰勝，都不是重複同一套的方式，而是適應不同的情況，變化無窮。

夫兵形象水，水之行，避高而趨下；兵之勝，避實而擊虛。水因地而制行，兵因敵而制勝。故兵無成勢，無恆形。能因敵變化而取勝者，謂之神。故五行無常勝，四時無常位；日有短長，月有死生。

用兵的規律好像水的流動，水的流動，是由於避開高處而流向低處；戰爭的勝利，是由於避開敵人堅實的地方而攻擊敵人的弱點。水因地形的高低而制約其流向，作戰則根據不同的敵情而決定不同的打法。所以，用兵作戰沒有固定刻板的戰場態勢，沒有一成不變的作戰方式。能夠根據敵情變化而取勝的，就叫做用兵如神。五行相生相剋沒有哪一個固定常勝，四季相接相代也沒有哪一個固定不移，白天有短有長，月亮有缺有圓。

題解：

「虛」即空虛，指兵力分散而薄弱；「實」即充實，指兵力集中而強大。「虛實」也指作戰行動中虛實結合、示形佯動等手段。本篇是「任勢」戰略思想的進一步發揮和深化。論述了戰爭中「虛」、「實」關係相互對立、相互轉化這一具有普遍規律的問題，提出了「致人而不致於人」的重要作戰指導思想。

第貳章 《孫子兵法》各篇詳解

虛實篇

❶ 避實擊虛
以「實」兵勝「虛」兵

夫兵形象水，水之行，避高而趨下；兵之勝，避實而擊虛。

上虛實是「勢」的一種。講到虛實，便是將「勢」講到最後一步，講到了頭。虛實是透過分散集結，包抄迂迴，造成預定會戰地點上我眾敵寡，己實彼虛，以眾擊寡，避實擊虛，好像用石頭砸雞蛋。總體上，可能是我不如敵；但在局部上，一定要數倍於敵。做到這一步，「勢」就發揮到極致。

虛敵實我，避實擊虛

虛實是一種作戰的態勢。敵實我虛，我就不利；敵虛我實，我就有利。在作戰前，透過「五事」、「七計」的比較，就可以顯示敵我雙方諸方面力量的強弱。強者為實，弱者為虛，這是客觀存在的真虛真實。但是這種真虛真實，並不是一旦形成就固定不變的。透過發揮交戰雙方將帥的能動作用，可以使強敵變虛，弱我變實，促成敵我之間的虛實轉化。因此，高明的將帥必須設法使己力實，使敵力虛。那麼如何才能使己力實，使敵力虛呢？孫子專門論述了「形人而我無形，則我專而敵分；我專為一，敵分為十，是以十攻其一也」的辦法。這句話的意思是說，示形於敵，使敵人暴露而我軍卻不露痕跡，這樣我軍的兵力就可以集中而敵人兵力就不得不分散。我軍兵力集中在一處，敵人兵力分散在十處，這就能用十倍於敵的兵力去攻擊敵人。「形人」，即以假象欺騙敵人；「無形」，即不讓敵人探到我方的形跡。聲東，這是「形人」；擊西，才是我之「無形」。總之，「形人而我無形」，要達到以虛示人、以實備敵的目的。

虛實的構成因素

孫子虛實的概念並不僅指兵力的多寡，還包括許多其他的因素。比如孫子說：「故敵佚能勞之，飽能飢之，安能動之。」這裡面所說的佚與勞、飽與飢、安與動就是三組不同的虛實概念。佚、飽、安都屬於實的範疇；勞、飢、動都屬於虛的範疇。軍隊處於佚、飽、安的狀態的，戰鬥力就強；軍隊處於勞、飢、動的狀態的，戰鬥力就弱。所以精明的將帥總是力圖使自己的軍隊處於佚、飽、安的狀態，而促使敵軍處於勞、飢、動的狀態。

形人而我無形

所謂「形人而我無形」，意思是說示假形於敵，從而使敵人暴露出真面目而我軍則不露痕跡。這是一種活動、一種方法，其根本目的在於創造一種「虛敵實我、避實擊虛」的有利作戰態勢，並利用這種態勢最終戰勝敵人。

精明的將帥可以透過示假形於敵，誘使敵人作出錯誤的判斷和行動，而造成一種以我之「實」擊敵之「虛」有利態勢。就像圖中所示，當拿盾的士兵在全力防禦一個虛假的敵人時，真實的敵人已經將槍瞄準了自己的要害。

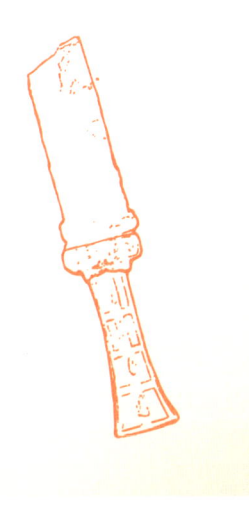

第貳章 《孫子兵法》各篇詳解

虛實篇

戰鬥力的構成因素
- 交戰雙方人數的多寡
- 交戰雙方士氣的高低
- 交戰雙方物資的供應
- 交戰雙方的勞逸對比
- 交戰雙方武器裝備的品質
- 交戰雙方所處的地理位置
- 交戰雙方所採用的戰術

❷ 平壤之戰
眾兵之實擊寡兵之虛

明朝萬曆年間中朝聯軍大敗日本侵略軍收復平壤，是採用孫子「形人而我無形」以達「避實擊虛」戰術的典型戰例。

十八世紀末，日本宰相豐臣秀吉統一了日本，為滿足國內封建主和商人的擴張欲望，於是便把侵略的刀鋒指向了朝鮮。明萬曆二十年（1592年），日軍乘船由對馬海峽渡海登陸，先占領釜山，然後又相繼占領朝鮮的國都、開城、平壤等地，至此朝鮮國土大部淪陷。國王李昖急忙向明朝求援。明朝認為中朝脣齒相依，「且倭人之圖朝鮮，意實在中國」，遂決定出兵援救。

次年，中朝聯軍圍攻被日軍占領的平壤城。該城易守難攻，城內日軍憑險據守，一時戰事呈現出膠著狀態。明軍統帥李如松審時度勢，派聯軍一部佯攻城北，一部助攻城南，而主力則進攻西門；在城東則故意留出空隙，布伏兵於東去之路上。

總攻開始，日軍頑強抵抗。李如松下令在城南進攻的明軍將士們故意露出明軍衣甲，讓日軍誤以為這裡是聯軍的主攻方向，吸引其他方向的日軍前來增援，因此城西、城北方向上的日軍兵力便薄弱。經過半天激戰，城西的明軍首先攻上城頭，接著城北、城南方向中朝軍隊也紛紛攻入。日軍漸漸抵擋不住，遂乘夜從城東突圍，向開城方向上撤退。在大同江東，正好落入聯軍伏擊圈，日軍大部被殲，死傷萬餘人。李如松率軍乘勝向南推進，逼近開城，守城日軍棄城而逃，明軍兵不血刃便收復了開城。至此，平壤戰役以中朝聯軍的勝利而徹底結束。

中朝聯軍在這場戰役中獲勝，一個關鍵的因素是統帥李如松將「示形動敵」之術運用得很好。一方面，他命進攻城南的士兵露出明軍的衣服盔甲，讓日軍誤以為這裡是聯軍的主攻方向，把其他方向的部隊調到這裡，增加了明軍從其他方向上破城的可能性。一方面，他圍而不死，故意在城東留下缺口，讓敵人無心戀戰，同時在路上埋下伏兵。這兩條措施結合在一起，便造成了明軍「實」而日軍「虛」的態勢，再以實擊虛，日軍的失敗就是必然的了。

中朝聯軍「避實擊虛」克平壤

明朝萬曆年間的壬辰之戰，在中朝聯軍攻克被日軍占據的平壤一戰中，聯軍統帥李如松就運用了「避實擊虛」的戰術，迅速地光復了平壤。

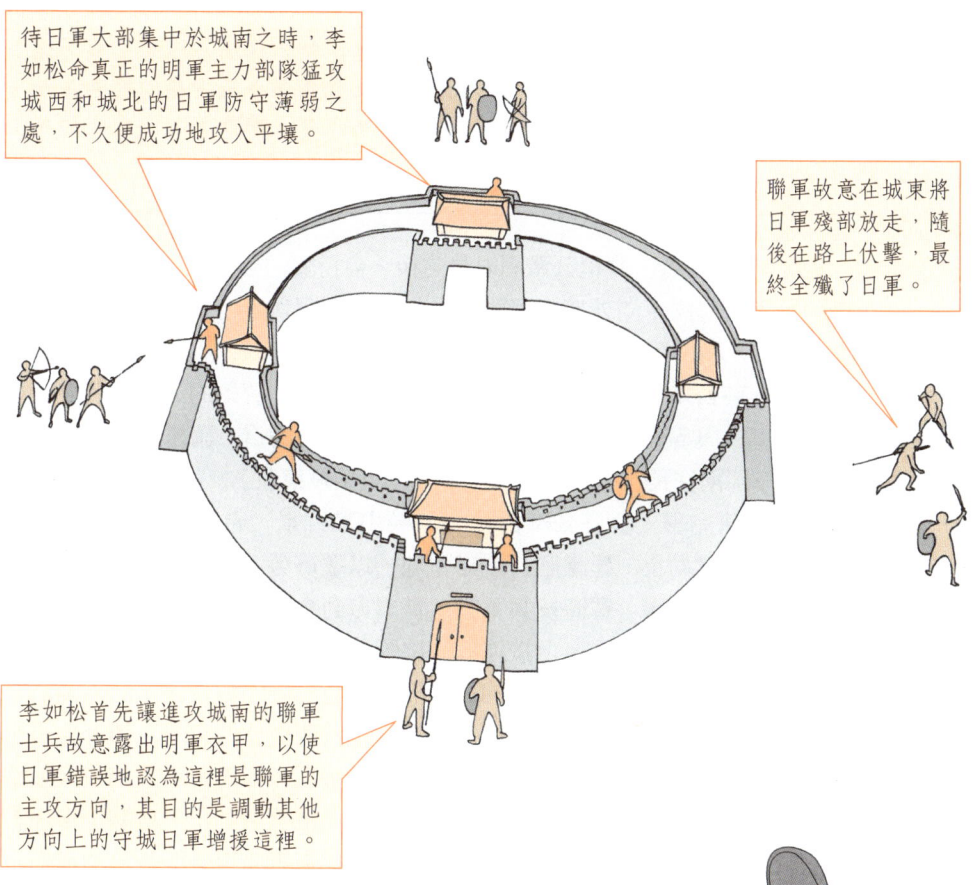

待日軍大部集中於城南之時，李如松命真正的明軍主力部隊猛攻城西和城北的日軍防守薄弱之處，不久便成功地攻入平壤。

聯軍故意在城東將日軍殘部放走，隨後在路上伏擊，最終全殲了日軍。

李如松首先讓進攻城南的聯軍士兵故意露出明軍衣甲，以使日軍錯誤地認為這裡是聯軍的主攻方向，其目的是調動其他方向上的守城日軍增援這裡。

豐臣秀吉

原名羽柴秀吉，出生於日本的戰國時代。他原是尾張（今愛知縣）大名織田信長的手下。織田信長死後，羽柴秀吉成為這股勢力的首領，並透過武力逐漸統一日本。1585年，天皇授予他「關白」（輔佐皇帝，參與一切政務的大臣）一職。1586年，天皇賜其姓為「豐臣」。1590年前後，日本完成了最終的統一，豐臣秀吉遂成為日本實際上的最高統治者。

❸ 長勺之戰
以氣勢取勝

　　孫子認為，勝負的規律是「實」兵勝「虛」兵。但構成「實」與「虛」因素的不僅僅只是軍隊人數的多寡，軍隊的士氣強弱也是重要的因素之一。春秋時期，齊、魯長勺之戰便是一個以氣勢之「實」擊氣勢之「虛」的典型戰例。

　　西元前684年春，齊桓公鞏固君位之後，自恃實力強大，決定興師伐魯，企圖一舉征服魯國，向外擴張齊國勢力。當時魯國執政者為魯莊公，得知齊軍大舉來攻，決定發動民眾與齊軍一決勝負。

　　就在魯莊公準備發兵應戰之時，魯國有一個名叫曹劌的人求見莊公，要求參與戰事，與魯莊公奔赴戰場。魯莊公允諾了他的這一請求，讓他和自己同乘一車率部前往長勺（今山東曲阜北，一說萊蕪東北）。

　　兩軍布陣完畢，魯莊公準備傳令擂鼓出擊齊軍，希望能夠先發制人。曹劌見狀忙加以勸止，建議莊公堅守陣地，以逸待勞，伺機破敵。魯莊公接受了曹劌的這一建議，暫時按兵不動。齊軍方面求勝心切，自恃兵力強大，主動向魯軍發起猛烈進攻。但接連三次出擊都在魯軍的嚴密防禦之下遭到挫敗，未能達到先發制人的作戰目的，反而使自己的戰鬥力衰落，鬥志渙散。曹劌見時機已到，建議莊公下令進行反擊。莊公聽從他的意見，傳令魯軍全線出擊。魯軍憑藉高昂的士氣，一鼓作氣衝向敵人，衝垮齊軍車陣，大敗齊軍。莊公見到齊軍敗退，急欲下令發起追擊，又被曹劌勸止。曹劌下車仔細察看，發現齊軍車轍紊亂；又登車遠望，望到齊軍軍旗東倒西歪，知道齊軍並非詐敗而是真的敗了，這才建議魯莊公實施追擊。莊公於是下令追擊齊軍，魯軍進一步重創齊軍，將其趕出了魯國國境，取得了長勺之戰的最終勝利。

　　戰爭結束後，魯莊公問曹劌因何屢次制止他發令進攻。曹劌以「一鼓作氣，再而衰，三而竭」闡明了自己的觀點。然後，又對初戰告捷後未立即發起追擊進行了說明，強調了兵不厭詐，為帥者應明察秋毫的道理。一番話說得魯莊公心悅誠服，點頭稱是。

士氣也是決定實力的因素

一支軍隊的實力是由多種因素構成的，士氣就是一個重要因素。歷史上不乏人數比敵軍少，但憑藉著高昂的士氣最終戰勝敵人的例子。春秋時期，發生在齊、魯兩國之間的長勺之戰便是一例。

齊軍：第一次進攻
求勝心切，自恃強大，主動發起猛烈進攻。

魯軍：第一次防守
堅守陣地，以逸待勞，伺機破敵。

齊軍：第二次進攻
首次進攻未果，隨即發起第二輪進攻。

魯軍：第二次防守
按兵不動，嚴陣以待，固若金湯。

齊軍：第三次進攻
第二次進攻依然未成功，便發起第三次進攻。

魯軍：第三次防守
繼續防守，積蓄力量，蓄勢待發。

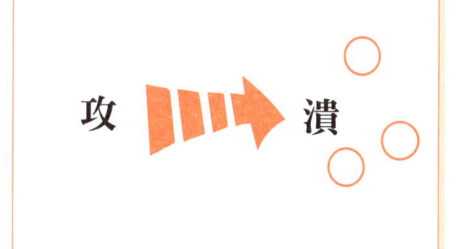

齊軍：全面潰敗
三次進攻均被瓦解，士氣大為受挫，倉皇迎戰，潰不成軍。

魯軍：大舉進攻
首次進攻，士氣高漲，勢如破竹，一瀉千里，大敗齊軍。

解析：
夫戰，勇氣也。一鼓作氣，再而衰，三而竭，彼竭我盈，故克之。
作戰，兵卒的勇氣非常重要。第一次進攻時，士氣最為旺盛；第二次進攻，士氣就會減弱；第三次進攻時，兵卒的士氣就會消耗殆盡，無心戀戰。在敵軍連續進攻三次之後，我軍再奮起反攻。敵軍士氣已完全耗盡，而我軍是第一次進攻，士氣高漲，自然會奪得戰爭的勝利。

第貳章　《孫子兵法》各篇詳解　虛實篇

147

七、軍爭篇

孫子曰：凡用兵之法，將受命於君，合軍聚眾，交和而舍，莫難於軍爭。軍爭之難者，以迂為直，以患為利。故迂其途而誘之以利，後人發，先人至，此知迂直之計者也。

孫子說：大凡用兵的法則，將帥接受國君的命令，從徵集民眾、組織軍隊到與敵人對陣，在這過程中沒有比爭取先機之利更困難的。爭取先機之利最困難的地方，是要把迂迴的彎路變為直路，要把不利變成有利。所以用迂迴繞道的佯動，並用小利引誘敵人，這樣就能比敵人後出動而先到達所要爭奪的要地，這就是懂得以迂為直的方法了。

故軍爭為利，軍爭為危。舉軍而爭利則不及，委軍而爭利則輜重捐。是故卷甲而趨，日夜不處，倍道兼行，百里而爭利，則擒三軍將。勁者先，罷者後，其法十一而至；五十里而爭利，則蹶上軍將，其法半至；三十里而爭利，則三分之二至。是故軍無輜重則亡，無糧食則亡，無委積則亡。

所以軍爭有有利的一面，同時軍爭也有危險的一面。如果全軍帶著所有裝備輜重去爭利，就不能按時到達指定地域；如果放下裝備輜重去爭利，裝備輜重就會損失。因此，卷甲急進，晝夜不停，加倍行程強行軍，走上百里去爭利，三軍將領都可能被俘，強壯的士卒先到，疲弱的士卒掉隊，其結果只會有十分之一的兵力趕到；走五十里去爭利，上軍的將領會受挫折，只有半數兵力趕到；走三十里去爭利，只有三分之二的兵力趕到。因此，軍隊沒有輜重就不能生存，沒有糧食就不能生存，沒有物資就不能生存。

故不知諸侯之謀者，不能豫交；不知山林、險阻、沮澤之形者，不能行軍；不用鄉導者，不能得地利。故兵以詐立，以利動，以分合為變者也。故其疾如風，其徐如林，侵掠如火，不動

如山，難知如陰，動如雷震。掠鄉分眾，廓地分利，懸權而動。先知迂直之計者勝，此軍爭之法也。

不了解列國諸侯戰略企圖的，不能與之結交；不熟悉山林、險阻、水網、沼澤等地形的，不能行軍；不重用嚮導的，不能得到地利。所以，用兵打仗要依靠詭詐多變才能成功，根據是否有利決定自己的行動，按照分散和集中兵力來變換戰術。所以，軍隊行動迅速時像疾風，行動舒緩時像森林，攻擊時像烈火，防禦時像山岳，蔭蔽時像陰天，衝鋒時像雷霆。擄掠鄉邑，要分兵掠取；擴張領土，要分兵扼守；衡量利害得失，然後相機行動。事先懂得以迂為直方法的就會勝利，這就是軍爭的原則。

《軍政》曰：言不相聞，故為金鼓；視不相見，故為旌旗。故夜戰多金鼓，晝戰多旌旗。夫金鼓旌旗者，所以一民之耳目也，民既專一，則勇者不得獨進，怯者不得獨退。此用眾之法也。

《軍政》說：「作戰中用語言指揮聽不到，所以設置金鼓；用動作指揮看不見，所以設置旌旗。」所以夜戰多用金鼓，晝戰多用旌旗。金鼓、旌旗，是統一全軍行動的工具。全軍行動既然一致，那麼，勇敢的士兵就不能單獨前進，怯懦的士兵也不能單獨後退了，這就是指揮大部隊作戰的方法。

故三軍可奪氣，將軍可奪心。是故朝氣銳，晝氣惰，暮氣歸。善用兵者，避其銳氣，擊其惰歸，此治氣者也。以治待亂，以靜待譁，此治心者也。以近待遠，以佚待勞，以飽待飢，此治力者也。無邀正正之旗，勿擊堂堂之陳，此治變者也。

對於敵人的軍隊，可以使其士氣衰竭；對於敵人的將領，可以使其決心動搖。軍隊初戰時士氣飽滿，過一段時間，就逐漸懈怠，最後士氣就衰竭了。所以善於用兵的人，要避開敵人初來時的銳氣，等待敵人士氣懈怠衰竭時再去打他，這是掌握軍隊士氣的方法。用自己的嚴整對付敵人的混亂，用自己的鎮靜對付敵人的輕躁，這是掌握軍隊心理的方法。用自己部隊的接近戰場對付遠道而來的敵人，用自己部隊的安逸休整對付奔走疲勞的敵人，用自己部隊的飽食對付飢餓的敵人，這是掌握軍隊戰鬥力的方法。不要去攔擊旗幟整齊部署周密的敵人，不要去攻擊陣容嚴整實力強大的敵人，這是掌握機動變化的方法。

故用兵之法，高陵勿向，背丘勿逆，佯北勿從，銳卒勿攻，餌兵勿食，歸師勿遏，圍師必闕，窮寇勿迫，此用兵之法也。

用兵的法則是：敵軍占領山地不要仰攻，敵軍背靠高地不要正面迎擊，敵軍假

裝敗退不要跟蹤追擊，敵軍的精銳不要去攻擊，敵人的誘兵不要去理睬，敵軍退回本國不要去阻擊攔截，包圍敵人要虛留缺口，敵軍已到絕境不要過分逼迫。這些，就是用兵的法則。

題解：
「軍爭」乃「兩軍相對而爭利」，即兩軍爭奪制勝條件，爭取戰場上的主動權。孫子十分重視在作戰中爭取有利的作戰地位，他在本篇中主要論述了在一般情況下怎樣趨利避害，力爭掌握戰場的主動權，奪取制勝條件的基本規律。為此他要求指揮者處理好迂與直、利與害的辯證關係，洞察各方面的情況有效地爭利，並以此為目的提出了「避其銳氣，擊其惰歸」等作戰原則。在篇尾，孫子總結八條「用兵之法」，成為中國優秀軍事文化傳統中的重要精髓。

第貳章　《孫子兵法》各篇詳解

軍爭篇

❶軍爭

為勝而爭

孫子曰：凡用兵之法，將受命於君，合軍聚眾，交和而舍，莫難於軍爭。

何為軍爭

孫子認為，決定戰爭勝負的根本原因在於交戰雙方實力強弱的對比。其一般規律是，實力強就戰勝實力弱的。當然，實力的強弱並不單單就是指雙方人數的多寡，而是包括了士兵的數量、士兵的訓練水準、人心的向背、天時地形、戰略戰術的選擇等諸多方面因素的綜合。如果哪一方在這些單項因素方面占有優勢，那麼他的綜合能力就一定高，他的實力就一定強，那麼最終他就會獲得勝利。因此，交戰雙方都力圖盡量爭取到有利於己方的作戰因素，強大自己。這種交戰雙方都力圖爭取有利於己方作戰因素的過程就是「軍爭」的過程。也就是說，「軍爭」就是一種爭取有利的作戰因素以強大自己的活動。「軍爭」的對象就是各種有利於作戰的因素或條件。而「軍爭」的目的就是使自己強大以超過敵人，並最終擊敗敵手取得勝利。

軍爭的困難

軍爭在作戰中具有極其重要的意義，這是由其本身的性質所決定的。所以，交戰雙方都非常重視「軍爭」的活動，都想在作戰中取得先機，獲得有利的態勢。「軍爭」也因此變得極為困難。就像孫子所說的：「凡用兵之法，將受命於君，合軍聚眾，交和而舍，莫難於軍爭。」可見，要做好「軍爭」確實很難，做的好與不好也是衡量將帥素質的一個重要標準。

軍爭為危

孫子不僅看到了「軍爭」有利的一面，而且還看到了「軍爭」有害的一面，即「爭」的方法不得當，不僅得不到有利的條件，反而會遭到損失。比如他說到：「舉軍而爭利則不及，委軍而爭利則輜重捐。」意思是說，如果全軍帶著所有裝備輜重去爭利，就不能按時到達指定地域；如果放下裝備輜重去爭利，裝備輜重就會損失。設想一下，如果到時利沒有爭到，反而將自己的裝備都丟了，這就是「軍爭」不得法所引起的「軍爭之危」啊！

軍爭及其目的

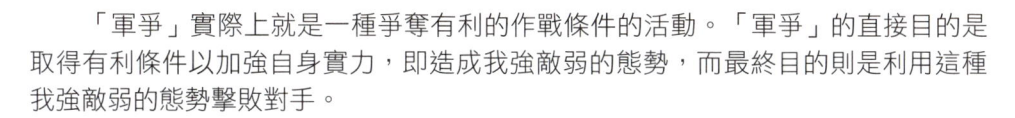

「軍爭」實際上就是一種爭奪有利的作戰條件的活動。「軍爭」的直接目的是取得有利條件以加強自身實力，即造成我強敵弱的態勢，而最終目的則是利用這種我強敵弱的態勢擊敗對手。

1 軍爭

「軍爭」，就是一種奪取有利作戰條件的活動或過程。就像是圖中的兩個士兵，他們全都赤手空拳努力地向前奔跑，企圖拿到那把放在地上的槍，誰拿到了槍誰就會在爭鬥中獲得優勢。奔跑的過程實際上就是「軍爭」的過程。

2 軍爭的直接目的

「軍爭」的直接目的，是在戰鬥中掌握有利條件，取得優勢。就像圖中右邊的士兵，他已搶先拿到了槍，嚴陣以待。這時他就取得了優勢，因為左邊的士兵沒有任何武器。

3 軍爭的最終目的

取得優勢只是第一步，利用優勢擊敗敵人才是「軍爭」的最終的目的。就像圖中右邊的士兵一槍就刺死了左邊企圖逃跑的士兵。

❷ 以迂為直，以患為利
軍爭的方法

> 軍爭之難者，以迂為直，以患為利。故迂其途而誘之以利，後人發，先人至，此知迂直之計者也。

上節說「軍爭」的目的是爭利、爭勝，那麼這節就重點闡述一下如何「軍爭」，即如何爭利、爭勝的方法。孫子給出的答案是：「以迂為直」、「以患為利」，這樣就可以做到「後發而先至」了。這裡面包含著以下幾層含義：

以迂為直

用兵之要，在於爭取有利的作戰條件，形成敵我雙方的強弱對比，然後再以強擊弱，穩操勝券。問題在於軍事對抗的雙方，都在設法阻礙和破壞對方的計畫與行動。因此，軍隊要達到自己爭利、爭勝的目的，就必須採取迂迴運動，在敵人的思維判斷中造成「折射」的幻覺，而不能直來直去地行動，使對方一眼看清你的行動企圖。正是基於這種認識，孫子提出了要「以迂為直」的「軍爭」方法。英國軍事理論家李德哈特在《戰略論》一書中指出：「在戰略上，最漫長的迂迴道路，常常是達到目的的最短途徑。所謂間接路線，即避開敵人所自然期待的進攻路線或目標，在攻擊發起之前，首先使敵人喪失平衡。」這種迂迴的間接路線，既是地理性的，同時也是心理性的。聲東擊西，欲進先退，欲取先予，這是「以迂為直」在空間上的表現。欲速勝而取持久戰略，這是「以迂為直」在時間上的表現。而詭詐示形、引敵致誤，這是「以迂為直」之計所要收取的心理效果。

以患為利

患與利、不利條件與有利條件、壞事與好事，在錯綜複雜的戰場上，只要處理得好，也能使矛盾的雙方向各自的反面轉化，出其不意地造成我方「以患為利」、敵方「以利變患」的局面。張獻忠詐降待機就是生動的一例。1636年7月，高迎祥在陝西周至縣黑水峪兵敗被俘，壯烈犧牲，農民起義軍被明軍分割包圍，李自成兵敗潼關南原，僅以十餘騎突圍，隱於商雒山中。張獻忠也兵敗南陽，中箭負傷，敗走谷城。明末農民起義轉入低潮。為

軍爭的方法（一）：以迂為直

「以迂為直」作為孫子解決「軍爭」問題的方法之一，是指過於直接的、明顯的爭利意圖容易被對手識破和干擾，所以要盡量採取迂迴的方法欺騙對手做出錯誤的判斷，以最終達到目的。就像英國戰略家李德哈特所說的：「最漫長的迂迴道路，常常是達到目的的最短途徑。」

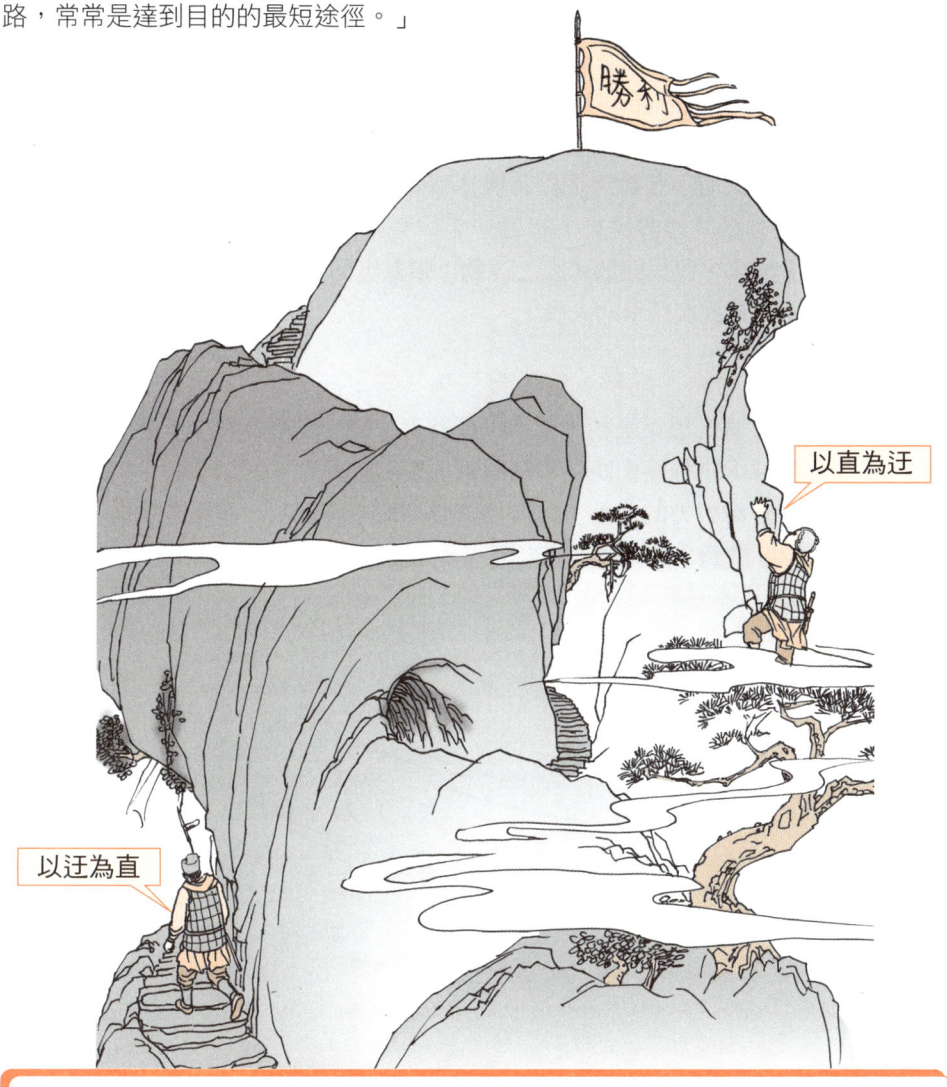

以直為迂

以迂為直

「迂」也好，「直」也罷，它們都只是方法或途徑。它們都是為目的（軍爭之利）所服務的。孫子認為「迂」往往比「直」好。圖中沿山道蜿蜒而上的人所走之路就是「迂」，看起來好像離目標更遠，但路途比較平坦，反而能搶先到達山頂之目標。圖中攀岩而上的人所走之路就是「直」，看起來好像離目標近了許多（因為走的是直線），但其更加費時費力，而且一不小心還有掉下來的可能，那樣就永遠也到達不了了。

保存力量以利東山再起，張獻忠利用五省軍務總理熊文燦急於邀功，完成所謂「撫局」的迫切心理，於1638年與明軍達成暫時妥協，表面上接受明朝的招撫。在這期間，張獻忠對明朝採取了軟磨硬抗的政策，不僅未遣兵繳械，拒絕了明朝遣散和向農民軍派駐監軍的命令，而且分割民租，據守要害，在農民軍據守的谷城，剝奪明朝知縣阮之鈿的一切權力，使其成為一個有名無實的擺設。同時，張獻忠把握時機休整隊伍，訓練士卒，操練陣法，籌集糧餉，派人聯絡其他農民軍。經過一年休整補充，農民軍銳氣大盛。1639年春，江北大旱，飢民四散，人心浮動，張獻忠伺機於5月間殺死谷城知縣阮之鈿，重新舉起武裝鬥爭的大旗。

迂其途而誘之以利，後人發，先人至

迂不是直，患不是利，要「以迂為直」、「以患為利」，必須創造必要的轉化條件。這種轉化條件包括對敵人要示以虛形，誘以小利，以造成敵人的錯覺，阻滯對方的行動；對自己則要採取主動行為，盡快改變自己所處的不利地位，做到「後人發，先人至」，出其不意地搶占交戰的有利區位。

軍爭的方法（二）：以患為利

「以患為利」是孫子提出的又一個「軍爭」之法。「患」就是「患」，它不可能是真正的利。「以患為利」的意思是說，在身處不利局面時，要清醒地認識到「患」的兩面性，即在「患」之中也可能隱藏著有利的一面。再充分地利用這有利的一面，化被動為主動，以達到我方「以患為利」，而敵方「以利變患」的局面。「塞翁失馬，焉知非福」就是一個「以患為利」的典型。

❶ 養馬

在古代的邊塞之地，有一老翁，養了許多好馬。

❷ 失馬

有一天，有一匹馬趁人不備，離開馬群越過邊界跑到對面的國家去了。

❸ 慰問

沒有關係，這也許還是一件好事呢！

您別太難過啊，當心身體。

鄰居們聽說了這件事後，都來勸老翁不要難過。可老翁卻笑著說：「這不一定是壞事啊，還可能是好事呢。」

❹ 得馬

過了幾天，那匹失蹤的馬自己又跑回來了，而且還帶回了一匹別國的好馬。老翁很是高興。

塞翁失馬，焉知非福

語出《淮南子・人間訓》：近塞上之人有善術者，馬無故亡而入胡。人皆弔之。其父曰：「此何遽不為福乎？」居數月，其馬將胡駿馬而歸。人皆賀之。……故福之為禍，禍之為福，化不可及，深不可測也。

第貳章　《孫子兵法》各篇詳解

軍爭篇

157

❸ 金鼓旌旗
指揮軍隊的兩件法寶

《軍政》曰：言不相聞，故為金鼓；視不相見，故為旌旗。故夜戰多金鼓，晝戰多旌旗。夫金鼓旌旗者，所以一民之耳目也，民既專一，則勇者不得獨進，怯者不得獨退。此用眾之法也。

兩軍作戰是一種集體活動，誰組織調度得更好誰的勝算就更大。所以組織調度能力也成為「軍爭」的一個重要對象。「以迂為直」，「以患為利」是從整體上說「軍爭」的方法，是所有「軍爭」方法的抽象總和。而具體到戰時，如何有效地組織調度自己的軍隊，則是「軍爭」具體化的一種表現。那麼古時是怎樣指揮調度軍隊的呢？引文中所提到的「故夜戰多金鼓，晝戰多旌旗」就是那時指揮調度軍隊的具體方法。

軍政

引文中所提到的《軍政》是一本古書。古人稱軍法或軍中的管理叫「軍政」，軍中負責執法的官員也叫「軍政」。如晉隨武子說：「見可而進，知難而退，軍之善政也。」可見，軍政說的就是軍隊的指揮調度問題。

夜戰多金鼓，晝戰多旌旗

夜晚目不能視，敵我雙方混戰在一起，不僅容易使己方部隊失控，而且還可能誤傷自己人。所以，古人通常利用金鼓能發出聲音的特點來控制部隊。這就是「夜戰多金鼓」的道理。「金鼓」其實是「金」與「鼓」的合稱。而且「金」與「鼓」又各有不同的分類，不同種類能發出不同聲音，分別代表不同的指揮信號。在《周禮‧地官‧古人》中就有關於「六鼓四金」的記載，即六種鼓四種金。古書上常有「擊鼓則進，鳴金則退」，就是對「金」與「鼓」不同作用的描述。

白天戰場上，將軍與士兵離得很遠，說話聽不清，手勢看不清，甚至「金鼓」的聲音都不能有效地傳達信息了。這時就會大量使用旌旗了，旗子高高地豎起，並由士兵晃動，目標很大，士兵都能看到，這就是旌旗的優勢。這就是「晝戰多旌旗」的道理。旌旗也有很多種，不同的旗子代表不同的意義，傳達不同的作戰信息。

古代的十六種戰旗

戰場的形勢瞬息萬變，為了更加準確、迅速地指揮調度軍隊，於是各種代表著不同含義的戰旗應運而生了。在《墨子‧旗幟》一書中就曾記載了多達十六種戰旗。現根據其中的文字記載推測繪出這十六種戰旗的形制，並列表如下。

旗名	說明	旗名	說明
蒼旗	一種青色的旗幟，代表木。	**雙兔之旗**	旗上繡有雙兔圖案，代表多卒。多卒是指敵人多，或己方需要增援。
赤旗	紅色的旗幟，代表火。	**童旗**	旗上繡有孩童圖案，代表五尺以下（1.15公尺以下）的孩童。
黃旗	黃色的旗幟，代表薪樵（柴草）。	**姊妹之旗**	原作「梯末之旗」，旗上繡有婦女圖案，代表婦女。
白旗	白色的旗幟，代表石。	**狗旗**	旗上繡狗圖案，代表弩。
黑旗	黑色的旗幟，代表水。	**薇旗**	旗上繡戟的圖案，代表戟。戟是古代的一種長柄兵器。
囷旗	一種在旗上繡有囷的旗幟。囷是一種圓形的糧倉。這種旗幟代表食物。	**羽旗**	旗上繡羽毛的圖案，代表劍盾。
蒼鷹之旗	旗上繡有蒼鷹圖案，代表死士。死士是指敢死隊。	**龍旗**	旗上繡龍的圖案，代表戰車。
虎旗	旗上繡有老虎圖案，代表競士。競士是戰鬥力最強的部隊。	**鳥旗**	旗上繡鳥的圖案，代表騎兵。

第貳章 《孫子兵法》各篇詳解

軍爭篇

159

❹ 四治

治氣、治心、治力、治變

> 故三軍可奪氣，將軍可奪心。是故朝氣銳，畫氣惰，暮氣歸。善用兵者，避其銳氣，擊其惰歸，此治氣者也。以治待亂，以靜待譁，此治心者也。以近待遠，以佚待勞，以飽待飢，此治力者也。無邀正正之旗，勿擊堂堂之陳，此治變者也。

兩軍作戰，決定勝負的是軍事實力的強弱，除了武器裝備、兵員數量等以外，軍心士氣也是構成實力強弱的因素之一。據此，孫子提出「軍爭」中全面的治氣、治心、治力、治變這「四治」方略。「治」是方法，其目的則是為了「爭」。爭什麼？爭氣、爭心、爭力、爭變，也就是要在軍隊的士氣、心理、力量、戰術等方面爭取優勢。所以說「治氣、治心、治力、治變」就是「爭氣、爭心、爭力、爭變」的方法。

治氣

作戰要靠三軍將士拼殺。勇於拼殺，一靠氣，二靠力，而力又要靠氣來鼓。因此《司馬法》認為：「凡戰，以力久，以氣勝。」《吳子》論兵之「四機」，以「氣機」居首。《尉繚子·戰威》也認為：「夫將之所以戰者，民也；民之所以戰者，氣也。氣實則鬥，氣奪則走。」有鑑於此，孫子在〈軍爭篇〉中強調，兩軍相爭重在「爭氣」。

為了爭氣，孫子提出了他的「治氣」理論。這就是「朝氣銳，畫氣惰，暮氣歸。故善用兵者，避其銳氣，擊其惰歸，此治氣者也」。意思是說，軍隊的士氣在初戰時比較旺盛，經過一段時間逐漸懈怠，到後期就會衰竭。根據這一士氣盛衰的一般規律，善用兵者，就要避開敵人初來時的銳氣，而要等待敵人士氣懈怠衰竭時再去打他，這就是「治氣」的方法。楚漢相爭，項羽垓下之敗，很大原因就敗在三軍之氣已被奪，這便是漢軍「治氣」的結果。西元前202年，劉邦與諸侯軍將項羽所部層層包圍在垓下。為了瓦解楚軍士氣，劉邦下令士卒在晚間唱起楚歌。楚軍聽到四面楚歌，以為漢兵已經取得了楚地，立即士氣低落，軍心渙散。隨後，漢軍大舉進攻，楚軍大敗。最終，項羽也落得烏江自刎的下場。

朝氣銳，晝氣惰，暮氣歸：士氣盛衰的一般規律

想要「爭氣」，必先「治氣」。想要「治氣」，必先認識掌握士氣盛衰的規律。軍隊士氣的盛衰受許多因素影響，但孫子認為戰爭進行時間的長短對士氣的影響最大。他說：「朝氣銳，晝氣惰，暮氣歸。」意思是說，軍隊初戰時士氣飽滿；過一段時間，士氣會逐漸懈怠；最後，士氣就會徹底衰竭。「治氣」之術便是「避其銳氣，擊其惰歸」。

1 ◉ 朝
士氣飽滿

「朝」在這裡並不是指早晨，而是代指「戰爭開始之時」。這個時候，軍隊的士氣最旺，求戰的心理最強，這就叫「銳」。

2 ◉ 晝
逐漸懈怠

「晝」在這裡也不是指白天，而是代指「戰爭已經持續了一段時間」。這個時候，軍隊的士氣正處在一個不斷懈怠的過程之中，這就叫「惰」。

3 ◉ 暮
徹底衰竭

「暮」在這裡也並不是指傍晚，而是代指「戰爭已經持續了很長時間，逐漸接近尾聲了。」這個時候，軍隊的士氣已經處在最低點了，這就叫「歸」。

第貳章　《孫子兵法》各篇詳解

軍爭篇

161

治心

奪敵人三軍之氣，必須進而奪將軍之心。因為，士以將為心，將以士為體，將心奪則謀主已亂，雖擁有三軍之眾，也只剩下一副空軀殼了。所以《吳子・論將》說：「三軍之眾，百萬之師，張設輕重在於一人。」因此奪敵之氣，務在先奪敵將之心。越王勾踐滅吳就是從奪吳王夫差之心著手的。越王勾踐為使夫差更加驕縱任性，玩物喪志，他除了給夫差送大批珍玩狗馬外，還專門從國內數千美女中選出最漂亮的西施送給夫差。夫差一見西施便被迷住，並為西施興建遊宮，整日與西施遊樂戲弄，不理朝政，因而徹底放鬆了對越國的戒備。而勾踐歸國後，臥薪嘗膽，十年生聚，使越國迅速富強起來，進而興兵北伐，一舉消滅了吳國。對敵人要奪氣奪心，對我方則要養氣養心，這樣，才可能「以治待亂，以靜待譁」，未戰而在軍心士氣上已占優勢，這就是孫子強調的「治心」。

治力

古時打仗主要靠士兵使用冷兵器進行肉搏，因此士兵的力量貯備便成為決定勝負的關鍵因素之一。為此，孫子提出了他的「治力」觀點。這種觀點就是「以近待遠，以佚待勞，以飽待飢，此治力者也」。古時打仗首先要行軍，行軍主要靠步行，必須要士兵一步步去走，所以極耗體力。那麼離戰場近的一方就會先抵達戰場，有充分的時間吃飯、休息。遠道而來的一方，又餓又累就投入戰鬥，自然處於劣勢。這就是治力的一般規律。

治變

這裡的「變」說的是戰術選擇的變化。戰術的選擇也是決定軍隊戰鬥力的因素之一。選擇正確的戰術可以使己方戰鬥力倍增；相反，錯誤的戰術選擇則會限制己方戰鬥力的發揮。因此孫子說：「無邀正正之旗，勿擊堂堂之陳。」表面是說，不要去攔擊旗幟整齊部署周密的敵人，不要去攻擊陣容嚴整實力強大的敵人。而言下之意則是說，臨陣之時要靈活機動，爭取戰術上的主動和優勢，這就是「治變者也」。

「軍爭」六要素

「軍爭」的對象有很多，不同的對象就會有不同的「軍爭」方法。但在這變化多端的眾多方法中卻蘊含著共同的東西，孫子將其總結為「風、林、火、山、陰、雷」六種要素。如果誰的軍隊全部具備這六種素質，那麼誰就會「爭無不勝」。

1.其疾如風
指軍隊行動迅速起來就要像風的速度一樣迅疾。

2.其徐如林
指軍隊行動舒緩時就要像森林。

3.侵掠如火
軍隊攻擊敵人時就要像烈火一樣凶猛。

軍爭六要素

4.不動如山
軍隊進行防禦時就要像山岳一樣不可撼動。

5.難知如陰
軍隊隱蔽時就要像陰天一樣，讓敵人不知所終。

6.動如雷震
軍隊衝鋒時就要像雷霆一樣勇猛。

總結：
如果一支軍隊同時具備了「其疾如風、其徐如林、侵掠如火、不動如山、難知如陰、動如雷震」這六種素質，它的綜合戰鬥力一定很強。這樣的軍隊與對手爭利，恐怕會每爭必獲吧。

八、九變篇

孫子曰：凡用兵之法，將受命於君，合軍聚眾，圮地無舍，衢地合交，絕地無留，圍地則謀，死地則戰。途有所不由，軍有所不擊，城有所不攻，地有所不爭，君命有所不受。故將通於九變之利者，知用兵矣。將不通於九變之利者，雖知地形，不能得地之利矣。治兵不知九變之術，雖知五利，不能得人之用矣。

孫子說：大凡用兵的法則，是主將先接受國君的命令，然後組織軍隊，集結軍需，出征時在「圮地」不要宿營，在「衢地」要結交鄰國，在「絕地」不能停留，在「圍地」應巧設計謀，陷入「死地」就要堅決戰鬥。有的道路不要走，有的敵軍不要打，有的城池不要攻，有的地方不要爭，國君的某些命令不要執行。因此，將帥如果能夠靈活地運用以上各種機變，就是懂得用兵了。將帥不精通以上各種機變的運用，雖然了解地形，也不能得到地利。指揮軍隊不知道各種機變的方法，雖然知道「五利」，也不能充分發揮軍隊的作用。

是故智者之慮，必雜於利害。雜於利，而務可信也；雜於害，而患可解也。

精明的將帥思考問題，必須兼顧到利害兩個方面。在不利情況下要看到有利條件，大事才可順利進行；在有利情況下要看到不利因素，禍患才可提前避免。

是故，屈諸侯者以害，役諸侯者以業，趨諸侯者以利。

要使各國諸侯屈服，就用他們最厭煩的事去傷害他；要使各國諸侯忙於應付，就用他們必須要做的事去驅使他；要使各國諸侯被動奔走，就用小利去引誘他。

故用兵之法，無恃其不來，恃吾有以待也；無恃其不攻，恃吾有所不可攻也。

用兵的法則是，不要僥倖於敵人不會來，而要依靠自己做好了充分準備；不要僥倖於敵人不進攻，而要依靠自己擁有使敵人無法進攻的力量。

故將有五危：必死，可殺也；必生，可虜也；忿速，可侮也；廉潔，可辱也；愛民，可煩也。凡此五者，將之過也，用兵之災也。覆軍殺將，必以五危，不可不察也。

將帥有五種致命的弱點：只知硬拚可能被誘殺，貪生怕死可能被俘虜，暴躁易怒可能會中敵人輕侮的計謀，廉潔好名可能落入敵人汙辱的圈套；僵硬地「愛民」可能導致煩擾而不得安寧。以上五點，是將帥的過錯，也是用兵的災害。軍隊覆滅，將帥被殺，必定是由於這五種危險引起，是不能不充分認識的。

題解：

「九」泛指多，「變」指改變、機變，即不按正常原則靈活處置。「九變」即指只有靈活多變的指導戰爭才能取勝。本篇主要論述應根據各種特殊情況，高度靈活機動地變換作戰方式與策略。在上篇〈軍爭〉已闡明一般情況下兩軍爭勝爭利的原則，同時已提及「以分合為變」、「治變」之術，但後者展開不夠。為了補充說明治變的思想，孫子特立此篇，進行系統闡釋。

❶ 九變之術
戰術運用要靈活多變

途有所不由,軍有所不擊,城有所不攻,地有所不爭,君命有所不受。

九變

「九」者,數之極,「九變」即多變之意。孫子在〈九變篇〉中主要闡述的是將帥用兵應稟承靈活多變的原則,不可拘泥於一法,要具體問題具體分析。比如在〈九變篇〉中說:「圮地無舍,衢地合交,絕地無留,圍地則謀,死地則戰。」意思是說,在「圮地」(難於通行之地)不要宿營;在「衢地」(四通八達之地)要結交鄰國;在「絕地」(難於生存之地)不能停留;在「圍地」(進退不便、易被包圍之地)應巧設計謀;陷入「死地」(走投無路之地)就要堅決戰鬥。綜合起來說,就是要求將帥應根據所面臨的客觀形勢的不同採取不同的戰術。在〈九變篇〉中又說:「途有所不由,軍有所不擊,城有所不攻,地有所不爭,君命有所不受。」意思是說,有的道路不要走,有的敵軍不要打,有的城池不要攻,有的地方不要爭,國君的某些命令不要執行。其道理也和上述一樣,就是戰術選擇要根據戰場形勢的變化而變化。

變與不變

變是有前提的,不是無限的,掌握變與不變的關係極其重要。以君命有所不受為例,在封建社會中,「君命有所不受」是有條件的,是相對的。(1)必須是「將在外」,即在出征指揮作戰的時候。(2)是如銀雀山漢墓竹簡《孫子兵法》中所講的「君令有所不行者,君令有反此四變者,則弗行也」。這裡的「四變」,即前面講的將軍在不同地區、不同條件下作戰時,才可以「途有所不由,軍有所不擊,城有所不攻,地有所不爭」。這就明確規定了,可不執行的君命只是局限在靈活機變的戰術決策範圍內。在變化無常的戰場上,將帥如果事事要聽從於君主的命令,就會錯失時機,貽誤戰局。漢朝名將周亞夫不服從漢景帝救助梁國的命令,說明他是一名深通《孫子兵法》的良將。(詳細情節參見本篇第4節)

「五地」之變

孫子認為將帥指揮軍隊作戰時要深知「九變」之利，即戰術要靈活多變，不能拘泥於一法。其中有「五地」為例以示說明，即「圮地無舍，衢地合交，絕地無留，圍地則謀，死地則戰」。

地形　　　　　　　　　　　**正確的做法**

① 圮地

指難於通行之地。就像圖中山谷之間的小路。

對策→ 在圮地的用兵原則是不要在此久停或留宿。這就是「無舍」。

② 衢地

己國　他國　敵國　衢地

指四通八達之地。圖中己國、敵國與他國交界之地即是衢地。

對策→ 在衢地的用兵原則是盡量結交鄰國，孤立敵國。這就是「合交」。

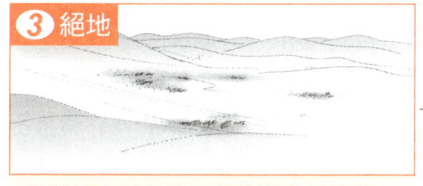

③ 絕地

指難於生存之地。就像圖中的沙漠。

對策→ 在絕地的用兵原則是快速通過。這就是「無留」。

④ 圍地

指進退不便，易被包圍之地。

對策→ 在圍地的用兵原則是不能硬拼，而要採用計謀以突圍出去。這就是「則謀」。

⑤ 死地

指走投無路之地。就像圖中所示，後有追兵，前又有大河阻攔。

對策→ 因為已經走投無路，所以在死地的用兵原則就是硬拼到底，或許還有一線生機。這就是「則戰」。

第貳章 《孫子兵法》各篇詳解　九變篇

167

❷ 恃吾有以待
要做好備戰工作

> 故用兵之法，無恃其不來，恃吾有以待也；無恃其不攻，恃吾有所不可攻也。

軍事上的有備與無備，是一組概念。在孫子兵法中，反覆強調對敵人要攻其無備，出其不意；要詭詐藏形，令敵失備。與此相反，對待自己則要處處有備，時時戒備，「無恃其不來，恃吾有以待也」。孫子認為對己方的戒備工作絕對不可以放鬆。只有這樣，才能使敵人無機可乘、無懈可擊；才能使自己立於不敗之地。顯然，孫子的這些閃耀著辯證法光輝的觀點，是極有價值的。

在歷史上因為疏於防範，而導致重大損失的例子不勝枚舉。比如，在第二次世界大戰中，日本偷襲美國海軍太平洋艦隊基地珍珠港，德國閃電攻擊蘇聯，都是受襲方對對手疏於防範造成的惡果。戰爭史上，有備無患，戰勝敵人突然襲擊的戰例也很多。不僅如此，充分的戰爭準備不僅能使敵人找不到攻擊之處，而且還能做到蓄勢以待，隨時可組織反擊，達到後發制人的目的。例如，1880年，沙皇俄國在中國東北、西北邊界上調集軍隊進行威脅，並增兵伊犁，出動艦隊到中國黃海海域示威，氣焰非常囂張。清朝政府出於自保的目的，也在中俄邊境和沿海地區採取了防禦措施；並命左宗棠部署新疆軍務，準備用武力收復伊犁。左宗棠受命之後，派金順率一萬二千人為東路，扼守晶河一線，嚴防俄軍進犯；劉錦棠率一萬一千人為西路，取道烏什，從冰嶺以西經布魯特牧區直奔伊犁；張曜率八千五百人為中路，從阿克蘇冰嶺以東，沿特克斯河指向伊犁。此外，以六千人分屯阿克蘇、哈密為後備兵力，以三千人增強塔爾巴哈台地區的防務。準備參戰的兵力共達五萬餘人。4月，左宗棠親自抬著棺材出關，表示了誓與俄人決一死戰的態度。俄國見左宗棠防備嚴密，戰鬥的意志堅決，不得不放棄了入侵計畫，並於光緒七年，即1881年元月與清政府談判代表曾紀澤簽訂了《中俄伊犁條約》和《陸路通商章程》。

中國古代城市的防禦建築

中國乃至世界各國古代的城市都建造有完備的、強大的防禦工事，這正是孫子「恃吾有以待也」、「恃吾有所不可攻也」思想的體現。下面就以戰國時代的一座城垣為例，詳細地解構其各個組成部分。

❶	拒馬	一種頭上有尖刺的木頭架子，可以有效地緩解敵人大部隊對城垣的快速突擊。
❷	木製吊橋	平時放下供人行走，一有戰事便迅速拉起，阻止敵人入城。
❸	壕溝	很深，裡面往往注滿了水或者插遍尖刺。
❹	羊馬城	位於壕溝邊靠近城牆一側，可以發揮增高壕溝的作用。
❺	城牆本體	早期的城牆一般都用黃土夯成，到了隋唐時期則開始用磚砌成。
❻	堞	一種在城牆上呈凹凸形的矮牆，可以為城牆上的士兵提供掩護。
❼	排水溝	用於排乾城牆上面積存的雨水。
❽	斜坡護壁	有加固城牆的作用。
❾	臺階	防守士兵上下城牆的通道。
❿	城門	呈拱形，是連接城內外的通道。
⓫	大道	城下寬敞的大道保證各種戰爭物資能夠源源不斷地運上城去。

鏈接：

中國的城垣建築在宋代發展到了高峰，後來各代都模仿其建造。這種城垣不僅城牆又高又厚、體形巨大，而且結構也更為複雜，出現了許多新生的部分，比如有供發射火炮和弩箭用的炮臺、弩臺，有引誘敵人進城再聚而殲之的甕城等。明朝初期修建的南京城中華門就很好地體現出了這些特點。它的城牆高達18公尺，雄偉壯觀。光是城門，裡外就有四道，而且每一道城門內都裝有「千斤閘」。

❸ 覆軍殺將，必以五危
將帥不知變通的五種危害

> 故將有五危：必死，可殺也；必生，可虜也；忿速，可侮也；廉潔，可辱也；愛民，可煩也。凡此五者，將之過也，用兵之災也。覆軍殺將，必以五危，不可不察也。

將帥是軍隊的決策者和統領者，將帥自身素質的優劣直接影響著軍隊的安危。理論上將帥應是全才。但世上人無完人，將帥也是有血有肉的人，有七情六慾，有優點也有缺點。人貴有自知之明，將帥對自身的優缺點更應有一個清楚的認識。特別是對自己的優點不要過於自信，因為優點在某種情況下也會成為缺點，甚至成為可以被敵人所利用的弱點。孫子對「將有五危」的論述，深刻揭示了「必死」、「必生」、「忿速」、「廉潔」者易好名，「愛民」者易不忍的弱點，如果被敵人所利用，就會帶來「覆軍殺將」的災禍。這實際上也屬於孫子「九變」思想的範疇，即將帥在戰場上要知道變通，不能一味強調某一方面的因素，不然就會有「覆軍殺將」的危險。

以「必死」、「必生」、「愛民」為例，來說明這個問題。（1）東漢開國皇帝劉秀的部將賈復，勇猛過人，作戰時常常衝殺在前，是一條不怕死的好漢。但當他獨自統兵出征時，只知一味地硬拼，就中了敵人的誘殺計而身負重傷。這就是孫子所說的「必死，可殺也」。（2）明末統帥洪承疇臨陣怯懦，終為清軍所虜。在死亡與厚祿的選擇面前，他選擇了後者，反過來成為清軍的鷹犬。這就是孫子所說的「必生，可虜也」。（3）1894年10月，日軍入侵東北。遼陽知州徐慶璋操練民團，屢敗日軍，使其不能進犯。以後有人利用徐慶璋勤政愛民的特點，在次年臨近春耕時向他進言，當地人民十分勞苦，為了不誤春耕，應解散鄉團，使其還農。徐慶璋一聽有理，立即下令執行，致使該處防務鬆懈，被日軍乘機占領。這就是孫子所說的「愛民，可煩也」。

以上的事實說明，懂得變通的道理，能夠在戰場上靈活地使用各種戰術是評定一名將帥是否合格的標準之一。正所謂：「故將通於九變之利者，知用兵矣。」

將帥的五種弱點

孫子指出將帥所通常具有的五種個性，即「必死」（作戰勇猛）、「必生」（害怕傷亡）、「忿速」（脾氣暴躁）、「廉潔」、「愛民」。從某種意義上說，這些個性都有積極的一面，但如果將帥臨戰指揮時不從全局考慮，而只是偏執於某一方面，那麼優點也會變為弱點，最終導致「覆軍殺將」。

將帥「五危」

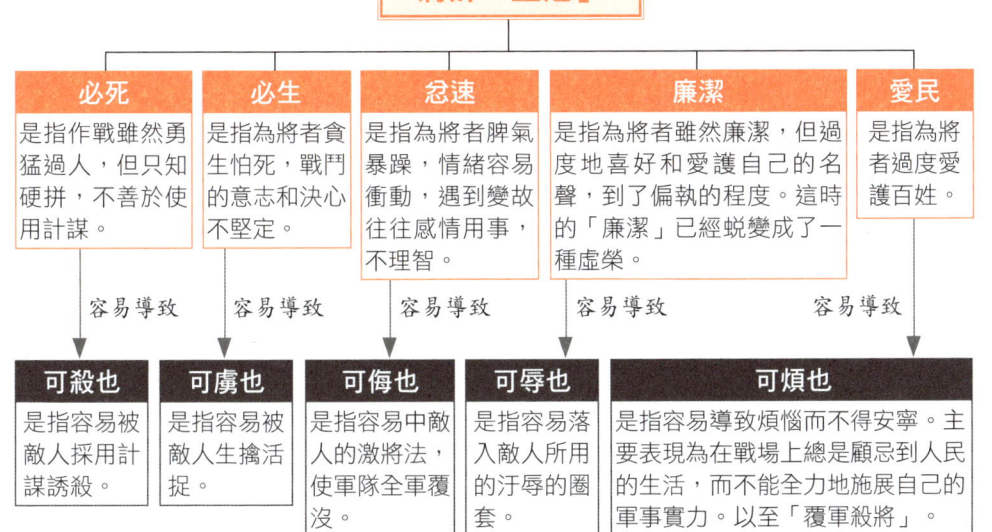

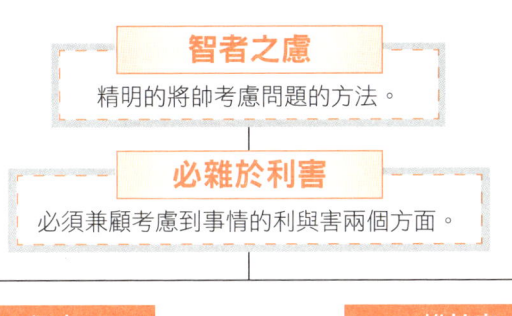

必死	必生	忿速	廉潔	愛民
是指作戰雖然勇猛過人，但只知硬拼，不善於使用計謀。	是指為將者貪生怕死，戰鬥的意志和決心不堅定。	是指為將者脾氣暴躁，情緒容易衝動，遇到變故往往感情用事，不理智。	是指為將者雖然廉潔，但過度地喜好和愛護自己的名聲，到了偏執的程度。這時的「廉潔」已經蛻變成了一種虛榮。	是指為將者過度愛護百姓。

↓ 容易導致　↓ 容易導致　↓ 容易導致　↓ 容易導致　↓ 容易導致

可殺也	可虜也	可侮也	可辱也	可煩也
是指容易被敵人採用計謀誘殺。	是指容易被敵人生擒活捉。	是指容易中敵人的激將法，使軍隊全軍覆沒。	是指容易落入敵人所用的汙辱的圈套。	是指容易導致煩惱而不得安寧。主要表現為在戰場上總是顧忌到人民的生活，而不能全力地施展自己的軍事實力。以至「覆軍殺將」。

智者之慮
精明的將帥考慮問題的方法。

必雜於利害
必須兼顧考慮到事情的利與害兩個方面。

雜於利，而務可信也	雜於害，而患可解也
在不利的情況下要看到有利條件。	在有利的情況下，要看到不利的因素，這樣禍患就可以預先排除。

孫子列出了將帥通常會有的五種弱點。那麼一名合格的將帥到底應該具備怎樣的素質呢？孫子認為合格的將帥應該具備「雜於利害」的指揮思維模式，具體解釋見上表。

第貳章　《孫子兵法》各篇詳解

九變篇

171

④ 君命有所不受
周亞夫平定「七國之亂」

將帥在戰場上能夠正確、靈活地選擇戰術就是〈九變篇〉要說明的精髓所在。西漢名將周亞夫在平定「七國之亂」的時候，能夠做到「君命有所不受」，並最終取得勝利，堪稱「九變」之經典戰例。

七國之亂

劉邦建立漢王朝以後，大封同姓子弟為王，各據一方，以防異姓篡權。到景帝時，各王的勢力日強，幾乎到與朝廷分庭抗禮的地步。景帝聽從大臣晁錯「削藩」（削弱割據勢力，加強中央集權）的主張，先後取消趙、楚、吳等幾國部分郡縣的統治權。引起各諸侯國的強烈不滿。西元前154年，吳、楚、趙、膠東、膠西、淄川、濟南等各諸侯國以吳王劉濞為首起兵反叛，爆發歷史上有名的「七國之亂」。

戰場抗命

大將周亞夫奉景帝之命出兵平定叛亂。行前，周亞夫向景帝建議，叛軍士氣正旺，不如將大軍迂迴到他的背後，斷其糧道，然後將叛軍制服。景帝同意周亞夫的意見。周亞夫按計畫出兵，向洛陽進軍。行進途中，周亞夫突然改變計畫繞道而行，雖然比原定路線多走了一兩天，但卻令敵軍的伏兵撲空，從而悄悄地抵達昌邑。此時，吳、楚聯軍進攻梁國，梁國危急。景帝令周亞夫快速增援，但周亞夫卻不肯發兵，而是派出騎兵，迂迴到吳、楚聯軍的背後，斷了聯軍的糧道。梁軍依託堅固城防，盡力防守。吳、楚聯軍久攻梁國不下，又無糧食供應，士氣大挫，不久便不得不引軍撤退。

漢軍大勝

周亞夫乘吳、楚聯軍兵疲力盡的機會，派出精銳部隊追擊，大敗吳、楚聯軍。楚王劉戊自殺，吳王劉濞帶著幾千親兵逃到丹徒，企圖依靠東越國做垂死掙扎。周亞夫乘勢追殺，並懸賞黃金千兩捉拿吳王。一個多月後，東越王在漢軍的威脅和利誘下，殺了吳王劉濞。接著，其他叛亂的國家也一一被打敗。至此周亞夫只用了幾個月的時間就將「七國之亂」徹底平定。周亞夫根據敵我雙方兵勢的情況，靈活指揮軍隊，甚至不惜「君命有所不受」，確實是一位「通於九變之利」的軍事統帥。

漢王朝血統表

漢朝立國之初，劉邦大封國姓為王，以防異姓篡權。但是經過多年之後，皇帝與各王之間的血緣關係逐漸淡薄，也是最終引發「七國之亂」的原因之一。

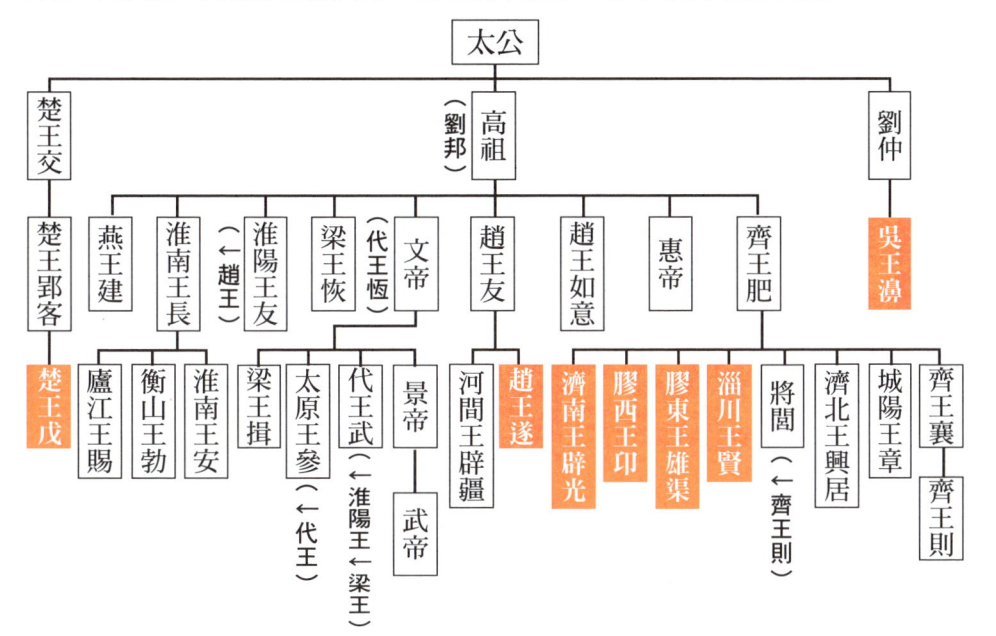

```
                                    太公
         ┌──────────────────────────┼──────────────────────────┐
       楚王交                     高祖（劉邦）                  劉仲
         │        ┌──────┬──────┬──────┬──────┬──────┬──────┬──────┐        │
      ┌──┴──┐   燕王   淮南   淮陽  梁王  文帝  趙王  趙王  惠帝  齊王     吳王濞
     楚王  楚王  建     王長  王友 恢  (代  友    如意       肥
     郢客  戊              (←         恆)                                
                          趙王)                                         
         ┌──┬──┬──┬──┬──┬──┐         ┌──┬──┬──┬──┬──┬──┐
      盧江 衡山 淮南 梁王 太原 代王 景帝 河間 趙王 濟南 膠西 膠東 淄川 將閭 濟北 城陽 齊王 齊王
      王賜 王勃 王安 揖  王參 武      王   遂   王   王   王   王       王   王   襄  則
                         (←  (←淮陽  辟疆     辟光 卬   雄渠 賢       興居 章
                         代王) 王←             (←齊王則)
                              梁王)  武帝
```

吳王
劉濞（西元前216～西元前154年），沛縣人，漢高祖劉邦的姪子，劉仲的長子，被封為吳王。領導了「七國之亂」，被周亞夫擊敗後，為東越人所殺。

楚王
劉戊（？～西元前154年）。「七國之亂」時與吳王劉濞通謀反叛，起兵與吳趙等國西攻梁，與漢將周亞夫戰，後戰敗，吳王逃走，他被迫自殺，軍遂降漢。

趙王
劉遂（？～西元前154年）。漢文帝時，被立為趙王。「七國之亂」時與吳、楚等國合謀叛亂，並且北與匈奴聯合，舉兵往西進攻，被漢將酈寄率兵圍擊。吳、楚敗，漢將欒布破齊後攻趙，他被迫自殺。

膠西王
劉卬（？～西元前154年），劉邦孫。西元前176年，漢文帝封之為平昌侯。西元前164年，又與其兄弟6人同日俱立為王，他被立為膠西王。「七國之亂」時與吳王同謀起兵，與膠東、淄川二王共圍臨淄，後兵敗自殺。

膠東王
劉雄渠（？～西元前154年），劉邦孫。西元前176年，漢文帝封他為白石侯。西元前164年，文帝分齊為六國，他被立為膠東王。「七國之亂」時，他與吳王劉濞同謀，率兵與淄川、濟南兩王共攻臨淄，後來兵敗自殺。

濟南王
劉辟光（？～西元前154年），劉邦孫。西元前164年，漢文帝分齊為六國，他被立為濟南王。「七國之亂」時，他參加叛亂，後兵敗自殺。

淄川王
劉賢（？～西元前154年），劉邦孫。西元前164年，漢文帝分齊為六國，他被立為淄川王。「七國之亂」時，他參加叛亂，派兵圍齊臨淄，後兵敗自殺。

周亞夫平定「七國之亂」

在平定「七國之亂」中，周亞夫真正做到了「君命有所不受」，證明他是一位深知「九變」之利的軍事統帥。

吳楚聯軍進攻路線，被阻於梁國的睢陽城下

周亞夫切斷吳楚聯軍糧道的路線

長江

別動隊

吳王劉濞

東越

丹徒

廣陵

吳

彭城

楚

敗走

吳楚聯軍的敗退路線

追擊

東海

膠西

周亞夫率軍追擊吳楚聯軍的路線

菑川

膠東

山東半島

漢景帝

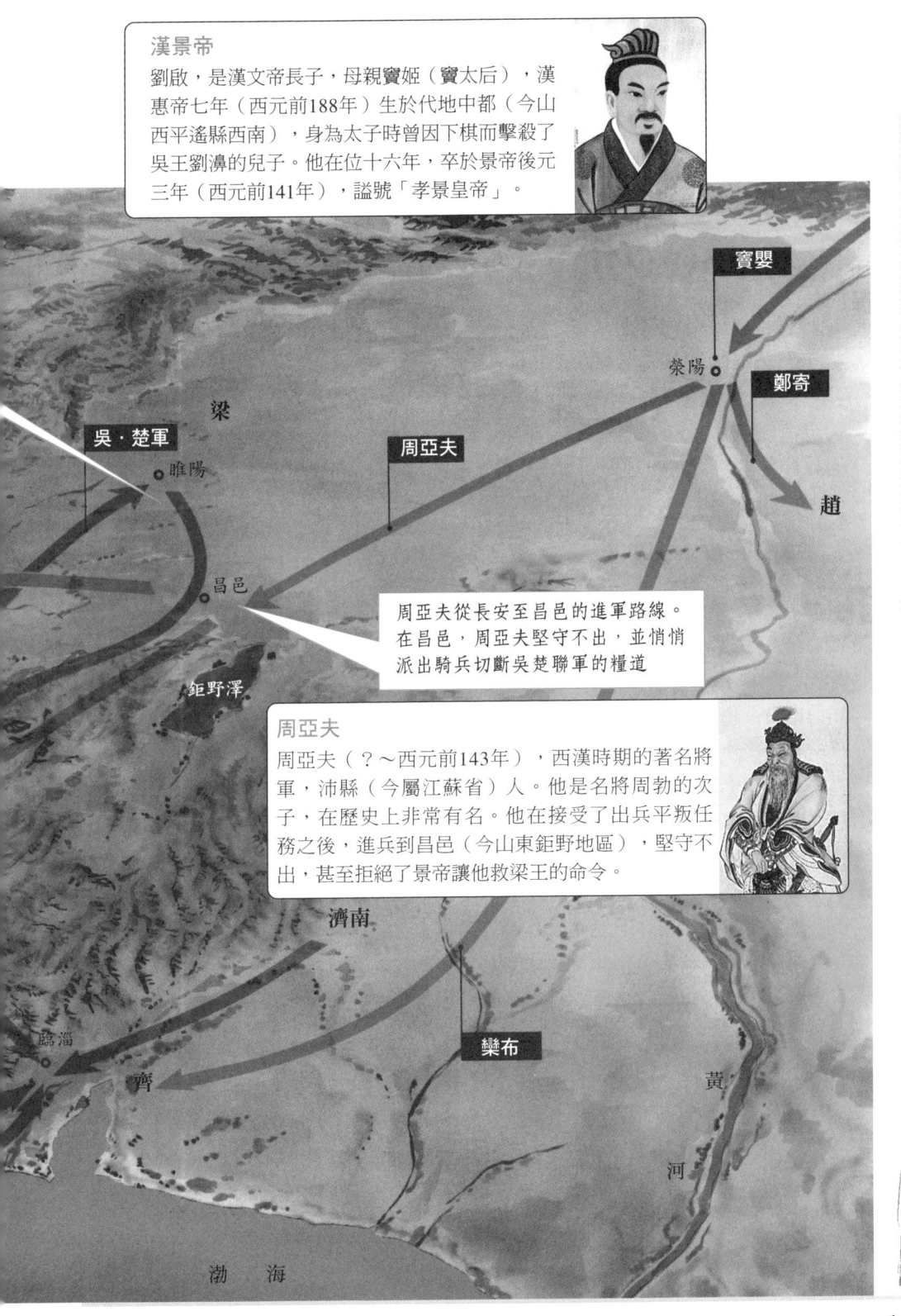

劉啟，是漢文帝長子，母親竇姬（竇太后），漢惠帝七年（西元前188年）生於代地中都（今山西平遙縣西南），身為太子時曾因下棋而擊殺了吳王劉濞的兒子。他在位十六年，卒於景帝後元三年（西元前141年），諡號「孝景皇帝」。

竇嬰

滎陽

鄭寄

梁

吳‧楚軍

睢陽

周亞夫

趙

昌邑

周亞夫從長安至昌邑的進軍路線。在昌邑，周亞夫堅守不出，並悄悄派出騎兵切斷吳楚聯軍的糧道

鉅野澤

周亞夫

周亞夫（？～西元前143年），西漢時期的著名將軍，沛縣（今屬江蘇省）人。他是名將周勃的次子，在歷史上非常有名。他在接受了出兵平叛任務之後，進兵到昌邑（今山東鉅野地區），堅守不出，甚至拒絕了景帝讓他救梁王的命令。

濟南

臨淄

齊

欒布

黃河

渤海

第貳章 《孫子兵法》各篇詳解

九變篇

175

九、行軍篇

孫子曰：凡處軍、相敵，絕山依谷，視生處高，戰隆無登，此處山之軍也。絕水必遠水；客絕水而來，勿迎之於水內，令半濟而擊之，利；欲戰者，無附於水而迎客；視生處高，無迎水流，此處水上之軍也。絕斥澤，惟亟去無留。若交軍於斥澤之中，必依水草而背眾樹，此處斥澤之軍也。平陸處易，而右背高，前死後生，此處平陸之軍也。凡此四軍之利，黃帝之所以勝四帝也。

孫子說：在各種不同地形上處置軍隊和觀察判斷敵情時，應該注意：通過山地，必須靠近有水草的山谷，駐紮居高向陽的地方，敵人占領高地，就不要仰攻。這是在山地上對軍隊的處置。橫渡江河，應遠離水流駐紮，敵人渡水來戰，不要在江河中迎擊，要等他渡過一半時再攻擊，這樣比較有利；如果要與敵人決戰，不要背對著江河列陣；在江河地帶紮營，也要居高向陽，不要面迎水流。這是在江河地帶上對軍隊的處置。在鹽鹼沼澤地帶行軍，要迅速通過，不要逗留；如果與敵軍在鹽鹼沼澤地帶相遇，那就必須靠近水草而背靠樹林。這是在鹽鹼沼澤地帶上對軍隊的處置。在平原上應占領開闊地域，而主要側翼要依託高地，前低後高。這是在平原地帶上對軍隊的處置。以上四種「處軍」原則的優點，就是黃帝之所以能戰勝其他四帝的原因。

凡軍好高而惡下，貴陽而賤陰，養生而處實，軍無百疾，是謂必勝。丘陵堤防，必處其陽而右背之。此兵之利，地之助也。上雨，水沫至，止涉，待其定也。絕澗、天井、天牢、天羅、天陷、天隙，必亟去之，勿近也。吾遠之，敵近之；吾迎之，敵背之。軍旁有險阻、潢井、葭葦、山林、蘙薈者，必謹覆

索之，此伏奸之所處也。

大凡駐軍總是喜歡乾燥的高地，避開潮溼的窪地；重視向陽之處，避開陰暗之地，靠近水草地區，軍需供應充足，將士百病不生，這樣就有了勝利的保證。在丘陵堤防行軍，必須占領它向陽的一面，並把主要側翼背靠著它。這些對於用兵有利的措施，是利用地形作為輔助條件的。上游下雨，洪水突至，不要徒步涉水，應等待水流稍平穩之後。凡是在有「絕澗」、「天井」、「天牢」、「天羅」、「天陷」、「天隙」的地方，必須迅速離開，不要接近。我們應遠離這種地形，讓敵人去靠近它；我們應面向這種地形，而讓敵人去背靠它。軍隊兩旁遇到有險峻的隘路、湖沼、水網、蘆葦、山林和草木茂盛的地方，必須謹慎地反覆搜索，這些都是敵人可能隱藏伏兵的地方。

敵近而靜者，恃其險也；遠而挑戰者，欲人之進也。其所居易者，利也。眾樹動者，來也；眾草多障者，疑也。鳥起者，伏也；獸駭者，覆也。塵高而銳者，車來也；卑而廣者，徒來也；散而條達者，薪來也；少而往來者，營軍也。辭卑而益備者，進也；辭強而進驅者，退也。輕車先出，居其側者，陳也；無約而請和者，謀也；奔走而陳兵者，期也；半進半退者，誘也。杖而立者，飢也；汲而先飲者，渴也；見利而不進者，勞也。鳥集者，虛也；夜呼者，恐也；軍擾者，將不重也；旌旗動者，亂也；吏怒者，倦也。粟馬肉食，軍無懸甄，不返其舍者，窮寇也。諄諄翕翕，徐言入入者，失眾也；數賞者，窘也；數罰者，困也；先暴而後畏其眾者，不精之至也。來委謝者，欲休息也。兵怒而相迎，久而不合，又不相去，必謹察之。

敵人離我很近而仍保持鎮靜的，是依仗他占領險要地形；敵人離我很遠而來挑戰的，是想誘我前進；敵人之所以駐紮在平坦地方，是因為對他有某種好處。許多樹木搖動，是敵人隱蔽前來；草叢中有許多遮障物，是敵人布下的疑陣，群鳥驚飛，是下面有伏兵；野獸駭奔，是敵人大舉突襲，塵土高而尖，是敵人的戰車馳來；塵土低而寬廣，是敵人的步兵奔來；塵土疏散飛揚，是敵人正在曳柴而走；塵土少而時起時落，是敵人正在紮營。敵人使者措辭謙卑卻又在加緊戰備的，是準備進攻；措辭強硬而軍隊又做出前進姿態的，是準備撤退。輕車先出動，部署在兩翼的，是在布列陣勢；敵人尚未受挫而來講和的，是另有陰謀；敵人急速奔跑並排兵列陣的，是企圖約期與我決戰；敵人半進半退的，是企圖引誘我軍。敵兵倚著兵器而站立的，是飢餓的表現；供水兵打水自己先飲的，是乾渴的表現；敵人見利而不

第貳章 《孫子兵法》各篇詳解　行軍篇

進兵爭奪的，是疲勞的表現。敵人營寨上集聚鳥雀的，下面是空營；敵人夜間驚叫的，是恐慌的表現；敵營驚擾紛亂的，是敵將沒有威嚴的表現；旗幟搖動不整齊的，是敵人隊伍已經混亂的表現；敵人軍官易怒的，是全軍疲倦的表現。用糧食餵馬，殺牲口吃肉，收拾起汲水器具，部隊不返營舍的，是準備拼命突圍的窮寇；低聲下氣與部下講話的，是敵將失去人心；不斷犒賞士卒的，是敵軍沒有辦法。不斷懲罰部屬的，是敵人處境困難；先強暴然後又害怕部下的，是最不精明的將領。派來使者送禮言好的，是敵人想休兵息戰。敵人逞怒與我對陣，但久不交鋒又不撤退的，必須謹慎地觀察他的企圖。

兵非多益，惟無武進，足以併力、料敵、取人而已，夫惟無慮而易敵者，必擒於人。

打仗不在於兵力多，只要不輕敵冒進，並集中兵力，判明敵情，取得部下的信任和支持，也就足夠了。那種既無深謀遠慮而又輕敵的人，必定會被敵人所俘虜。

卒未親附而罰之，則不服，不服則難用也；卒已親附而罰不行，則不可用也。故令之以文，齊之以武，是謂必取。令素行以教其民，則民服；令素不行以教其民，則民不服。令素行者，與眾相得也。

士卒還沒有親近依附就執行懲罰，那麼他們會不服，不服就很難使用。士卒已經親近依附，如果仍不執行軍紀軍法，也不能用來作戰。所以要用懷柔寬仁的手段使他們思想統一，用軍紀軍法的手段使他們整齊一致，這樣就必能取得部下的敬畏和擁戴。平素嚴格貫徹命令，管教士卒，士卒就能養成服從的習慣；平素從來不嚴格貫徹命令，管教士卒，士卒就會養成不服從的習慣。平時命令能貫徹執行的，這表明將帥與兵卒之間相處融洽。

第貳章　《孫子兵法》各篇詳解

行軍篇

題解：

「行」，即行列，行陣，行軍布陣。「軍」，指屯，駐紮之意。「行軍」就是指戰時行軍布陣、駐紮安營的意思。本篇主要論述軍隊在不同的地理條件下如何行軍作戰、駐紮安營以及怎樣根據不同情況觀察判斷敵情等問題。本篇是《孫子兵法》十三篇中較多談到行軍布陣的部分，旨在論述「處軍」、「相敵」和「附眾」三個問題。

179

❶ 處軍
行軍紮營之法

孫子曰：凡處軍、相敵：絕山依谷，視生處高，戰隆無登，此處山之軍也。絕水必遠水；客絕水而來，勿迎之於水內，令半濟而擊之，利；欲戰者，無附於水而迎客；視生處高，無迎水流，此處水上之軍也。絕斥澤，惟亟去無留。若交軍於斥澤之中，必依水草而背眾樹，此處斥澤之軍也。平陸處易，而右背高，前死後生，此處平陸之軍也。凡此四軍之利，黃帝之所以勝四帝也。

行軍作戰的首要環節是「處軍」。所謂「處軍」，處置軍隊之意，就是指作戰中的軍隊在各種不同的地形上應如何行軍、駐紮、打仗。在「處軍」問題上，孫子強調指揮官要善於利用地形，使自己的軍隊經常占據便於作戰、便於生活的有利之處。孫子一共總結了在四種不同地形條件下的處軍之法，這就是所謂的「四軍之利」。這四種「處軍」之法分別為：

一、「處山之軍」。孫子認為，軍隊在通過山地時要靠近有水草的谷地；駐紮時要選擇「生地」，所謂「生地」，是指居高向陽之地；如果敵人已經占據了高地，那麼千萬不要仰攻。這就是「處山之軍」的原則。

二、「處水之軍」。孫子認為軍隊在橫渡江河時，要在距離江河比較遠的地方駐紮；如果敵軍渡河前來進攻己方，那麼就不要在江河中迎擊，而要乘他部分軍隊已經過河、部分軍隊還沒有過河時予以攻擊；如果要與敵軍交戰，那就不要靠近江河迎擊它；在江河地帶駐紮，也要居高向陽，切勿在敵軍下游駐紮或布陣。這就是「處水上之軍」的原則。

三、「處斥澤之軍」。「斥澤」是指鹽鹼沼澤之地。孫子認為當軍隊在通過鹽鹼沼澤地帶時，應迅速離開，不要停留；如果在鹽鹼沼澤地帶與敵軍遭遇，那就要占領有水草而靠近樹林的地方。這就是「處斥澤之軍」的原則。

四、「處平陸之軍」。孫子認為軍隊在平原地帶駐軍，要選擇地勢平坦的地方，最好背靠高處，前低後高。這就是「處平陸之軍」的原則。

半濟而擊：特雷比亞河畔之戰

孫子認為如果敵軍渡河前來進攻己方，那麼就不要在江河中迎擊，而要乘敵部分軍隊已經過河時予以攻擊，即所謂的「半濟而擊」，這樣可以分化敵人的力量，起到事半功倍的效果。歷史上，迦太基軍在波河支流特雷比亞河畔大敗羅馬軍，採用的就是「半濟而擊」的戰術。

迦太基主力軍團
漢尼拔將迦太基的主力軍團列陣於特雷比亞河左岸不遠處。然後再派出小股騎兵部隊渡河，騷擾羅馬軍隊，以激怒羅馬軍隊。

在羅馬軍團有一半已經渡河登岸的時候，漢尼拔向全軍發出了總攻擊的命令。同時，埋伏在河對岸的瑪戈軍也猛烈地攻擊羅馬軍的背後。由於被河水所隔，羅馬軍被一分為二，人數優勢喪失殆盡。沒有多久，羅馬軍就全面潰敗了。

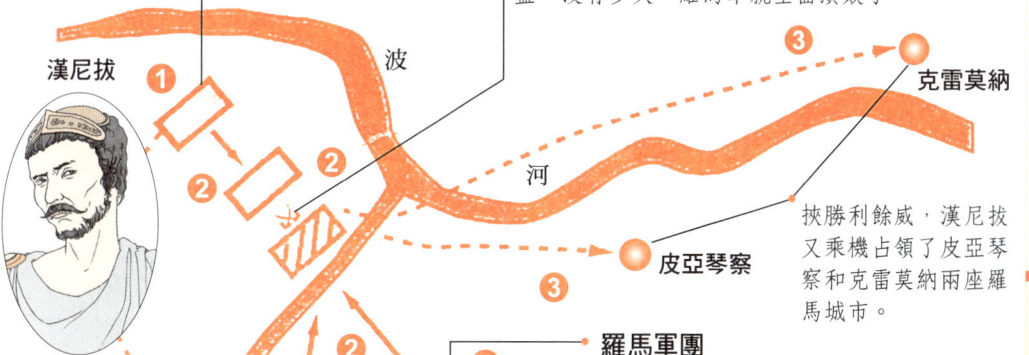

挾勝利餘威，漢尼拔又乘機占領了皮亞琴察和克雷莫納兩座羅馬城市。

羅馬軍團
森普倫尼斯在擊退迦太基的騎兵部隊之後，認為迦太基軍不堪一擊。所以便命令全部的羅馬軍隊渡過特雷比亞河，追擊迦太基軍，企圖一舉全殲敵軍。

迦太基瑪戈軍團
在決戰的前一天晚上，漢尼拔命令其弟弟瑪戈率領一支騎兵悄悄過河，埋伏在離羅馬軍不遠的地方。

圖例：
- 數字序號 表示戰役的階段
- - - -> 各軍行軍路線
- ——> 各軍攻擊路線

戰役背景：
為了爭奪地中海上的霸權，西元前218年，迦太基統帥漢尼拔率領四萬大軍，成功翻越阿爾卑斯山，突然出現在義大利北部平原上，鋒芒直逼羅馬共和國的腹地。羅馬元老院迅速派出以西西里島執政官森普倫尼斯為首的羅馬軍團迎戰。當年的12月，雙方在波河流域的支流特雷比亞河畔進行了一場大決戰。戰前，由於長途行軍，迦太基軍的四萬人只剩下了二萬八千人，而對岸的羅馬軍團卻有四萬人。面對劣勢，漢尼拔制定了「半濟而擊」的戰術。

名詞解釋
漢尼拔

全名漢尼拔·巴卡（西元前247～西元前183年），北非古國迦太基的著名軍事家。他生長的時代正逢古羅馬共和國勢力的崛起。他自小便接受嚴格和艱苦的軍事訓練，並在父親面前發下一生的誓言，要終身與羅馬為敵。成年後，其在軍事及外交活動上均有卓越表現。晚年流亡國外，最終被羅馬所逼服毒而死。

四種地形條件下的「處軍」之法

孫子按照自然界地理環境所具有的不同特點,將其大致分為山、水、斥澤(鹽鹼沼澤之地)和平陸(平原地帶)等四種。在這四種地形上,孫子分別提出了不同的行軍與戰鬥原則。見以下圖表。

山

水

山形地域特點
地勢險要,道路崎嶇,易守難攻之地。在山形地域無論是行軍還是作戰都極耗體力。

水形地域特點
地勢平坦,植被繁茂,因有水阻隔,故對於軍隊的進退會帶來不便。

四種地形下的行軍之法

❶	山形地	在山地行軍,必須靠近有水草的山谷。駐軍時,應將軍隊駐紮在居高向陽的地方。
❷	水形地	在橫渡江河時,應快速通過,不要久留。駐軍時,應遠離水流紮營,而且也要居高向陽。這樣做有兩個用意:一個是可以使自己的軍隊進退無礙;一個是可以避免軍營被水淹的危險。
❸	「斥澤」地	在通過鹽鹼沼澤地帶時,要迅速離開,不要逗留。駐軍時,應靠近水草而背靠樹林。
❹	「平陸」地	可自由進退、駐紮。

> **解析：**
> 孫子為我們提供了在四種典型地形條件下的行軍、作戰方法，其共同點在於：利用地形所形成的優勢，突破其中的障礙與限制，以取得有利的競爭條件。

斥澤

「斥澤」地形特點

「斥澤」即鹽鹼沼澤之地。這種地方生態環境惡劣，不適於人類生存。

平陸

「平陸」地形特點

「平陸」即平原地帶。這種地方地勢平坦，適於行軍和戰鬥。

四種地形下的作戰之法

❶ 山形地	應盡量占據居高向陽、險要之地。如果敵人搶先占領這些地方，那麼我方千萬不可仰攻。
❷ 水形地	如果有敵人渡水來戰，就不要在江河中迎擊他們，最好等他們渡過一半時再攻擊，這樣比較有利。如果要與敵人決戰，就不要在緊靠水邊的地方列陣，這樣會使己方進退不便。
❸ 「斥澤」地	如果在鹽鹼沼澤地帶與敵軍相遇，那就迅速占領靠近水草而背靠樹林的地方。
❹ 「平陸」地	在平原地帶與敵軍決戰，就應該搶先占領開闊地帶，而主要側翼要依託高低，形成前低後高的形勢。這樣對作戰比較有利。

第貳章 《孫子兵法》各篇詳解

行軍篇

❷ 貴陽賤陰
處軍總原則

> 凡軍好高而惡下，貴陽而賤陰，養生而處實，軍無百疾，是謂必勝。丘陵堤防，必處其陽而右背之。此兵之利，地之助也。

孫子在論述了軍隊在四種不同地形之上的「處軍」原則之後，又從中概括總結出了「處軍」的一般規律，這也可以稱之為「處軍」的總原則吧！此外，孫子還提出了要遠離六種地形和在多草木的地區要提防伏兵的觀點。

🏹 貴陽賤陰

孫子概括的駐軍總原則或一般規律是：「凡軍好高而惡下，貴陽而賤陰，養生而處實，軍無百疾，是謂必勝。」意思是說，大凡駐軍總是喜歡乾燥的高地，避開潮溼的窪地；重視向陽之處，避開陰暗之地，靠近水草地區，軍需供應充足，將士百病不生，這樣就有勝利的保障。實際上是說「處軍」要以人為本，只要兵將們身體健康，後勤保障充足，勝利就有保障。

🏹 應該遠離的六種地形

孫子在此特意強調了六種對「處軍」極為不利的地形，告誡將帥在遇到這種地形時，一定要遠遠地躲開，盡早地離去。這六種地形分別是：

(1) 絕澗，毛亨注：「山夾水曰澗。」梅堯臣注：「前後險峻，水橫其中。」
(2) 天井，曹操注：「四方高，中央下為天井。」
(3) 天牢，曹操注：「深山所過若蒙籠者為天牢。」梅堯臣注：「三面環絕，易入難出。」
(4) 天羅，曹操注：「可以羅絕人者為天羅。」梅堯臣注：「草木蒙密，鋒鏑莫施。」
(5) 天陷，曹操注：「地形陷者為天陷。」張預注：「阪地泥濘，漸車凝騎。」
(6) 天隙，曹操注：「山澗道路迫狹，地形深數尺，長數丈者為天隙。」張預注：「道路迫狹，地多坑坎。」

🏹 注意伏兵

孫子認為軍隊在山川險阻、蘆葦叢生的低窪地、草木繁茂的山林地區行動時，要仔細搜索，以防伏兵，因為這些地區容易隱藏伏兵和奸細的地方。

應該遠離的六種地形

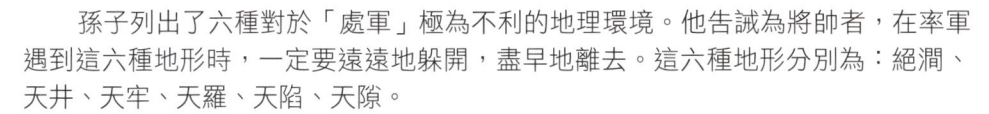

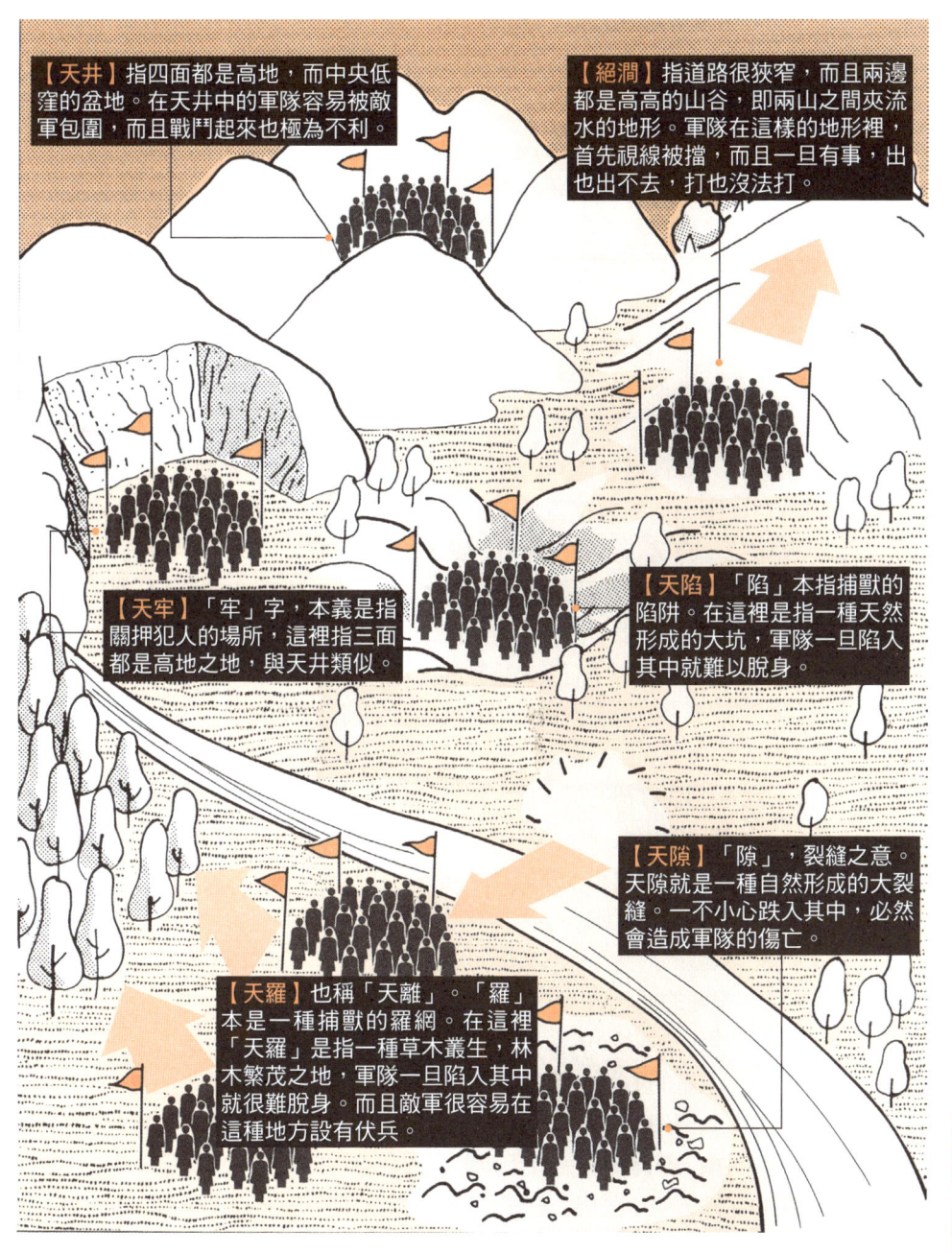

孫子列出了六種對於「處軍」極為不利的地理環境。他告誡為將帥者，在率軍遇到這六種地形時，一定要遠遠地躲開，盡早地離去。這六種地形分別為：絕澗、天井、天牢、天羅、天陷、天隙。

【天井】指四面都是高地，而中央低窪的盆地。在天井中的軍隊容易被敵軍包圍，而且戰鬥起來也極為不利。

【絕澗】指道路很狹窄，而且兩邊都是高高的山谷，即兩山之間夾流水的地形。軍隊在這樣的地形裡，首先視線被擋，而且一旦有事，出也出不去，打也沒法打。

【天牢】「牢」字，本義是指關押犯人的場所，這裡指三面都是高地之地，與天井類似。

【天陷】「陷」本指捕獸的陷阱。在這裡是指一種天然形成的大坑，軍隊一旦陷入其中就難以脫身。

【天隙】「隙」，裂縫之意。天隙就是一種自然形成的大裂縫。一不小心跌入其中，必然會造成軍隊的傷亡。

【天羅】也稱「天離」。「羅」本是一種捕獸的羅網。在這裡「天羅」是指一種草木叢生，林木繁茂之地，軍隊一旦陷入其中就很難脫身。而且敵軍很容易在這種地方設有伏兵。

第貳章　《孫子兵法》各篇詳解

行軍篇

❸ 相敵
如何判斷敵情

　　敵近而靜者，恃其險也；遠而挑戰者，欲人之進也。其所居易者，利也。眾樹動者，來也；眾草多障者，疑也。鳥起者，伏也；獸駭者，覆也。塵高而銳者，車來也；卑而廣者，徒來也；散而條達者，薪來也；少而往來者，營軍也。辭卑而益備者，進也；辭強而進驅者，退也。輕車先出，居其側者，陳也；無約而請和者，謀也；奔走而陳兵者，期也；半進半退者，誘也。杖而立者，飢也；汲而先飲者，渴也；見利而不進者，勞也。鳥集者，虛也；夜呼者，恐也；軍擾者，將不重也；旌旗動者，亂也；吏怒者，倦也。粟馬肉食，軍無懸甀，不返其舍者，窮寇也。諄諄翕翕，徐言入入者，失眾也；數賞者，窘也；數罰者，困也；先暴而後畏其眾者，不精之至也。來委謝者，欲休息也。兵怒而相迎，久而不合，又不相去，必謹察之。

　　行軍時，軍隊處在運動之中，隨時都有可能會遭遇到敵人的正面迎擊與兩側伏擊，因而指揮者有必要掌握相敵料敵的方法，進而及時、敏銳地觀察和判斷敵情。在這一方面，孫子從實踐經驗中總結出了三十二種在冷兵器作戰時代如何根據各種客觀表現，作出敵情判斷的方法。這些方法分別是：

（1）敵軍離我很近而仍保持鎮靜的，是因為它倚仗有險要的地形。
（2）敵軍離我很遠而又來挑戰的，是企圖引誘我前進。
（3）敵軍之所以不占據險要地區而在平原地帶駐紮下來，定有它的好處和用意。
（4）見到樹林裡的很多樹木都在搖動，可能是因為有敵軍向我襲來。
（5）在草叢中裝設有許多遮蔽物，那可能是敵人企圖迷惑我。
（6）鳥兒突然飛起，是因為下面藏有伏兵。
（7）野獸受驚猛跑，是因為有敵人大舉來襲。
（8）飛塵的形狀高而尖的，是敵人的戰車正向我駛來。
（9）飛塵的形狀低而廣的，是敵人的步兵正向我襲來。
（10）飛塵的形狀分散而細長的，是敵人正拖著柴禾行走。
（11）飛塵的形狀少而時起時落的，是敵軍正在安營紮寨。
（12）敵方使者言辭謙卑而實際上又在加緊戰備的，是要向我進攻。
（13）敵方使者言辭強硬而軍隊又向我逼近的，是準備撤退。
（14）敵方戰車先出並占據側翼的，是布列陣勢，準備作戰。

（15）敵方沒有預先約定而突然來請求議和的，其中必有陰謀。
（16）敵方急速奔走並展開兵車的，是想要與我交戰。
（17）敵軍半進半退的，可能是偽裝混亂來引誘我軍。
（18）敵兵倚仗手中的兵器站立的，是飢餓缺糧的表現。
（19）敵兵的供水兵打水而急於自己先飲的，是乾渴缺水的表現。
（20）敵人見利而不前進的，是疲勞過度的表現。
（21）敵方營寨上有飛鳥停集的，說明下面的營寨已空虛無人。
（22）敵營夜間有人驚呼的，說明敵軍心裡恐懼。
（23）敵營紛擾無秩序的，是其將帥沒有威嚴的表現。
（24）敵營旌旗亂動的，說明敵軍的陣形已經混亂。
（25）敵軍官吏急躁易怒，是全軍過度疲倦的表現。
（26）敵人用糧食餵馬，殺牲口吃肉，收起炊具，不返回營寨的，是準備拼命突圍的「窮寇」。
（27）低聲下氣與部下講話的，是敵軍將領失去人心的表現。
（28）再三犒賞士卒的，說明敵軍已沒有別的辦法。
（29）一再重罰部屬的，是敵軍陷於困境的表現。
（30）將帥先對士卒凶暴，然後又畏懼士卒的，說明其太不精明。
（31）敵人派使者來送禮言好的，是想休兵息戰。
（32）敵軍盛怒前來，但久不接戰，又不離去，必須謹慎觀察其企圖。

相敵三十二法

相敵三十二法

根據敵軍的外部表現，以判斷敵軍的意圖

原文	釋義
敵近而靜者，恃其險也。	敵軍離我很近而仍保持鎮靜的，是因為它倚仗險要的地形。
遠而挑戰者，欲人之進也。	敵軍離我很遠而又來挑戰的，是企圖引誘我前進。
其所居易者，利也。	敵軍不占據險要地區在平原地帶駐紮下來，定有它的好處和用意。
眾草多障者，疑也。	在草叢中裝設有許多遮蔽物，可能是敵人企圖迷惑我。
辭卑而益備者，進也。	敵方使者言辭謙卑而實際上又在加緊戰備的，是要向我進攻。
辭強而進驅者，退也。	敵方使者言辭強硬而軍隊又向我逼近的，是準備撤退。
輕車先出，居其側者，陳也。	敵方戰車先出並占據側翼的，是布列陣勢，準備作戰。
無約而請和者，謀也。	敵方沒有預先約定而突然來請求議和的，其中必有陰謀。
奔走而陳兵者，期也。	敵方急速奔走並展開兵車的，是想要與我交戰。
半進半退者，誘也。	敵軍半進半退的，可能是偽裝混亂來引誘我軍。
來委謝者，欲休息也。	敵人派使者來送禮言好的，是想休兵息戰。
兵怒而相迎，久而不合，又不相去，必謹察之。	敵軍盛怒前來，但久不接戰，又不離去，那可能是正有敵軍向我襲來。
眾樹動者，來也。	見到樹林裡的很多樹木都在搖動，那可能是正有敵軍向我襲來。
鳥起者，伏也。	鳥兒突然飛起，是因為下面藏有伏兵。
獸駭者，覆也。	野獸受驚猛跑，是因為有敵人大舉來襲。
塵高而銳者，車來也。	飛塵的形狀高而尖的，是敵人的戰車正向我駛來。

188

孫子特意總結了「相敵」（觀察敵情）、「料敵」（判斷敵情）的一系列方法，共有三十二種，被稱為「相敵三十二法」。這三十二種方法還可以按照一定的標準將其分為三類，分別是：（1）根據敵軍的外部表現，以判斷敵軍的意圖；（2）根據客觀環境的變化，以判斷敵軍的行動；（3）根據敵軍的內部表現，以判斷敵軍的狀態。

第貳章 《孫子兵法》各篇詳解 — 行軍篇

根據客觀環境的變化，以判斷敵軍的行動

- **卑而廣者，徒來也。** — 飛塵的形狀低而廣的，是敵人的步兵正向我襲來。
- **散而條達者，薪來也。** — 飛塵的形狀分散而細長的，是敵人正拖著柴禾行走。
- **少而往來者，營軍也。** — 飛塵的形狀少而時起時落的，是敵軍正在安營紮寨。
- **鳥集者，虛也。** — 敵方營寨上有飛鳥停集的，說明下面的營寨已空虛無人。
- **杖而立者，飢也。** — 敵兵倚仗手中的兵器站立的，是飢餓缺糧的表現。

根據敵軍的內部表現，以判斷敵軍的狀態

- **汲而先飲者，渴也。** — 敵兵的供水兵打水而急於自己先飲的，是乾渴缺水的表現。
- **見利而不進者，勞也。** — 敵人見利而不前進的，是疲勞過度的表現。
- **夜呼者，恐也。** — 敵營夜間有人驚呼的，說明敵軍心裡恐懼。
- **軍擾者，將不重也。** — 敵營紛擾無秩序的，是其將帥沒有威嚴的表現。
- **旌旗動者，亂也。** — 敵營旌旗亂動的，說明敵軍的陣形已經混亂。
- **吏怒者，倦也。** — 敵軍官吏急躁易怒，是全軍過度疲倦的表現。
- **粟馬肉食，軍無懸甄，不返其舍者，窮寇也。** — 敵人用糧食餵馬，殺牲口吃肉，收起炊具，不返回營寨的，是準備拼命突圍的窮寇。
- **諄諄翕翕，徐言入入者，失眾也。** — 低聲下氣與部下講話的，是敵軍將領失去人心的表現。
- **數賞者，窘也。** — 再三犒賞士卒的，說明敵軍已沒有別的辦法。
- **數罰者，困也。** — 一再重罰部屬的，是敵軍陷於困境的表現。
- **先暴而後畏其眾者，不精之至也。** — 將帥先對士卒凶暴，然後又畏懼士卒的，說明其太不精明。

❹ 令之以文，齊之以武
將帥的治軍方法（一）

> 卒未親附而罰之，則不服，不服則難用也；卒已親附而罰不行，則不可用也。故令之以文，齊之以武，是謂必取。令素行以教其民，則民服；令素不行以教其民，則民不服。令素行者，與眾相得也。

軍隊「以治為勝」，不經過整治訓練的軍隊不過是烏合之眾，不堪一擊。為此，孫子在〈行軍篇〉中提出了治理軍隊的一系列行之有效的原則與方法。

令之以文，齊之以武

這是孫子治軍思想的核心。它既強調「文」的一手，要求用仁德、道義教育士卒，使之從思想上明白為什麼要打仗等一系列重要的問題；同時又強調「武」的一手，要求用軍紀、軍法來統一士卒的行動步調，使之形成一股整體的力量。孫子認為，軍隊只要「令之以文，齊之以武」，就可以所向披靡，取得勝利。中國遠古時代有三次著名的征戰：夏啟戰有扈氏，商湯伐夏桀，周武王伐商紂，就非常突出地表現了「令之以文，齊之以武」的治軍思想。夏啟、商湯、周武王在宣誓起兵時，首先進行政治教育，強調討伐戰爭的正義性。以武王伐紂為例。周武王在決戰前對全體將士說：「現在殷紂王廢棄祖先的享祭，不報答神恩；捨去他的國家，不信任自己的兄弟，卻對天下的罪犯都很尊重和信任，讓他們來暴虐百姓，擾亂社會。我現在討伐他就是執行上天對他的懲罰。」在進行政治教育的同時，他們又頒布嚴明的軍事紀律。例如，周武王說：「如果有誰不聽從命令，那麼他將會受到懲罰。」正是依靠正面的道德教育和嚴明的軍事紀律，夏啟、商湯、周武王最終才能戰勝各自的對手，建立新的王朝。

令素行以教其民

「令之以文，齊之以武」不是僅靠一次戰鬥動員就能完成的。在夏啟、商湯、周武王作臨戰動員前，實際上對軍隊士卒早已進行過大量的、長期的教育訓練工作。正是在這個意義上，孫子進一步強調「令素行以教其民，則民服；令不素行以教其民，則民不服」。強調了平時就加強對民眾與士卒進行教化訓練的重要性。

賞罰分明是治軍的一大原則

嚴明的軍事紀律是使軍隊保持強大戰鬥力的保證。而一支軍隊要保持嚴明的紀律，最重要的是要做到賞罰分明。賞罰分明通常包括雙重含義，一是什麼事該賞，什麼事該罰，這二者要明確；二是，確保該賞的時候就賞，該罰的時候就罰，不要因人而異。將帥賞罰分明，部下就會擁護他，軍隊就有戰鬥力；將帥賞罰不明，部下就會抵觸他，軍隊就沒有戰鬥力。

丞相饒命啊！

拉出去，斬了。

相關連結

在《三國演義》一書中蜀漢丞相諸葛亮揮淚斬馬謖的故事就是一個賞罰分明的典型例子。馬謖是諸葛亮的軍事參謀，同時也是他的好朋友，可謂是諸葛亮的左膀右臂。但是馬謖大意失街亭（一個重要的軍事據點），致使蜀軍的糧道被斷，進而導致了蜀軍北伐魏國的行動失敗。於是，諸葛亮也堅決地按軍法辦事——殺了馬謖。

戰國時期秦國的軍功獎勵制度

屯長	百將	五百將	主將
五名戰士編為一個名冊，是為一「伍」。「伍」的長官就是屯長。	是指指揮一百名戰士的軍事長官。	是指指揮五百名戰士的軍事長官，可以享有五十名衛兵的待遇。	是指指揮一千名戰士的軍事長官，可以享有一百名衛兵的待遇。

因作戰不力而受懲罰 ｜ 因作戰有功而受獎勵

其戰，百將、屯長不得，斬首
在作戰時，百將和屯長作戰不力，就斬首。

得三十三首以上盈論，百將屯長賜爵一級
得到了三十三顆敵人的首級，則滿了規定的數目，百將和屯長就賜長一級爵位。

第貳章 《孫子兵法》各篇詳解　行軍篇

十、地形篇

孫子曰：地形有通者，有掛者，有支者，有隘者，有險者，有遠者。我可以往，彼可以來，曰通。通形者，先居高陽，利糧道，以戰則利。可以往，難以返，曰掛。掛形者，敵無備，出而勝之；敵有備，出而不勝，難以返，不利。我出而不利，彼出而不利，曰支。支形者，敵雖利我，我無出也，引而去之，令敵半出而擊之，利。隘形者，我先居之，必盈之以待敵；若敵先居之，盈而勿從，不盈而從之。險形者，我先居之，必居高陽以待敵；若敵先居之，引而去之，勿從也。遠形者，勢均，難以挑戰，戰而不利。凡此六者，地之道也，將之至任，不可不察也。

孫子說：地形有通形、掛形、支形、隘形、險形、遠形六種。我們可以去，敵人可以來的地區叫通形。在通形地區，應當占據視野開闊的高地，並保持糧道暢通，這樣作戰就有利。可以去，卻難以返回的地區叫掛形。在掛形地區，如果敵人沒有防備，突然攻擊就可以戰勝他；如果敵人有防備，攻擊不能取勝，再難以返回，形勢就不利了。我軍出擊不利，敵軍出擊也不利的地區叫支形。在支形地區，敵人即使以利益引誘我，那也不要出擊，而應率領軍隊假裝逃走，待敵軍追擊一半時再回兵攻擊，這樣就有利。在隘形地區，我們要先敵占領，並用重兵封鎖隘口，等待敵人的到來。如果敵人先占了隘口，並用重兵據守，那就不要去打；如果敵人沒有用重兵封鎖之，則可以去打。在險形地區，如果我軍先敵占領，一定要控制開闊的高地，等待敵人來攻；如果敵人先占，就應率軍撤退，不要去打。在遠形地區，雙方地勢相同，最好不要與之戰鬥，即使勉強求戰，也不容易獲勝。以上六條，是利用地形的原則。這是將帥的重大責任所在，是不可以不認真考察研究的。

故兵有走者，有弛者，有陷者，有崩者，有亂者，有北

者。凡此六者，非天地之災，將之過也。夫勢均，以一擊十，曰走。卒強吏弱，曰弛。吏強卒弱，曰陷。大吏怒而不服，遇敵懟而自戰，將不知其能，曰崩。將弱不嚴，教道不明，吏卒無常，陳兵縱橫，曰亂。將不能料敵，以少合眾，以弱擊強，兵無選鋒，曰北。凡此六者，敗之道也，將之至任，不可不察也。

作戰上有六種必敗的情況，分別是「走」、「弛」、「陷」、「崩」、「亂」、「北」。這六種情況，不是天時地理等客觀原因造成的，而是將帥的過錯造成的。凡是地形一樣而以一攻十的，必然失敗，這叫「走」。士卒強橫，而軍官軟弱的，指揮必然鬆散，這叫「弛」。軍官強橫，而士卒軟弱的，戰鬥力一定差，這叫「陷」。偏將不服從指揮，遇到敵人擅自率軍出戰，主將又不了解他們的能力，必然如山崩潰，這叫「崩」。將帥軟弱又無威嚴，治軍沒有章法，官兵關係混亂緊張，布陣雜亂無序，必然自己搞亂自己，這叫「亂」。將帥不能正確判斷敵情，以少擊眾，以弱擊強，作戰又沒有尖刀分隊，必然失敗，這叫「北」。以上這六種情況，都是造成失敗的原因，也是將帥的重大責任所在，是不可以不認真考察研究的。

夫地形者，兵之助也。料敵制勝，計險易、遠近，上將之道也。知此而用戰者必勝，不知此而用戰者必敗。故戰道必勝，主曰無戰，必戰可也；戰道不勝，主曰必戰，無戰可也。故進不求名，退不避罪，惟民是保，而利合於主，國之寶也。

地形是用兵的輔助條件。為奪取勝利而判斷敵情，分析地形的險易情況，計算道路遠近，這都是高明的將領必須掌握的方法。懂得這些道理去指揮作戰的，就會取得勝利；不懂這些道理去指揮作戰的，就會失敗。遵照戰爭規律分析，有必勝把握的，即使國君說不打，要打也是可以的；遵照戰爭規律分析，沒有必勝把握的，即使國君說要打，不打也是可以的。前進不企求戰勝的名聲，後退不迴避違命的責任，只求保全民眾符合國君的利益，這樣的將帥，是國家的寶貴財富。

視卒如嬰兒，故可與之赴深谿；視卒如愛子，故可與之俱死。厚而不能使，愛而不能令，亂而不能治，譬若驕子，不可用也。

像對待嬰兒一樣對待士卒，士卒就可以跟他共赴患難；像對待自己的愛子一樣對待士卒，士卒就可以跟他同生共死。厚待而不使用士卒，溺愛而不教育士卒，違法而不懲治士卒，那就好像驕慣的子女一樣，是不能用來作戰的。

知吾卒之可以擊，而不知敵之不可擊，勝之半也。知敵之可擊，

而不知吾卒之不可以擊，勝之半也。知敵之可擊，知吾卒之可以擊，而不知地形之不可以戰，勝之半也。故知兵者，動而不迷，舉而不窮。故曰：知彼知己，勝乃不殆；知天知地，勝乃可全。

　　只知道自己的部隊能打，而不知道敵人不能打，勝利的機會只有一半；知道敵人可以打，而不知道自己的部隊不能打，勝利的機會也只有一半；知道敵人可以打，也知道自己的部隊能打，但不知道地形不利於作戰，勝利的機會還是只有一半。所以懂得用兵的人，他行動起來絕不會迷惑，他的戰術變化不會匱乏。所以說，了解對方，了解自己，爭取勝利就不會有危險；懂得天時，懂得地利，勝利就可保萬全。

題解：
「地形」即「軍事地形」。這裡所謂的「地形」，主要是根據會戰的要求，按攻守進退之便而劃分，偏重形勢特點。它與〈行軍篇〉中所述的處軍之地不同，處軍之地是講行軍時的地形依託，偏重地貌；與〈九地篇〉中所述的「九地」也不同，「九地」往往是從主客形勢方面論述，偏重區域性。本篇集中論述了利用地形的意義以及軍隊在不同地形條件下進行作戰的基本原則。孫子把野戰地形進行了詳細分類，並就這些具體的地形條件，提出了具體而又實用的用兵法則。本篇旨在論述地有無形、兵有無敗、為將責任和養兵原則等問題。

第貳章 《孫子兵法》各篇詳解

地形篇

❶ 六地
在六種地形條件下的作戰原則

孫子曰：地形有通者，有掛者，有支者，有隘者，有險者，有遠者。

孫子認為地形與作戰有著密切的關係：地形是用兵的輔助條件，如果運用得好，它可以使軍隊如虎添翼；如果運用得不好，它就是兵敗的陷阱。這就是孫子在〈地形篇〉中所說的「夫地形者，兵之助也」的道理。孫子純粹從作戰的角度，按照地形所具有的天然特點將其分為六種，即通、掛、支、隘、險、遠。孫子認為，軍隊在這六種地形中作戰，應該運用不同的作戰原則。運用得當，就會增強自己的實力；運用不當，就會削弱自己的實力。這六種地形以及其各自的作戰原則如下：

一、「通」形地，是指我們可以去，敵人也可以來的地區。在這樣的地區作戰，應該先占據視野開闊的高地，保持糧道的暢通，作戰就有利。

二、「掛」形地，指可以前去，但難以返回的地區。在這地區作戰，如果敵人沒有防備，就可以採用突然襲擊的方式戰勝他；如果敵人已經有防備，即使出擊也很難取勝。戰又勝不了，退又回不來，那時的處境就不妙了。

三、「支」形地，是指敵對雙方都可以據險對峙，不宜於發動進攻的地區。在這樣的地區作戰，最好不要強行進攻敵人，而應該假裝撤退，等敵人因追擊我而離開陣地的時候再回擊他。

四、「隘」形地，是指夾在兩山之間的狹窄、險要地帶。這種地區，我軍應率先搶占，並用重兵封鎖隘口；如敵軍搶先占領，且重兵把守，則不可進攻；如敵軍搶先占領，但兵力衰微，則可出擊。

五、「險」形地，是指地勢險峻、行動不便的地帶。這種地區，我軍應搶先占領，占據地勢較高、向陽一面的制高點以待敵軍；如敵軍搶先占領，我軍應主動撤退，萬不可進攻。

六、「遠」形地，是指距離敵我營壘都很遙遠的地方。在這種地區，如果敵我雙方實力相當，不宜挑戰，若勉強出戰，是不容易取得勝利的。

根據上述的道理，孫子進一步強調了為將帥者要重視對地形的研究，即「料敵制勝，計險易、遠近，上將之道也」、「知此而用戰者必勝，不知此而用戰者必敗」。

六種作戰地形

地形對於作戰具有重要意義。地形主要分為六種,即通、掛、支、隘、險、遠。在不同的地形上作戰,相應地也要稟承不同的作戰原則和方法。

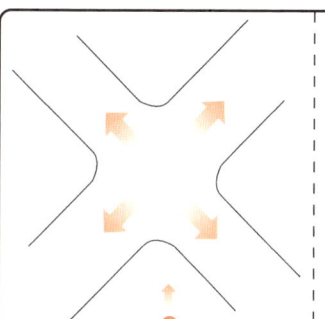

通形地

通,通達之義。通形地就是指四通八達的地區。這樣的地區,我軍可以去,敵軍也可以去。在這樣的地區,誰能搶先占領地勢高且向陽的地方,並且隨時保持己方糧道的暢通,在戰鬥中誰就有利。

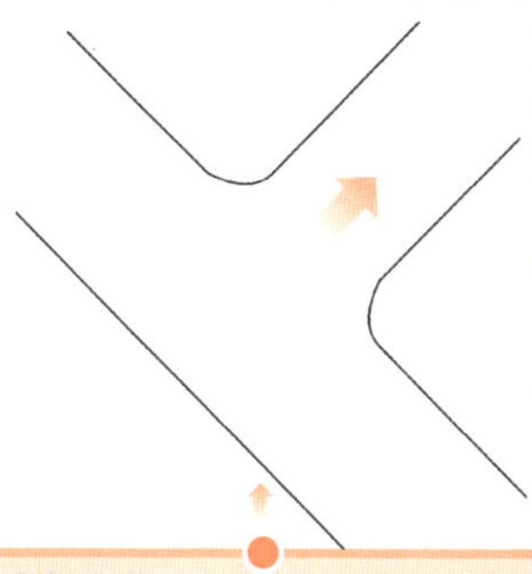

掛形地

掛,懸掛、牽礙之義。掛形地是指那些可以前往,但難以返回的地區。在這樣的地區作戰,有兩種變化:一是,在敵軍沒有防備的情況下,可突然襲擊;二是,在敵軍已有防備的情況下,不可貿然進攻,否則一旦不能取勝而又難以返回,會對己方非常不利。

支形地

支,支撐、支持之義。支形地是指敵對雙方都可以據險對峙,不宜於發動進攻的地區。在這樣的地區作戰,最好不要強行進攻敵人,而應該假裝撤退,等敵人因追擊我而離開陣地的時候再回擊他。

隘形地

隘形地,是指夾在兩山之間的狹窄、險要地帶。這種地區,我軍應率先搶占,並用重兵封鎖隘口;如敵軍搶先占領,且重兵把守,則不可進攻;如敵軍搶先占領,但兵力衰微,則可出擊。

險形地

險,險要、險惡之義。險形地是指地勢險峻、行動不便的地帶。這種地區,我軍應搶先占領,占據地勢較高、向陽一面的制高點以待敵軍;如敵軍搶先占領,我軍應主動撤退,萬不可進攻。

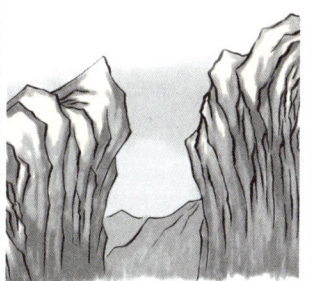

遠形地

遠形地,是指距離敵我營壘都很遙遠的地方。在這種地區,如果敵我雙方實力相當,不宜挑戰,若勉強出戰,是不容易取得勝利的。

❷ 六過
將帥的治軍方法（二）

> 故兵有走者，有弛者，有陷者，有崩者，有亂者，有北者。凡此六者，非天之災，將之過也。

　　孫子從軍隊內部組織管理的角度總結出了六種必然會招致失敗的情況。這六種情況分別是：走、弛、陷、崩、亂、北。而且孫子還認為，招致這六種情況出現的原因都是出於將帥的過錯，即「非天地之災，將之過也」。為此，他再三強調將帥要深刻認識自己在戰爭過程中所肩負的重大責任，認真考察研究因治軍或用兵決策失誤造成的歷史教訓，作為自己的鑑戒。孫子總結的將帥致敗「六過」，是前人血的教訓的凝結，是領導決策學與軍事管理學中的智慧篇章，值得我們高度重視。這「六過」的詳細解釋如下：

　　一、走：是指在敵我條件相當的情況下，如果攻擊十倍於我的敵人，因而招致失敗的，叫做「敗走」。顯然，「走」之過在於將帥不知「眾寡之用」，犯了兵家大忌。

　　二、弛：是指軍隊必須有嚴格的逐級指揮系統，卒強吏弱，士卒桀驁不馴，各自為戰，將官軟弱無能，勢必會因內部關係鬆弛而導致失敗。

　　三、陷：是指將吏本領高強，士卒未經訓練，怯弱無力，這樣的軍隊一擊就垮，將吏必然陷進失敗的泥坑。要轉敗為勝，唯一的辦法就是在作戰前加強對士卒的訓練。

　　四、崩：是指偏將怨怒而不服從指揮，遇到敵人憤然擅自出戰，主將又因不了解他的能力而未加控制，這樣的軍隊必然要崩潰。

　　五、亂：是指主將軟弱，缺乏威嚴，訓練教育不明，吏卒無所遵循，布陣雜亂無章，這樣的軍隊必然因混亂而潰敗。

　　六、北：是指將帥不能料敵，是不「知彼」；將帥指揮作戰時以少擊眾，以弱擊強，兵無先鋒，是不「知己」。知彼知己，才能百戰不殆；不知彼不知己，不會用兵，必然每戰必敗。這是將帥用兵的最大過失。

軍隊內部組織關係的六種錯誤情況

在〈行軍篇〉中提到的「令之以文，齊之以武」，是孫子關於治軍的總原則。在本篇中，孫子又從軍隊內部的組織關係的角度闡述了將帥應該如何治軍的問題。孫子認為，在這方面通常存在六種典型的錯誤情況，它們是：走、弛、陷、崩、亂、北。這六種情況是每一名合格的、優秀的將帥都必須極力避免的。

六過

導致作戰失敗的原因很多，之所以稱之為六過，主要是就軍隊內部組織關係這一方面而言的。

走
走，本義是指小跑、奔等，此處特指因失敗而逃跑。凡是地形一樣而以一攻十的，必然失敗，這就是走。

弛
指將帥懦弱而士卒強悍，這必然導致指揮失效，紀律渙散。曹操注：「吏不能統，故弛壞。」張預注：「士卒豪強，將吏懦弱，不能統轄約束，故軍政弛壞。」

陷
指將帥雖然強硬，但士卒的戰鬥力卻弱，這樣在作戰時，會造成將帥孤身奮戰，力不能支，而最終導致失敗的發生。曹操注：「吏強欲進，卒弱輒陷，敗也。」

崩
指偏將不服從主將的指揮，遇到敵人便擅自率軍出戰，而主將又不了解他的能力，這必然導致軍隊指揮的混亂，就如大山之崩潰。

亂
指將帥軟弱又無威嚴，治軍沒有章法，官兵關係混亂緊張，布陣雜亂無序，必然自己搞亂自己，進而導致失敗。

北
北，在這裡指敗北，古人常以「北」表示因戰敗而逃走。指將帥不能正確判斷敵情，以少擊多，以弱擊強，作戰又沒有尖刀分隊，這必然導致失敗。

以上是由於將帥指揮不當而必然導致作戰失利的六種情況。那麼將帥應該怎樣做才能避免出現上述情況呢？其實並不難，只要與上述六種情況相反就可以了。即主將英明強幹、納諫如流，下屬服從命令、聽指揮，全軍上下眾志成城、團結一心，便可立於不敗之地。

第貳章 《孫子兵法》各篇詳解　地形篇

❸ 愛而不驕
將帥的治軍方法（三）

> 視卒如嬰兒，故可與之赴深谿；視卒如愛子，故可與之俱死。厚而不能使，愛而不能令，亂而不能治，譬若驕子，不可用也。

　　上節所說的將帥「六過」是從表面上對軍隊混亂關係的描述。那麼造成這些混亂關係的深層原因又是什麼呢？孫子認為，造成軍隊內部將帥與部下混亂關係的根本原因，在於為將帥者不能以正確的態度對待士卒。孫子認為，將帥對待部下的正確態度是應視士卒為「愛子」。這包括兩個方面的含義：一是不要虐待士卒，一是不要過分地溺愛士卒。

　　孫子認為將帥「視卒如嬰兒，故可與之赴深谿；視卒如愛子，故可與之俱死」。據《史記》記載，戰國時，吳起在魏國擔任將領，他的飲食和衣著全都與最下級的士卒一樣，晚上睡覺不另加鋪蓋，行軍時不騎馬乘車，糧食自己背，武器自己扛，與士卒同甘共苦。部下有患皮膚腫爛病的，他見到後會毫無顧忌地趴下來為其吸出膿汁。這名戰士的母親聽到這個消息，不禁失聲痛哭起來。旁人見狀後勸慰她說：「你兒子只是一名戰士，而吳起貴為上將，他親自為你兒子吸出潰瘡的膿汁，你應該感到光榮才對，為什麼要哭呢？」那位母親解釋說：「這事你們就有所不知了。往年吳公曾為我孩子的父親吸過膿瘡，孩子的父親為報答他的恩情，作戰時非常賣力，結果沒多久就戰死在戰場上。而今吳公又為我的孩子吸吮膿瘡，我不知孩子在什麼時候又會為他賣命而死呢！想到這一點，我就禁不住要哭起來了。」正因如此，吳起深受全軍上下的愛戴，屢建奇功。

　　孫子在倡導將帥應視士卒如「愛子」的同時，嚴厲批評那種對士卒「厚而不能使，愛而不能令，亂而不能治，譬若驕子」的錯誤做法，認為這樣的軍隊是不能用來打仗的。要治好「驕子」，培養一支有戰鬥力的隊伍，就必須嚴肅法紀。

關愛但不溺愛

　　一支軍隊要保持良好的紀律，採用正確的制度只是一方面，另一方面，為將帥者對待士卒的態度也很關鍵。孫子認為，為將帥者如果能像對待兒子一樣愛護自己的士卒，那麼士卒就會與將帥一起同生共死。但這種愛護不要變成溺愛，否則就會過猶不及。

過分地愛護士卒，就會嬌慣士卒。這時，愛護就蛻變成了溺愛。溺愛就是過猶不及，只會起到相反的效果，最終會葬送這支軍隊。如圖中所示，為將帥者站在軍營的中間無奈地看著自己已經喝得爛醉如泥的士卒。這就是平時溺愛的結果，也就是孫子所說的：「厚而不能使，愛而不能令，亂而不能治，譬若驕子，不可用也。」

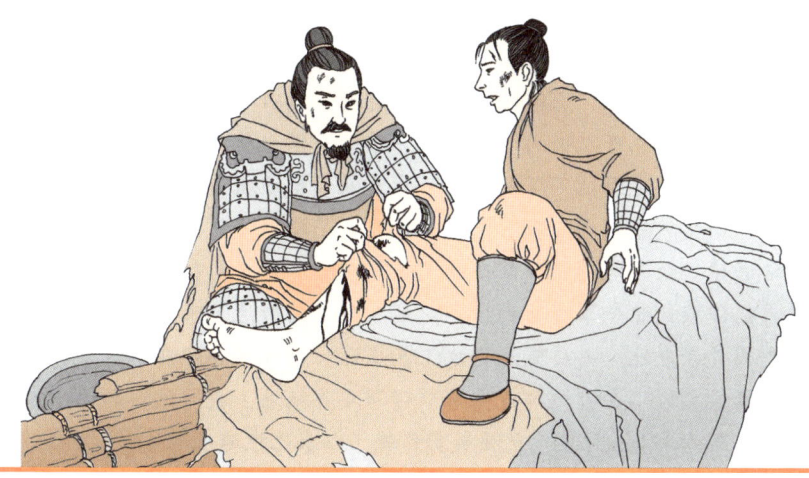

只有正確關愛士卒，才能取得積極的效果，使軍隊緊緊地團結在將帥的周圍。如圖中所示，在一場戰役過後，為將帥者能夠親自為那些受傷的士卒療傷上藥，可以說就是做到了關愛而不溺愛。

十一、九地篇

孫子曰：用兵之法，有散地，有輕地，有爭地，有交地，有衢地，有重地，有圮地，有圍地，有死地。諸侯自戰其地者，為散地。入人之地而不深者，為輕地。我得則利，彼得亦利者，為爭地。我可以往，彼可以來者，為交地。諸侯之地三屬，先至而得天下之眾者，為衢地。入人之地深，背城邑多者，為重地。山林、險阻、沮澤，凡難行之道者，為圮地。所由入者隘，所從歸者迂，彼寡可以擊吾之眾者，為圍地。疾戰則存，不疾戰則亡者，為死地。是故散地則無戰，輕地則無止，爭地則無攻，交地則無絕，衢地則合交，重地則掠，圮地則行，圍地則謀，死地則戰。

孫子說：按照用兵的法則劃分，地形有散地、輕地、爭地、交地、衢地、重地、圮地、圍地、死地之分。諸侯在本國境內作戰的，是散地。在敵國淺近縱深作戰的，是輕地。對我軍有利，對敵軍也有利的，是爭地。我軍可以來，敵軍也可以去的，是交地。臨近多國邊境，先得到就可以獲得諸侯援助的地區，是衢地。深入敵境，背靠敵人眾多城池的，是重地。難以通行的，如山嶺、森林、險阻、沼澤等地區，是圮地。前進的道路狹隘，撤軍的道路遙遠，敵軍能夠以少擊多的，是圍地。迅速而勇猛作戰就能生存，不迅速勇猛作戰就會全軍覆滅的，是死地。所以在散地，不宜作戰；在輕地，不宜久留；在爭地，不要貿然進攻；在交地，行軍隊列不要斷絕；在衢地，應與各諸侯交好；在重地，就要奪取糧草；在圮地，就要迅速通過；在圍地，就要使用計謀；在死地，就要英勇作戰，以求死裡逃生。

所謂古之善用兵者，能使敵人前後不相及，眾寡不相恃，貴賤不相救，上下不相收，卒離而不集，兵合而不齊。合於利而

動，不合於利而止。敢問：敵眾以整，將來，待之若何？曰：先奪其所愛，則聽矣。兵之情主速，乘人之不及，由不虞之道，攻其所不戒也。

古時善於指揮作戰的人，能使敵人前後部隊不能相應，主力和小部隊不相依靠，官兵不相救援，上下級失去聯繫，士兵散亂不能集中，作戰時陣形也不整齊。對我有利就打，對我不利就不打。請問：「如果有一支人數很多且又陣勢嚴整的敵軍向我進攻，用什麼方法對付他呢？」回答是：「先奪取敵人最關鍵的有利條件，就能使他不得不聽從我的擺布了。」用兵的道理，貴在神速，乘敵人手足無措的時候，走敵人意想不到的道路，攻擊敵人毫無防備的地方。

凡為客之道，深入則專，主人不克；掠於饒野，三軍足食；謹養而勿勞，併氣積力；運兵計謀，為不可測。投之無所往，死且不北。死，焉不得士人盡力。兵士甚陷則不懼，無所往則固，入深則拘，不得已則鬥。是故其兵不修而戒，不求而得，不約而親，不令而信，禁祥去疑，至死無所之。吾士無餘財，非惡貨也；無餘命，非惡壽也。令發之日，士坐者涕霑襟，臥者涕交頤。投之無所往者，諸劌之勇也。

大凡對敵國採取進攻作戰，其規律是，愈深入敵境，軍心士氣愈牢固，敵人愈不能戰勝我軍。在豐饒的田野上掠取糧草，全軍就有足夠的給養；注意休整部隊，不使其過於疲勞，增強士氣，養精蓄銳；部署兵力，巧設計謀，使敵人無法判斷我軍企圖。把部隊置於無路可走的絕境，士卒雖死也不會敗退。既然士卒寧肯死也不退卻，怎麼能得不到上下盡力而戰呢？士卒深陷危險的境地，就不恐懼，無路可走，軍心就會穩固；深入敵國，軍隊就不會渙散。處於這種迫不得已的情況，軍隊就會奮力戰鬥。因此，士卒不用整飭，就能注意戒備；不用強求，就能完成任務；不用約束，就能親附協力；不待發令，就會遵守紀律。禁止迷信，消除部屬的疑慮，他們至死也不會逃避。我軍士兵沒有多餘的錢財，並不是不愛財物；不貪生怕死，也不是不想長命。當作戰命令頒發的時候，士兵們坐著的淚溼衣襟，躺著的淚流滿面。把他們置於無路可走的絕境，就都會像專諸和曹劌一樣勇敢了。

故善用兵者，譬如率然，率然者，恆山之蛇也。擊其首則尾至，擊其尾則首至，擊其中則首尾俱至。敢問：兵可使如率然乎？曰：可。夫吳人與越人相惡也，當其同舟而濟，遇風，其相救也，如左右手。是故方馬埋輪，未足恃也；齊勇若一，政之道也；剛柔皆得，地

之理也。故善用兵者，攜手若使一人，不得已也。

　　善於統領部隊的人，能使部隊像率然蛇。「率然」是恆山的一種蛇。打牠的頭，尾就來救應；打牠的尾，頭就來救應；打牠的腰，頭尾都來救應。請問：「那麼可以使軍隊像『率然』一樣嗎？」回答是：「可以。」你看那吳國人和越國人是互相仇恨的，但當同舟渡河遇到風浪時，他們相互援助就像一個人的左右手。因此想用縛住馬韁，深埋車輪，顯示死戰的決心來穩定部隊，那是靠不住的。要使部隊上下齊力，勇如一人，關鍵在於管理教育有方。要使強弱不同的士卒都能發揮作用，在於適宜地利用地形。所以善於用兵的人，能使全軍攜起手來像一個人一樣，這是因為客觀形勢迫使部隊不得不這樣。

將軍之事，靜以幽，正以治。能愚士卒之耳目，使民無知；易其事，革其謀，使民無識；易其居，迂其途，使民不得慮。帥與之期，如登高而去其梯；帥與之深入諸侯之地，而發其機；若驅群羊，驅而往，驅而來，莫知所之。聚三軍之眾，投之於險，此謂將軍之事也。九地之變，屈伸之利，人情之理，不可不察也。

　　主持軍事之事，要做到考慮謀略冷靜而幽邃，管理部隊嚴整而有條理。要能蒙蔽士卒的視聽，使他們對於軍事行動毫無所知。變更作戰部署，改變原定計畫，使人們無法識破機關。經常改換駐地，故意迂迴行進，使人們推測不出意圖。主帥賦予部屬任務，斷其歸路，就像登高而抽去梯子一樣，將帥令士卒深入諸侯國內，就像擊發弩機射出的箭矢一般勇往直前。對士卒如同驅趕羊群，趕過來，趕過去，使他們不知要到哪裡去。聚集全軍，置於險境，這就是統率軍隊的要務。九種地形的不同處置，攻防進退的利害得失，官兵上下的不同心理狀態，這些都是將帥不能不認真研究和周密考察的。

凡為客之道，深則專，淺則散。去國越境而師者，絕地也；四達者，衢地也；入深者，重地也；入淺者，輕地也；背固前隘者，圍地也；無所往者，死地也。是故散地，吾將一其志；輕地，吾將使之屬；爭地，吾將趨其後；交地，吾將謹其守；

衢地，吾將固其結；重地，吾將繼其食；圮地，吾將進其途；圍地，吾將塞其闕；死地，吾將示之以不活。故兵之情，圍則禦，不得已則鬥，過則從。

進攻作戰規律是：進入敵國愈深，軍心就愈是穩定鞏固；進入敵國愈淺，軍心就容易懈怠渙散。離開本國進入敵境作戰的地區就是絕地，四通八達的地區就是衢地，深入敵國縱深的地區就是重地，進入敵國淺近縱深的地區就是輕地，背有險固前有隘路的地區就是圍地，無處可走的地區就是死地。因此，在散地上，要統一軍隊意志；在輕地上，要使陣營緊密相連；在爭地上，就要使後續部隊迅速跟進；在交地上，就要謹慎防守；在衢地上，就要鞏固與鄰國的結盟；入重地，就要補充軍糧；在圮地，就要迅速通過；陷入圍地，就要堵塞缺口；到了死地，就要顯示死戰的決心，殊死戰鬥。所以，軍事上的情形是：被包圍就會竭力抵抗，形勢險惡、迫不得已就要拼死戰鬥，深陷危境就會聽從指揮。

是故，不知諸侯之謀者，不能預交；不知山林、險阻、沮澤之形者，不能行軍；不用鄉導者，不能得地利。四五者，不知一，非王霸之兵也。夫王霸之兵，伐大國，則其眾不得聚；威加於敵，則其交不得合。是故不爭天下之交，不養天下之權，信己之私，威加於敵，故其城可拔，其國可隳。施無法之賞，懸無政之令，犯三軍之眾，若使一人。犯之以事，勿告以言；犯之以利，勿告以害。投之亡地然後存，陷之死地然後生。夫眾陷於害，然後能為勝敗。故為兵之事，在於順詳敵之意，并敵一向，千里殺將，此謂巧能成事者也。

不了解諸侯各國的戰略動向，就不要與之結交；不熟悉山林、險阻、湖沼等地形，就不能行軍；不使用嚮導，就不能得到地利。這幾方面，有一方面不了解，都不能成為王霸的軍隊，凡是王霸的軍隊。進攻大國就能使敵方的軍民來不及動員集中；兵威加在敵人頭上，就能使他的盟國不能配合策應。因此，不必爭著與天下諸侯結交，也不必在各諸侯國培植自己的勢力，只要伸展自己的戰略意圖，把威力加在敵人頭上，就可以拔取敵人的城邑，毀滅敵人的國都。施行超越慣例的獎賞，頒布打破常規的號令，指揮全軍就如同指揮一個人一樣。賦予作戰任務，但不說明謀略意圖，只告訴他們有利的一面，而不告訴他們有什麼危害。把士卒投入危地，才

能轉危為安；陷士卒於死地，才能轉死為生。軍隊陷入危境，然後才能奪取勝利。所以，指導戰爭這種事，在於謹慎地考察敵人的戰略意圖，集中兵力於主攻方向，千里奔襲，斬殺其將，這就是所謂巧妙用兵實現克敵制勝的目的。

是故，政舉之日，夷關折符，無通其使；厲於廊廟之上，以誅其事。敵人開闔，必亟入之。先其所愛，微與之期。踐墨隨敵，以決戰事。是故，始如處女，敵人開戶；後如脫兔，敵不及拒。

因此，決定戰爭行動的時候，就要封鎖關口，銷毀通行證件，不許敵國使者往來，在廟堂再三謀劃，做出戰略決策。敵方一旦出現間隙，就要迅速乘機而入。首先奪敵戰略要地，但不要輕易約期決戰。破除成規，因敵變化，靈活決定自己的作戰行動。因此，戰爭開始之前要像處女那樣沉靜，誘使敵人鬆懈戒備，暴露弱點；戰爭展開之後，要像逃脫的野兔一樣迅速行動，使敵人措手不及，無力抵抗。

題解：
「九」，泛指數量多。「九地」，指各種複雜地形。〈地形篇〉中的「地」指純粹的自然地理概念，此篇之「地」則加上了環境氛圍等因素。前者從地形的廣狹、險易和距離遠近對排兵布陣的影響的角度論述。後者從深入敵國作戰時在不同地區，因官兵的心理狀態不同，在軍事、政治、經濟、外交上應採取不同作戰原則和處置方法的角度論述。本篇還以較大篇幅論述了適於各環境條件下的重要戰略戰術原則和治軍原則。

第貳章 《孫子兵法》各篇詳解

九地篇

❶ 九地
九種地形及作戰規律

> 孫子曰：用兵之法，有散地，有輕地，有爭地，有交地，有衢地，有重地，有圮地，有圍地，有死地。

九地與六地

孫子認為，從用兵的角度，地理環境分為九種，分別是：散地、輕地、爭地、交地、衢地、重地、圮地、圍地和死地。這九種地理環境的劃分與〈地形篇〉中將地形分為六種的區別又是什麼呢？其區別在於所依據的劃分標準和闡述的角度不同。〈地形篇〉中將地形劃分為通、掛、支、隘、險、遠等六種，其標準是按照純粹的自然地理環境對軍事行動的影響，是單一標準。闡述的角度是從地形的廣狹、險易和距離遠近對排兵布陣的影響。〈九地篇〉中將地形劃分為九種是以軍隊所處態勢的不同為劃分標準，是一種複合標準。闡述角度是從深入敵國作戰時在不同地區，因官兵的心理狀態不同，在軍事、政治、經濟、外交上應採取不同作戰原則和處置方法。

散地、輕地、爭地、交地和重地

在〈九變篇〉中，孫子已對這九種地形的衢地、圮地、圍地和死地做過詳細論述（在論述合格的將帥要懂得變通，作戰不可拘泥一法），因此，本節就對剩下的五種地形以及在這五種地形上所應秉持的作戰原則作論述：

（1）散地，指在本國境內作戰的地區。孫子認為，在散地不宜作戰。因為軍隊在國內作戰，士兵們離家都很近，總想往家跑，部隊的軍心容易渙散。如果一定要在散地作戰，最重要的就是要統一軍隊的意志。

（2）輕地，是指在敵國淺近縱深作戰的地區。孫子認為，在輕地上軍隊不宜停留；一定要停留，就要使營陣緊密聯繫在一起。

（3）爭地，是指我軍得到有利，敵軍也得到有利的地區。孫子認為，遇爭地不要貿然進攻；如果進攻，就要使後續部隊能夠迅速跟上。

（4）交地，是指我軍可以往，敵軍也可以來的地區，即指屬於交通要道的地區。孫子認為在交地上，行軍的序列不要斷絕而且還要謹慎防守。

（5）重地，是指深入敵境，背靠敵人眾多城邑的地區。孫子認為，在重地上，就要盡量奪取糧草，補充軍糧。

散地、輕地、爭地、交地和重地

孫子以軍隊所處的形勢為標準將地形分為散、輕、爭、交、衢、重、圮、圍、死等九種。在不同的地形上要相應地採取不同的戰術。在〈九變篇〉中已闡述過衢、圮、圍、死四地，所以此處僅論述散、輕、爭、交、重等五種。

地形名稱及特點

散地
- 原文：諸侯自戰其地者，為散地。
- 譯文：在本國境內作戰的地區。

輕地
- 原文：入人之地而不深者，為輕地。
- 譯文：進入敵國，但尚未深入的地區。

爭地
- 原文：我得則利，彼得亦利者，為爭地。
- 譯文：我軍得到有利，敵軍也得到有利的地區。

交地
- 原文：我可以往，彼可以來者，為交地。
- 譯文：我軍可以去，敵軍也可以去的地區，即指那些交通要道。

重地
- 原文：入人之地深，背城邑多者，為重地。
- 譯文：深入敵境，背靠敵人眾多城邑的地區。

作戰注意要點

散地
①不宜作戰。
②如果一定要在此地作戰，那麼就要統一軍隊的意志力，加強軍隊的凝聚力。

輕地
①不宜停留。
②如果一定要停留，那麼必須要讓軍隊的各個部分緊密地聯繫在一起。

爭地
①不要貿然進攻。
②如果進攻，就一定要後續援兵跟上。

交地
①行軍的序列不要斷絕。
②部隊要謹慎防守。

重地
①注意後勤補給，盡可能奪取糧草。

「九地」與「六地」的區別

劃分的標準不同

「九地」以軍隊所處的態勢不同為劃分標準；「六地」以純粹的自然地理環境對軍事行動的影響為劃分標準。

闡述的角度不同

「九地」闡述的角度是從深入敵國作戰時在不同地區，因官兵的心理狀態不同，在軍事、政治、經濟、外交上應採取不同作戰原則和處置方法。「六地」闡述的角度是從地形的廣狹、險易和距離遠近對排兵布陣的影響。

❷ 齊勇若一，政之道也
將帥的治軍方法（四）

> 故善用兵者，譬如率然；率然者，恆山之蛇也。擊其首則尾至，擊其尾則首至，擊其中則首尾俱至。敢問：兵可使如率然乎？曰：可。

　　強大的戰鬥力來源於團結。軍隊就應該像一種名叫「率然」的蛇那樣，擊其首則尾至，擊其尾則首至，擊其中則首尾俱至。這樣互相接應，互相配合，敵人便沒有辦法。如何把軍隊訓練、鍛造得如「率然」一般呢？孫子為此提出了許多具體的辦法，概括起來，主要有兩點：

　　一、**利用形勢**。孫子說：「夫吳人與越人相惡也，當其同舟而濟，遇風，其相救也，如左右手。……故善用兵者，攜手若使一人，不得已也。」孫子在這裡舉了一個例子，大意是說：吳國人與越國人雖然互相仇視，可是當把他們放在一條船上，讓他們同船渡河，一旦遇到風浪，他們也能自動地相互救援，就如同左右手一樣。為什麼呢？因為環境所迫而不得已啊。透過這個例子孫子想說明的道理是，要讓軍隊的各個組成部分能夠「齊勇若一」，一個很好的辦法就是把他們置於同樣惡劣的環境下，讓他們同舟共濟，結成「一損俱損，一榮俱榮」的利害共同體。孫子又舉了一個例子說：「投之無所往，死且不北。……投之無所往者，諸劌之勇也。」這句話的意思是說，如果將部隊置於無路可走的絕境，那麼士卒雖死也不會敗退，作戰時他們都會像專諸和曹劌一樣勇敢。

　　二、**蒙蔽視聽**。孫子還提出要蒙蔽士卒的視聽，使他們對於軍事行動毫無所知。變更作戰部署，改變原定計畫，經常改換駐地，故意迂迴行進，總之要讓士卒摸不清將帥的意圖。這樣，將帥對士卒就有如「若驅群羊，驅而往，驅而來，莫之所之」；士卒則有如「登高而去其梯」，想不服從命令都不能了。

　　孫子提出的上述兩種讓士卒不得不拼命作戰的辦法，雖然有效，但也從另一個側面反映了封建雇傭軍隊中的士卒與統治階級的矛盾。他們不可能為少數統治者的利益去自覺戰鬥，於是將帥們才不得不想出這樣的辦法。

兵若「率然」

「率然」是一種產於恆山之地的大蛇。打牠的頭，尾就來救應；打牠的尾，頭就來救應；打牠的腰，頭尾都來救應。孫子認為，軍隊就應如「率然」一般，團結一致，互相救援。這樣就可以無往而不勝了。

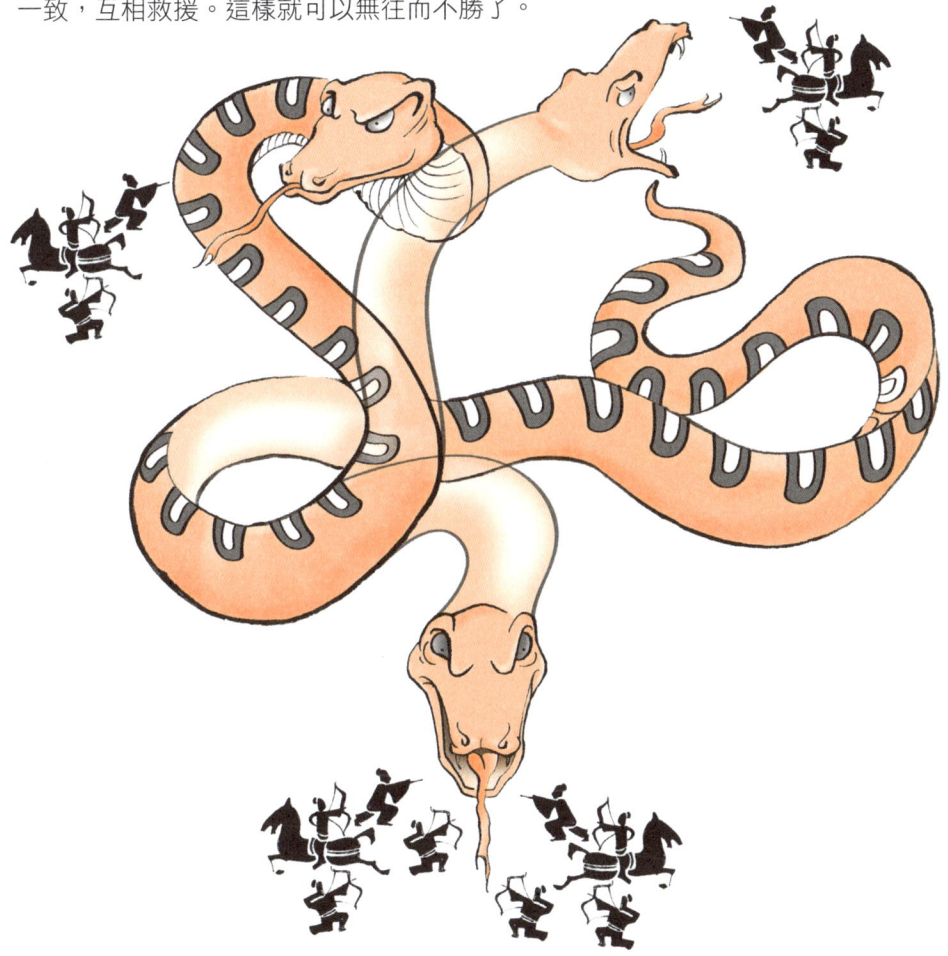

第貳章 《孫子兵法》各篇詳解

九地篇

使部隊團結一致的方法	**利用形勢** 如將部隊置於無路可走的絕境，士卒雖死也不會敗退。不需強求，就能完成任務；不需約束，就能親附協力；不待申令，就會遵守紀律。
	蒙蔽視聽 如採用變更作戰部署，改變原定計畫，經常改換駐地，故意迂迴行進等辦法，使士卒推測不出將帥的意圖，搞不清下一步的行動內容。這樣，軍隊就會像羊群一樣被將帥所控制了。

❸ 死地則戰
赫連勃勃死地求生

孫子曰：「投之亡地然後存，陷之死地然後生。」「死地」的形勢非常險惡，甚至連做謀劃的時間都沒有。這時，唯一的辦法就是激勵全軍將士團結一致、奮力一搏，才有可能死裡逃生。五胡十六國時期的夏對南涼一戰即是此種情形的精彩戰例。

在五胡十六國時期，夏王赫連勃勃率領精銳騎兵兩萬攻入南涼國境，在掠獲牛、羊、馬數十萬頭和許多財物之後，踏上歸途。南涼國主禿髮傉檀聞之親率大軍追趕。其部將焦朗獻計道：「赫連勃勃治軍嚴整，我軍最好避其銳氣，先守住關隘，然後再尋求破敵的機會。」而另一部將賀連卻譏笑道：「焦將軍何必長他人志氣，滅自己威風。我軍兵多將廣，而且夏軍又被幾十萬頭牲畜所累，怕他幹什麼？」禿髮傉檀認為賀連說的有理，便下令自己的數萬兵馬全力向赫連勃勃追去。赫連勃勃得知南涼兵追來，有心迎戰，但又怕寡不敵眾；有心迅速撤退，但又捨不得幾十萬頭的牲畜和這許多的財物。思來想去，只有「置之死地而後生」一計可以兩全。赫連勃勃在察看了附近的地形之後，選擇在陽武下峽與敵軍決戰。

當時正值初冬時節，峽中河水已經封凍。赫連勃勃下令將峽中積冰全部鑿開，然後再用車輛塞住道路，以斷絕將士們的退路，迫使全軍將士拼死一搏，以求生路。果然，當禿髮傉檀率領南涼大軍追至陽武下峽時，等待他的是一支士氣高漲、視死如歸的夏軍。戰鬥發生後，夏軍士兵個個奮力拼殺，人人以一當十。赫連勃勃左臂中箭，鮮血直流。但他大喝一聲，將箭拔出，繼而揮動長劍殺入南涼陣中。夏軍見國主如此勇武，軍心大振，戰鬥力又有提高。南涼軍隊兵敗如山倒，潰不成軍。赫連勃勃指揮夏軍乘勝追擊八十餘里才肯罷休。至此，南涼軍一敗塗地，禿髮傉檀也只帶著少數親信逃回本國去了。

戰爭不僅是智謀的較量，也是意志和決心的較量。此役，夏軍勝就勝在那種視死如歸的氣魄上。而激發起這種氣魄的，正是赫連勃勃懂得並且正確運用了孫子所說的「投之無所往，死且不北」的道理。

五胡十六國

　　五胡十六國，是指自西晉末年到北魏統一北方期間，由五個少數民族在中國北方所建立的一系列政權。這些少數民族政權與南方的東晉朝廷形成南北對峙之勢，連年征戰不休。因此這段歷史被稱為「五胡十六國時期（304～439年）」。此外，還有代國、冉魏、西燕、吐谷渾等列在十六國之外，共有二十國。

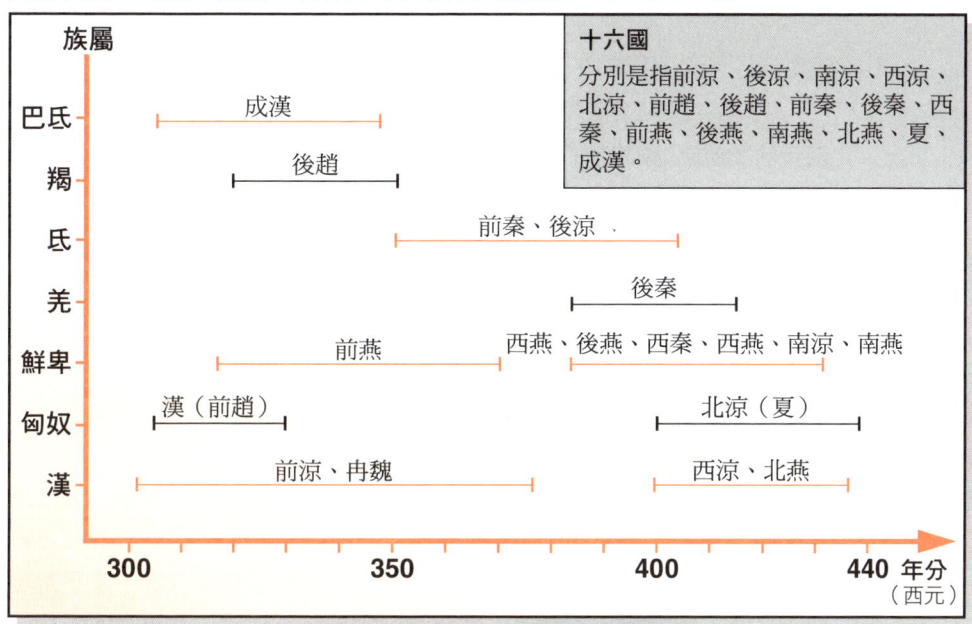

十六國
分別是指前涼、後涼、南涼、西涼、北涼、前趙、後趙、前秦、後秦、西秦、前燕、後燕、南燕、北燕、夏、成漢。

族屬（時間軸圖表）：
- 巴氐：成漢
- 羯：後趙
- 氐：前秦、後涼
- 羌：後秦
- 鮮卑：前燕；西燕、後燕、西秦、西燕、南涼、南燕
- 匈奴：漢（前趙）；北涼（夏）
- 漢：前涼、冉魏；西涼、北燕

年分軸：300　350　400　440（西元）

五胡及其歷史

匈奴　古代中國北方的一支游牧民族，後被漢朝擊潰。南北朝之後，匈奴民族便消失了。

鮮卑　原為匈奴治下的一個部落，後匈奴被滅，鮮卑藉機在中國北方建立許多政權國家。

羯　原為匈奴一部，來自西域中亞一帶。曾在五胡十六國時期建立後趙政權，南北朝以後主要被漢族同化。

氐　中國古代西北少數民族之一。西晉亡後，乘機建立漢政權。自南北朝後，被漢族同化。

羌　中國古代西北少數民族之一。西晉時，乘中原大亂，建立一些民族政權。南北朝以後，即被漢族同化。

赫連勃勃

381～425年
原姓劉
匈奴鐵弗部人

　　十六國時期夏國創建者。赫連勃勃驍勇、英俊、多智謀，稱雄漠北，早年歸附後秦姚興，深得姚興信任。407年，他反叛後秦，起兵自立，稱大夏天王，年號龍升，並改姓赫連氏。413年，建都城，名曰統萬，寓「統一天下，君臨萬邦」之意。赫連勃勃生性殘暴，殺戮無度，經常自立城頭，手執弓箭，見不順眼者，輒殺之。425年赫連勃勃病死，諡武烈皇帝，廟號世祖，葬嘉平陵。431年，夏亡於北魏。

④ 破釜沉舟
項羽力克秦軍

「死地則戰」是軍事鬥爭中的一條至理名言。活生生的例子在歷史上曾發生過多起，秦朝末期的鉅鹿之戰則是其中最著名的。

西元前208年，秦軍攻打趙國都城鉅鹿，趙軍兵敗被圍，鉅鹿隨時都有被攻陷的可能。趙王一面命大將陳餘出戰抗敵，一面派人向楚、齊、代、燕等國求援。懼於秦軍的威勢，陳餘只在城外死守，不敢出戰。燕、齊、代三國援軍也只駐紮在鉅鹿附近，不敢出戰。只有由項羽率領的楚軍投入了救趙的戰鬥。在渡過黃河以後，項羽下令沉掉船隻，砸破釜（古代一種炊具，相當於現在的鍋）甑（古代一種用來蒸食物的炊具），燒毀營壘，每人只帶三天乾糧，誓與秦軍決一死戰。楚軍上下面臨絕境，又見主帥項羽英勇豪邁，因此人人皆奮力向前，直抵鉅鹿城下。

秦將王離調遣軍隊迎戰楚軍。兩軍對壘，一方面秦軍甲仗齊整，隊伍雄壯，兵多將廣，其勢如泰山壓頂；一方面楚軍卻衣甲簡陋，三五成群，各自為戰。戰鬥開始以後，楚軍橫衝直撞，好像一群散兵游勇。其實，這正是項羽的精明之處。項羽認為，秦楚兵力懸殊，如果打正規戰，楚軍必敗無疑。所以項羽身先士卒，衝殺在前，命將士不拘陣勢，各自為戰，只求殺敵取勝。

楚軍破釜沉舟，已無路可退，只有奮勇向前才有一線生機。而且統帥項羽又衝鋒在前，於是楚軍士氣大振，以一當十，以十當百，呼聲震天，秦軍聞聲喪膽，沒打幾個回合，便敗退而走了。第二天戰前，項羽作全軍總動員說道：「我軍糧食已盡，如不勝將全軍覆沒，生存還是死亡，就在此一戰。」楚軍將士得令後，如惡虎撲羊一樣向秦軍章邯部殺去。秦軍抵擋不住，一退再退，不久便潰不成軍。在擊潰章邯之後，項羽率軍一鼓作氣又猛攻昨天已敗的王離部。王離想奪路而逃，卻被項羽堵住了去路，沒過多久便被楚軍生擒活捉了。鉅鹿之圍遂解。

「項羽釐兵解鉅鹿之圍」正是孫子〈九地篇〉中「死地則戰」理論的一次成功運用。

鉅鹿之戰

項羽在鉅鹿之戰中得以大敗秦軍，：「破釜沉舟」自斷後路以激發全軍士氣是最大的原因。「項羽麈兵解鉅鹿之圍」，不僅成為戰爭史上的一段佳話而受到歷代兵家的推崇，也再一次生動證明了孫子「置之死地而後生」的真理性和普遍適用性。

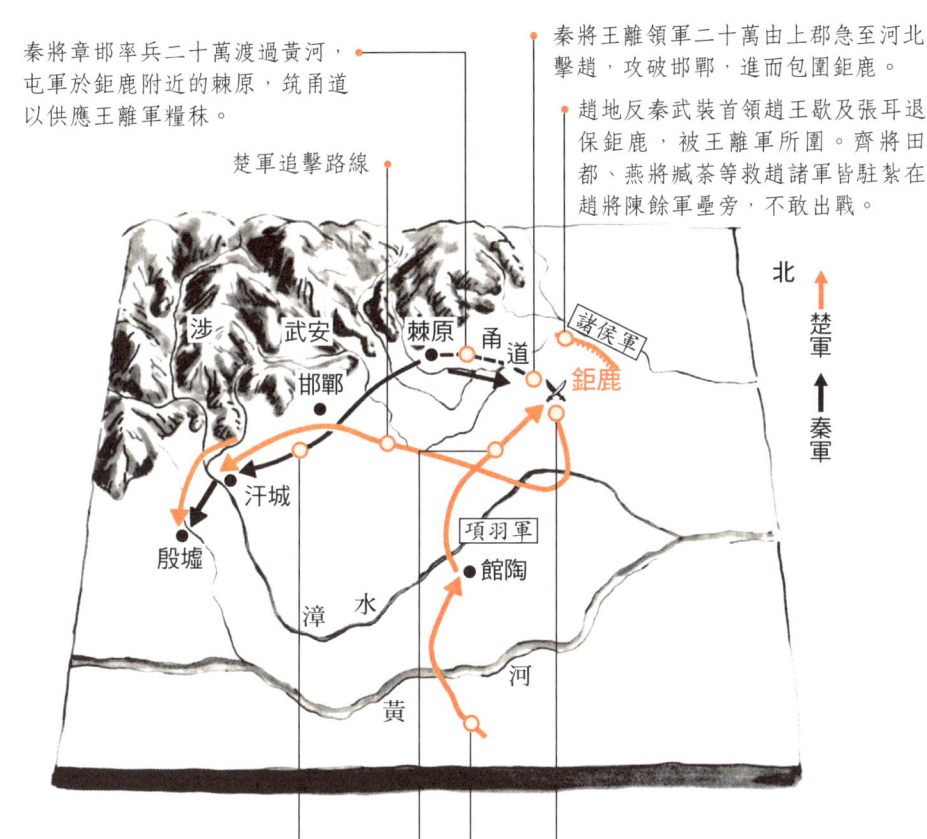

秦將章邯率兵二十萬渡過黃河，屯軍於鉅鹿附近的棘原，築甬道以供應王離軍糧秣。

楚軍追擊路線

秦將王離領軍二十萬由上郡急至河北擊趙，攻破邯鄲，進而包圍鉅鹿。

趙地反秦武裝首領趙王歇及張耳退保鉅鹿，被王離軍所圍。齊將田都、燕將臧荼等救趙諸軍皆駐紮在趙將陳餘軍壘旁，不敢出戰。

章邯敗退路線

項羽率全部楚軍渡過漳水，令全軍「沉船、破釜甑、燒廬舍，持三日糧，以示士卒必死，無一還心」（《史記·項羽本紀》）。

楚懷王以宋義為上將軍，項羽為次將，范增為末將，率楚軍主力五萬人救趙。10月，行至安陽，宋義屯兵四十六日不進，欲坐觀秦、趙相鬥。11月，項羽斬宋義。懷王乃任命項羽為上將軍。

鉅鹿城下，楚軍以一當十，連續數次擊敗章邯軍。諸路救趙軍將領在壁壘上觀戰，莫不悚懼。直到章邯退保棘原，諸侯方敢助戰，與楚軍聚殲圍城的秦軍，俘王離，殺其副將，解鉅鹿之圍。

	兵力	主要參戰武將
楚	5萬餘	項羽、范增、英布、呂臣
秦	20萬餘人	章邯、王離、涉間、蘇角

第貳章 《孫子兵法》各篇詳解

九地篇

215

十二、火攻篇

孫子曰：凡火攻有五，一曰火人，二曰火積，三曰火輜，四曰火庫，五曰火隊。行火必有因，因必素具。發火有時，起火有日。時者，天之燥也；日者，月在箕、壁、翼、軫也。凡此四宿者，風起之日也。

孫子說，火攻有五種方法：一是火燒敵軍人馬，二是火燒敵軍軍需，三是火燒敵軍輜重，四是火燒敵軍倉庫，五是火燒敵軍糧道。實施火攻要有一定的條件，這些條件必須平常即有準備。放火要看準天時，起火要看準日子。天時是指氣候乾燥，日子是指月亮在經過箕、壁、翼、軫四個星宿的時候。月亮經過四星宿的時候，就是起風的日子。

凡火攻，必因五火之變而應之。火發於內，則早應之於外。火發其兵靜而勿攻，極其火央，可從而從之，不可從而止之。火可發於外，無待於內，以時發之。火發上風，無攻下風。晝風久，夜風止。凡軍必知有五火之變，以數守之。

凡是火攻，必須根據上述五種火攻所引起的不同變化，靈活地派兵接應。從敵營內部放火，就要及時派兵從外部接應。火已燒起而敵營仍然保持鎮靜的，應耐心等待，不可馬上發起進攻。待火勢旺盛，根據情況再作出判斷，能進攻就進攻，不能進攻就撤退。火可從外面放，這時就不必等待內應，只要適時放火就行。從上風處放火時，就不要從下風處進攻。白天風颳久了，夜晚就容易停止。軍隊要懂得靈活運用五種火攻方法，並等待放火的時日條件具備時進行火攻。

故以火佐攻者明，以水佐攻者強。水可以絕，不可以奪。

用火輔助軍隊進攻，效果明顯；用水輔助軍隊進攻，可以使攻勢加強。水可以把敵軍分割阻截，但不能奪取敵軍物資。

夫戰勝攻取，而不修其功者，凶，命曰費留。故曰：明主慮之，良將修之。非利不動，非得不用，非危不戰。主不可以怒而興軍，將不可以慍而致戰。合於利而動，不合於利而止。怒可以復喜，慍可以復悅，亡國不可以復存，死者不可以復生。故明君慎之，良將警之，此安國全軍之道也。

凡打了勝仗，奪取土地城邑，而不能鞏固戰果的，就很危險，這就是勞民傷財的「費留」。所以說，英明的國君要審慎地考慮這個問題，賢良的將帥要認真地處理這個問題。不利就不行動，不勝就不用兵，不危迫就不開戰。國君不要因為一時憤怒而發動戰爭，將帥不要因為一時氣憤而率軍出戰。符合國家利益就用兵，不符合國家利益就不用兵。憤怒還可以重新變為歡喜，氣憤還可以重新變為高興；國亡了就不能恢復，人死了就不能再生。所以，對於戰爭，明智的國君要審慎，賢良的將帥要警惕，這是使國家安定、軍隊保全的重要原則。

題解：

「火攻」，用火攻敵。本篇主要論述了火攻的種類、條件和實施方法等，較早地在兵法上記述了古代軍事利用天文、氣象的可貴資料。孫子指出以火助攻，是提高軍隊戰鬥力、奪取作戰勝利的重要手段。雖然受當時火攻實踐水平所限，論述比較簡略，但已說明孫子獨具慧眼。在篇末孫子還指出「主不可以怒而興軍，將不可以慍而致戰」，這種慎戰思想已成為軍事上的至理名言。

❶ 火攻有五
火攻的種類、方法和條件

孫子曰：凡火攻有五，一曰火人，二曰火積，三曰火輜，四曰火庫，五曰火隊。行火必有因，因必素具。發火有時，起火有日。時者，天之燥也；日者，月在箕、壁、翼、軫也。凡此四宿者，風起之日也。

　　火攻，就是用火作為武器進攻敵人。孫子是將火攻之法寫進兵書的第一人。孫子身處兩千多年前的春秋時代，火藥尚未發明，火器也未出現，各種物資條件也都有限，因此，孫子能夠在這種情況下認識到火攻的重要性，並且提出了一整套的火攻理論的確是十分難能可貴的。孫子的火攻理論主要包括這樣幾個部分：（1）火攻的對象或形式；（2）火攻必須具備的條件；（3）火攻的戰術運用。

火攻的對象

　　火攻的對象就是在引文所提到的「火人」、「火積」、「火輜」、「火庫」、「火隊」，共五種。（1）火人，就是燒對方的人。首先，燒的是對方的戰鬥人員，但往往老百姓也會被殃及。（2）火積，是指燒對方的糧草。「積」指的是委積，委積就是儲存起來的糧食和草料。所以說「火積」就是燒對方的糧倉和草料場。古代的糧倉主要分為兩種：一種是方形的，被稱為「倉」；一種是圓形的，被稱為「囷」。（3）火輜，是指燒敵人的隨軍輜重。「輜」的本來含義，是運送軍用物資的車，即輜車。輜車也叫重車，是一種用牛拉的車。軍隊開拔，隨軍攜帶的武器裝備和衣被糧草，都叫輜重。（4）火庫，是指燒敵人的武器倉庫。「庫」是特指武庫，不是一般的倉庫或糧庫。在中國古代，一般倉庫在習慣上被稱為府。「庫」字像屋下有車，古人的解釋，是放兵車的地方。古代出征前，兵車和武器都是臨時發配，「庫」既藏戰車，也藏一般的兵器。（5）火隊，歷來存在爭議。一般有三種解釋：一說「隊」是隊伍之隊，「火隊」是燒敵人的軍隊，但這不免和「火人」重複；一說「隊」是對仗之隊，對仗是武器，不免和「火庫」、「火輜」重複；一說「隊」應讀隧，解釋為道路。

火攻五法

孫子認為火攻是一種很好消滅敵人的作戰方式。在此篇中，孫子詳細地論述了火攻的五種方法（火人、火積、火輜、火庫、火隊）以及與之對應的在火攻之後應採取的戰術原則。此外，孫子還論述了採用火攻應具備的諸多條件。

火積
積，積攢，積聚。焚燒敵人聚以作戰的物資。

火人
火，用作動詞，焚燒的意思。火人就是指焚燒敵軍營寨，燒毀敵軍人馬。

火輜
輜，輜重。焚燒敵軍被服、武器及車輛等輜重。

火庫
庫，倉庫，庫房。焚燒敵軍存放裝備、軍餉、財物的倉庫。

火隊
隊，道路、隧道，此處指交通線、運輸線。焚燒破壞敵軍的交通要道。

火攻的條件

❶ 材
材，要事先準備好放火的材料，比如火種、火藥等。

❷ 時
時，即天時。要選擇在氣候乾燥的時候放火。

❸ 日
日，即具體的日期。要選擇在月亮經過箕、壁、翼、軫四個星宿的時候放火。因為這時是起風的日子。

❹ 機
機，即時機。最好要趁著敵人沒有防備時，即「出其不意，攻其不備」。

第貳章 《孫子兵法》各篇詳解

火攻篇

219

火攻的條件

孫子在論述了火攻的五種對象之後，又闡述了實施火攻的必要條件。孫子認為火攻的條件可以分為兩大類：一類是實施火攻的物質條件，如放火的設備、器材等；一類是實施火攻的時間條件，如放火的季節、日期等。

「行火必有因，因必素具」說的就是火攻的物質方面的條件。這種物質方面的條件是必要、不可或缺的，這裡不做過多論述。在這裡，主要闡述一下火攻時間的條件。「時者，天之燥也；日者，月在箕、壁、翼、軫也。凡此四宿者，風起之日也。」就是孫子認為適於火攻的時間。「時」是四時之時，指的是季節。「日」就是日子，指的是具體的日期。這句話的意思是說，在季節上，要選在乾燥的季節放火；在具體的日期上，要選擇月亮正行到箕、壁、翼、軫等四個星宿時放火，因為這時通常是起風的日子，有利於加強火攻的效果。

火攻的戰術運用

孫子還論述了火攻的戰術運用問題，這主要體現為火攻與其他兵種之間的配合問題。孫子認為：「凡火攻，必因五火之變而應之。」意思是說，但凡在火攻時，要根據五種情況的變化而採取不同的對策。這就是孫子的火攻戰術。這「五變」是指：（1）「火發於內，則早應之於外」，是指如果派人潛入敵營在內部放火，那麼外面一定要派人圍堵，以夾擊敵人。（2）「火發其起兵靜而勿攻」，是指雖然火在敵營內部著起來了，但敵營似乎很平靜，沒有慌亂的跡象，恐怕有問題，所以這時外面的接應部隊最好不要急於進攻，而是觀望一下，看看情況再說。（3）「極其火央，可從而從之，不可從而止之」，是指等火燒得接近尾聲了，局勢比較明朗了，那麼外面的接應部隊應視情況而定，能打就打，不能打就不打。（4）「火可發於外，無待於內，以時發之」，是指如果從敵營內部放火不行，那麼也可以在時機成熟時，在敵營外部放火。（5）「火發上風，無攻下風」，風助火勢，火乘風威，風向的辨別很重要，在上風處放火，切不可在下風處進攻，因為那樣會燒到自己。

幾種火攻的器具

火攻在中國有著悠久的歷史，其間產生了各種用於火攻的器具，「猛火油櫃」就是其中的一種。「猛火油櫃」是一種意義重大的發明創造，是中國也是世界上最早的火焰噴射器。這充分說明了中國古代具有很高水準的軍事科學技術。

猛火油櫃

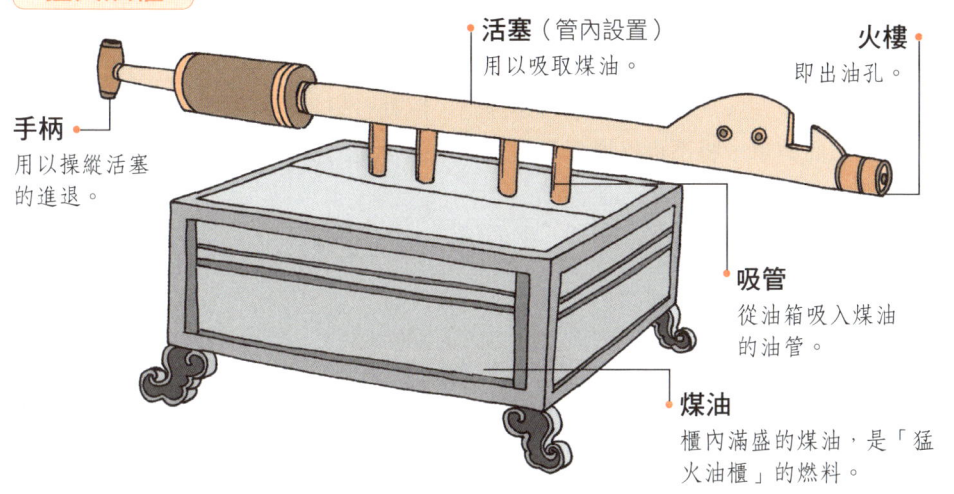

手柄 用以操縱活塞的進退。

活塞（管內設置）用以吸取煤油。

火樓 即出油孔。

吸管 從油箱吸入煤油的油管。

煤油 櫃內滿盛的煤油，是「猛火油櫃」的燃料。

「猛火油櫃」的使用方法：

一般在油箱中儲存有數斤煤油。當活塞向後拉時，橫筒吸入煤油；活塞向前推時，射出煤油。煤油在通過出油孔時即被點燃。雖然「猛火油櫃」可以噴發燃燒著的煤油，但活塞前面的火樓必須事先預熱，所以「猛火油櫃」還是比較適於防守。

火兵

中國古代使用的火兵，身帶火種衝向敵營，引燃敵營，此種方法的優點是準確率高，缺點是士兵存活率低，類似於現在的人體炸彈。

火舡

古代使用的火箱，用於水戰中的火攻。

第貳章 《孫子兵法》各篇詳解　火攻篇

❷ 主不可以怒而興軍，將不可以慍而致戰
孫子的慎戰思想

主不可以怒而興軍，將不可以慍而致戰。合於利而動，不合於利而止。

　　孫子在〈火攻篇〉的最後還提出了慎戰思想，提醒國君與將帥「主不可以怒而興軍，將不可以慍而致戰」。並進而提出了「合於利而動，不合於利而止」的「安國全軍之道」。

　　對於這點，孫子一再說「明君慎之，良將警之」，可見孫子對這個問題的重視程度。

主不可以怒而興軍，將不可以慍而致戰

　　孫子一再告誡「兵不可以怒動」，特別是掌握戰爭發動權的君主和作為戰爭實際指揮者的將帥更是「不可以怒而興軍」。戰爭關係到國家的興衰存亡，不講實際利益與勝負的可能，憑個人的一時意氣是十分危險的。而且氣惱會使人失去理智，導致指揮的失誤。歷史上，君主因怒而興軍致敗的教訓是不絕史書的。戰國時，楚懷王受張儀的欺騙，與齊國斷交而與秦國修好。秦國答應割讓六百里土地給楚國，可等到與秦國結盟後，秦國卻根本不承認有這回事。楚懷王大怒，要發兵攻打秦國。陳軫勸阻說：「攻打秦國並不是好的計謀，不如和秦國聯合去攻打齊國，把我們損失在秦國的土地從齊國補回來，這樣楚國還可以保全。現在大王已經與齊國斷交，再去責備秦國的欺騙行為，這等於撮合秦、齊兩國的友好關係，而招致天下的大兵，楚國一定會受到嚴重的損失。」楚懷王不聽，於是與秦國斷絕關係，發兵西攻秦國。秦國出兵迎擊。雙方在丹陽會戰，秦軍大勝，殺死楚軍八萬人，奪得楚國的漢中地區。楚懷王聞訊震怒，就發動全國的軍隊，再次攻打秦國。雙方會戰於藍田，秦軍又大敗楚軍。楚國由此遭受重大損失，埋下了滅亡的禍根。

合於利而動，不合於利而止

　　孫子在告誡君主、將帥不可以個人意氣擅開戰端後，進而明確地提出了「安國全軍之道」。這就是「合於利而動，不合於利而止」。孫子這種將國家利益、民眾、軍隊安危放在首位的重戰、慎戰思想是十分可貴的，對以後明智的君主與將帥都產生了很大的影響。

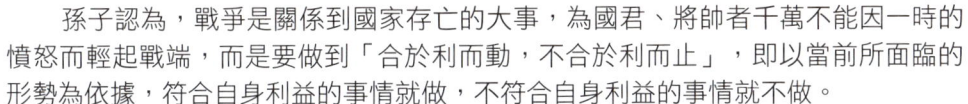

合於利而動，不合於利而止

孫子認為，戰爭是關係到國家存亡的大事，為國君、將帥者千萬不能因一時的憤怒而輕起戰端，而是要做到「合於利而動，不合於利而止」，即以當前所面臨的形勢為依據，符合自身利益的事情就做，不符合自身利益的事情就不做。

> 城上的敵人居高臨下，據險而守，並且全身武裝，顯然是早有準備。

> 憤怒可以使人喪失理性的判斷，做出不智的行為。就像這名單身縱馬衝向敵城的武士，明知不能取勝，又何必白白送死呢！表面上看好像很勇敢，但實際上這是一種極為愚蠢的表現。因為真正的勇者是閃耀著智慧的光芒的。

> 這名武士的撤退是正確的，是符合孫子「合於利而動，不合於利而止」的教誨的。表面上看這是一種逃跑的行為，但今天的逃跑卻是明天得以前進的基礎。這是一種理性的表現，也是真正勇敢的表現。

第貳章 《孫子兵法》各篇詳解

火攻篇

十三、用間篇

孫子曰：凡興師十萬，出征千里，百姓之費，公家之奉，日費千金，內外騷動，怠於道路，不得操事者，七十萬家。相守數年，以爭一日之勝，而愛爵祿百金，不知敵之情者，不仁之至也，非民之將也，非主之佐也，非勝之主也。故明君賢將，所以動而勝人，成功出於眾者，先知也。先知者，不可取於鬼神，不可象於事，不可驗於度，必取於人，知敵之情者也。

孫子說：凡是舉兵十萬，出征千里，百姓的耗費，王室的開支，每天都要花費一千金；前後方動盪不安，民夫士兵奔波疲勞，不能從事正常耕作的有七十萬家。雙方相持數年，是為了決勝於一旦，如果為了吝惜爵祿和金錢，不肯重用間諜，最後因不了解敵情而失敗，那就是不仁。這種人不配做軍隊的統帥，不是國家的良臣，也不可能主宰勝利。明君、賢將能一出兵就戰勝敵人，功業超出眾人，在於事先了解敵情。要事先了解敵情，不能靠祈求鬼神，不能用類似的事情去推測，不能用日月星辰運行的規律去驗證，而是必取之於人，即從熟悉敵情的人口中去獲取。

故用間有五：有鄉間，有內間，有反間，有死間，有生間。五間俱起，莫知其道，是謂神紀，人君之寶也。鄉間者，因其鄉人而用之。內間者，因其官人而用之。反間者，因其敵間而用之。死間者，為誑事於外，令吾間知之，而傳於敵間也。生間者，反報也。

間諜有五種，分別是鄉間、內間、反間、死間、生間。五種間諜同時運作，敵人就不知道我用間的規律，這是使用間諜的最高境界，是國君戰勝敵人的法寶。鄉間，是利用敵國百姓做間諜。內間，是利用敵方官員做間諜。反間，是利用敵方間諜為我所用。死間，由我方間諜攜帶假情報潛入敵營，使敵軍受騙，一旦事情敗露，我方間諜就會被處死。生間，是偵察後還能活著回來報告敵情的人。

故三軍之事，莫親於間，賞莫厚於間，事莫密於間。非聖智不能用間，非仁義不能使間，非微妙不能得間之實。微哉微哉，無所

不用間也。間事未發，而先聞者，間與所告者皆死。

　　所以在軍隊的關係中，間諜是最親近的，間諜的獎賞也是最優厚的，事情也沒有比間諜更祕密。不是聖明賢良的人，不能使用間諜；不是仁慈慷慨的人，不能指揮間諜；不是精細深算的人，不會分析間諜情報的真偽。微妙呀，微妙！無時無刻不可以使用間諜。間諜的工作尚未開始，就已洩露出去，那麼間諜和聽到祕密的人都要處死。

凡軍之所欲擊，城之所欲攻，人之所欲殺，必先知其守將、左右、謁者、門者、舍人之姓名，令吾間必索知之。必索敵人之間來間我者，因而利之，導而舍之，故反間可得而用也。因是而知之，故鄉間、內間可得而使也；因是而知之，故死間為誑事，可使告敵；因是而知之，故生間可使如期。五間之事，主必知之，知之必在於反間，故反間不可不厚也。

　　凡是要攻打的敵方軍隊，要攻占的敵方城堡，要刺殺的敵方官員，必須先了解其主管將領、左右親信、掌管傳達的官員、守門官吏和門客幕僚的姓名，我方間諜一定要偵察清楚。一定要搜查出前來偵察我軍的敵方間諜，主動收買他，以禮款待他，引誘開導他，然後再放他回去，這樣「反間」就可以為我所用。透過「反間」了解敵情，「鄉間」、「內間」就可以為我所用；透過「反間」了解敵情，這樣就能使「死間」傳假情報給敵人；透過「反間」了解敵情，這樣就可以使「生間」按預定時間報告敵情。五種間諜的使用，國君都必須了解掌握。了解敵情最關鍵的莫過於使用「反間」，所以對「反間」不可不給予優厚待遇。

昔殷之興也，伊摯在夏；周之興也，呂牙在殷。故惟明君賢將，能以上智為間者，必成大功。此兵之要，三軍之所恃而動也。

　　以前商朝興起，在於伊摯曾在夏為間，了解夏的情況；周朝的興起，在於姜尚曾在商為間，了解商的情況。所以明智的國君，賢能的將帥，用高超智慧的人做間諜，就能立大功。這是用兵重要的原則，整個軍隊都要憑藉間諜提供的情報來決定軍事行動。

題解：

「用間」，即使用間諜。本義旨在論述使用間諜的重要性和如何使用間諜的問題，是論述關於軍事情報工作的意義、方針、原則、方法和任務的專題。孫子主張戰爭指導者必須做到「知彼知己」。而要「知彼」，最重要的手段之一，就是用間。孫子認為與戰爭的巨大消耗相比，用間實在是代價小而收獲多的好方法，必須充分運用。本篇作為最後一篇與首篇〈計篇〉遙相呼應，首尾渾然一體，進而構成了一部完整的兵法體系。

❶ 先知者，必取於人
間諜的重要性

> 故明君賢將，所以動而勝人，成功出於眾者，先知也。先知者，不可取於鬼神，不可象於事，不可驗於度，必取於人，知敵之情者也。

孫子強調「知彼知己，百戰不殆」。而要做到「知彼知己」，就要高度重視偵察用間，及早掌握敵情。敵情明，才能決策準。因而用間是「兵之要，三軍之所恃而動也」。

「先知」必用間

孫子在〈用間篇〉一開始就強調了重用間諜、先知敵情的重要性。他指出，發動一場戰爭，出兵十萬，千里征戰，百姓們的耗費，國家的開支，每天要花費千金。再加上舉國騷動，民眾服兵役、徭役，疲於奔命，不能從事耕作的有數十萬家之多。以如此大的耗費去換取戰爭的勝利，如果吝惜爵祿和金錢，不肯重用間諜，以致不能了解敵人情況而遭受失敗，那就「不仁之至也，非民之將也，非主之佐也，非勝之主也」。這樣的失敗教訓，實在太慘痛了。以中日甲午戰爭來說，中敗日勝的一個重要原因，就是在開戰前中方對日本的情況知之甚少，而日本參謀本部早在發動戰爭前幾年就派出二十多名青年軍官，以考察為名，到中國進行間諜活動。這些間諜向日本參謀本部提供的情報，使日本不僅對中國情況，特別是軍事實力了如指掌，甚至比中國人自己更清楚地知道每一省可以抽調多少人出來作戰。

「先知」三不可

那麼如何來獲取「先知」呢？兩千多年前的孫子非常難能可貴地提出了閃耀著素樸唯物主義光輝的先知「三不可」原則：「先知者，不可取於鬼神，不可象於事，不可驗於度，必取於人，知敵之情者也。」在迷信鬼神，盛行占卜的古代，能夠提出先知「三不可」的原則，是非常不容易的。孫子在否定了先知取於鬼神、象於事、驗於度這三種錯誤做法後，非常明確地提出先知「必取於人，知敵之情者也」的正確命題。

運用間諜的意義

孫子認為，如果將帥因為愛惜金錢和官爵而沒有使用間諜，以至作戰失敗，這就好比是「丟了西瓜撿芝麻」，那他實在是愚蠢到極點了。因為一旦戰爭失敗，失去的又何止是金錢和官爵呢？所以說，使用間諜實在是一件關係到國家安危的大事啊！

芝麻
代表雇用間諜所使用的金錢和官爵。

- 人民的幸福
- 國家資源
- 國家主權

先知三不可

❶ 不可取於鬼神 ✗
即不能靠祈求鬼神。

卦象上說……

❷ 不可象於事 ✗
上次是我軍勝了，那麼這次也一定是我軍勝了。

即不能用類似的事情去推測。

❸ 不可驗於度 ✗
不能用日月星辰運行的規律去驗證。

星象上是這樣說的……

在說明了「先知必用間」的觀點之後。孫子又提出了「不可取於鬼神，不可象於事，不可驗於度」的「先知三不可」原則。

第貳章 《孫子兵法》各篇詳解

用間篇

❷ 五間俱起，莫知其道
五種間諜構建起的間諜網絡

> 故用間有五：有鄉間，有內間，有反間，有死間，有生間。五間俱起，莫知其道，是謂神紀，人君之寶也。

孫子認識到情報間諜工作的極端重要性，並進行了深入的具體研究。他對間諜的類別、遣間的方法和用間的原則都作了系統的論述；並巧妙設計了「五間俱起，莫知其道」的間諜運作網絡。

五種間諜

孫子在經過深入研究後，將間諜分為五種，分別是「鄉間」、「內間」、「反間」、「死間」和「生間」。他們都有各自的特點。

一、「鄉間者，因其鄉人而用之。」利用敵方的同鄉做間諜，既便於建立間諜網，又深入敵方基層，不易引起敵人的注意。例如1358年12月，明太祖朱元璋領兵攻打婺州。為減少攻城損傷，他命王宗顯前去偵察敵人虛實。王宗顯來到婺州，住在離城五里的老朋友吳世傑家。透過吳世傑等人，偵知城中守將意見不一等情報，對朱元璋制定攻城措施幫助很大。朱元璋攻下婺州後，為表彰王宗顯的功績，任命他做了該地知府。

二、「內間者，因其官人而用之。」收買敵國的官吏做間諜，可以深入敵人的腹心，偵知更機密的情報，並可利用內間借刀殺人，除去勁敵。戰國末年，秦王政派王翦率軍進攻趙國，趙王遷用名將李牧和司馬尚禦敵。為了挑撥趙國君臣的關係，秦國用大筆金錢賄賂趙王的寵臣郭開，讓他進讒言說李牧、司馬尚圖謀反叛。趙王遷信以為真，就派趙蔥、顏聚去取代李牧、司馬尚。李牧抗旨，被趙王遷用計暗殺，司馬尚被廢掉官職。三個月以後，王翦乘勢急攻趙國，大敗趙軍，滅了趙國。

三、「反間者，因其敵間而用之。」杜佑注曰：「敵使間來視我，我知之，因厚賂重許，反使為我間也。」這是利誘敵間，反過來為我所用。杜佑又引蕭世誠曰：「言敵使人來候我，我佯不知，而示以虛事。」這是利用敵間傳播虛假情報。在軍事上，這兩種反間方式都廣為人們所用。孫子認為反間之計最為重要，「故反間不可不厚也」。例如西元前204年，楚漢戰爭進入相持階段，劉邦因糧餉不給，心存恐懼，想與項羽講和。項羽想和，但

間諜的種類及任務

孫子認為間諜在戰爭中的作用非常重要，是「知彼」的唯一手段。間諜有五種類型，分別是鄉間、內間、反間、死間和生間。這五種間諜各有各的特點，其中又以「反間」最為重要，是其他幾種間諜得以發揮作用的基礎。

鄉間
指敵國的普通百姓為我方間諜。

內間
指敵方的官員為我方間諜。

反間
指想方設法找出敵方派到我方的間諜，然後用各種方法（金錢收買、威逼恐嚇等）降伏他們，使其為我方服務（為我方搜集情報等），這就是反間。孫子認為反間是最重要的間諜種類，是其他一切間諜的基礎。

死間
指攜帶假情報並潛入敵方的我方間諜，目的是使敵方上當受騙。如果敵人一旦發現，間諜必死無疑。

生間
指潛入敵營搜集情報後，還能安全返回的間諜。

使用間諜的最高境界是「無處不用間」。那麼間諜具體都有哪些作用呢？下面就試舉三例。

←間諜可以潛入我方想要進攻的敵營了解情況。

→間諜可以帶來關於我方欲攻打的敵方城堡的情況。

→間諜可以深入敵營了解我方欲刺殺的將領情況。

其謀臣范增則堅持要把漢軍消滅。劉邦深以為患，因而採用陳平的反間計，離間項羽和范增。項羽派使者來，劉邦指使部下備好盛饌相招待，等見過使者後，假裝驚異的樣子，說：「我以為是亞父（即范增）派來的使者，想不到卻是項王的使者。」遂把準備好的盛饌撤去，換成粗劣的飯食。使者回去報告項羽，項羽便懷疑范增與劉邦之間私下相勾結，因而逐漸疏遠了范增，奪去了他的權柄。范增為此十分惱怒，就辭職還鄉，還沒到彭城，就發病身亡，從而使項羽失去了一位足智多謀的得力輔弼。

四、「死間者，為誑事於外，令吾間知之，而傳於敵間也。」死間有兩種，一種是有意去欺騙敵人，一種是不自覺地被人當成誑敵的死間。例如劉邦派酈生說齊王，齊王已同意投誠漢王，不再戒備漢軍。原來準備統兵伐齊的韓信見酈生不用一兵一卒，憑三寸不爛之舌，輕易說服了齊王，覺得太便宜了他。於是趁齊人無備，暗中發兵一舉攻下齊國。齊王認為是酈生欺騙了自己，一怒之下便把他烹了。

五、「生間者，反報也。」生間由於親臨敵方偵察，返回來報告的情況就比較確定，而且可以充當領兵進攻的嚮導。例如1861年，譚紹光等率太平軍包圍吳淞，占領高橋。次年正月，清軍洋槍隊外籍軍官華爾與英軍水師提督何伯假扮成商人，混入高橋，偵察了解太平軍情況後，由何伯和法軍水師提羅德率英、法軍六百八十人，炮七門，炮船十一艘，華爾率洋槍隊七百人，進攻高橋。侵略軍憑其對太平軍陣地的了解和火器的優勢，打敗了太平軍，迫使太平軍退出了高橋。

「五間俱起」的間諜網絡

一旦「五間俱起」，在敵人鄉土上、官場內、間諜中都安上我方耳目，又製造各種假情報迷惑敵人，就能先知敵情又誤導敵人。這樣就可以為我軍行動提供靈敏耳目，為奪取勝利提供基本保障。

使用「反間」的經典：蔣幹盜書

三國時期赤壁大戰中的蔣幹盜書一事堪稱使用反間的經典戰例。蔣幹本來是曹營派來遊說周瑜投降的間諜，卻不自覺地被周瑜利用，成為一名「合格」的反間。

周瑜熱情地請蔣幹喝酒，然後裝醉，晚上又與蔣幹同床而睡。蔣幹半夜起身偷看周瑜的機密文件，「必然」地發現了周瑜偽造的蔡瑁、張允二人企圖叛曹降吳的「密信」，如獲至寶，連夜回營報告曹操去了。

事件背景：
東漢建安十三年（208年），曹操領軍百萬，並用荊州降將蔡瑁、張允訓練水軍，只待時機成熟便要渡過長江天險踏平江東。東吳大將周瑜正為曹水軍日益成熟而日夜煩惱，忽聞曹操謀士也是自己昔日同窗好友蔣幹前來勸降，於是……

結果…… 蔡瑁、張允二人被曹操所冤殺。

最後…… 曹軍被火攻而大敗，曹操也只帶著少數人馬逃回北方。

231

第參章
中國古代戰爭、戰具大全

　　以《孫子兵法》等兵學著作為代表的中國古代軍事理論，對世界軍事理論乃至文化產生了廣泛而深刻的影響。但這只是中國古代在軍事領域裡所取得輝煌成就的一部分。另外，中國古代在兵器製造方面所取得的成就，也是一筆彌足珍貴的文化遺產。例如，火藥與羅盤在軍事上的率先使用，促進了世界軍事的飛速發展，在世界的火器發展史和軍事技術發展史上寫下了光輝的一頁。

　　本章分為若干個專題，對中國古代的車戰、騎兵戰、水戰、城垣攻防戰、火藥及火器的發展等作了專門的闡述，以使讀者對中國古代戰爭有一個更加生動、立體的認識。這對更深入地理解《孫子兵法》有一定的幫助。

本篇圖版目錄

中國古代戰爭、戰具發展的四個階段／236

古代兵器的幾種分類／239

戰車的結構／241

戰車的裝備和車戰的基本戰術／243

魏晉南北朝時期的重裝騎兵／245

騎兵戰術／247

各種打擊或捕獲來敵的器械／249

「塞門刀車」、「軟梯」和「地聽」／251

巢車／253

各種強行攻堅的器械／255

漢代的戰船種類／257

中國古代戰船上的武器裝備／259

從東方到西方──火藥的傳播／261

燃燒類和爆炸類火器／263

管狀類火器發展簡表／265

第一節
中國古代戰爭、戰具發展過程概述

進化
中國古代戰爭、戰具的演變

中國是世界四大文明古國之一，歷史悠久，文化發達。但文明總與戰爭有著千絲萬縷的聯繫，可以說一部文明史就是一部戰爭史。

原始社會：戰爭與戰具的萌芽

在漫長的原始社會，各個部落之間時有械鬥發生。但因當時並無階級和國家，這種械鬥也沒有明確的政治與軍事目的，只是為了爭奪生存空間，所以不能將這種械鬥稱為戰爭，只能稱之為打群架而已。各個部落在械鬥中使用的械鬥工具，也不是嚴格意義上的兵器，但它們是兵器的前身，已具有了兵器的雛形。這些械鬥工具包括石刀、石斧，石矛、棍棒等。大約在十萬年前，出現了投石器，三萬年前，出現了弓箭。

石器時代的工具大都一物多用。起初，械鬥工具與農、牧、狩獵工具並無區別；後來，工具漸多，械鬥時即選用那些較利於殺傷對手的生產工具充當械鬥工具，逐漸積累了有關知識，並透過實踐，對械鬥工具不斷進行改進，這有力地促進了兵器的誕生與發展。

在原始社會晚期，大約距今五千多年前，階級和國家逐漸形成，戰爭也隨即出現。為了適應戰爭的需要，械鬥工具終於脫離了母體——生產工具，按其自身規律向前發展。傳說中的黃帝與蚩尤大戰於涿鹿，正反映了戰爭與兵器形成時的情況，後世把許多兵器的發明歸功於他們。

奴隸社會：車戰盛行於世

當階級、國家形成後，生產力不斷發展，科學技術有了很大進步。此時，車輛、城市以及青銅等金屬開始出現並得到廣泛應用。大約西元前七世紀時，又出現了鐵。這一切成果都很快地應用於軍事鬥爭上。比如，冷兵器的種類、數量和品質都有所發展，威力也增強了。

戰車，出現於夏代，然後發展很快，成為各國軍事力量的重要組成部分，甚至可以說是中堅力量。各諸侯國擁有戰車的數量都很龐大，車戰常是決定勝負的關鍵。此時的冷兵器與個人防護裝備，也常為適應車戰的需要而發展。

　　這一時期，出現了一些早期的攻防器械，如偵察車、早期攻堅車、拋石機等，但總的看來，城防體系還不堅固，攻守器械也不完備和多樣，攻防都未充分發展。這些器械在戰爭中尚無決定性的作用。

　　大約到了秦代（封建社會之初）時，情況有了變化。在著名的秦始皇兵馬俑的行列中，除步兵外，還有戰車和騎兵。這種情況反映出當時正處於戰車與騎兵過渡、交替的過程之中。大約到了漢代，戰車即遭淘汰。

　　諸侯國的頻繁戰爭，既刺激了兵器的發展，也催生出一批傑出的軍事家，如孫武、孫臏、吳起、呂望、尉繚等人。他們名留青史，為後世留下了不朽的篇章。

封建社會前期：城垣攻防決定勝負

　　在戰車退出歷史舞臺後，城垣的攻防意義越來越大，甚至成為決定勝負的關鍵。這個階段各類攻守器械的發展引人注目：守方努力使城防固若金湯；而攻方則盡力克服面臨的難題，為此創造了許多攻城辦法以及種類多、威力大的攻城器械。這時的冷兵器也有很大發展，並與車戰盛行時有明顯的不同。這一時期中國的科技高速發展，並領先於世界。戰具的發展正反映了這種盛況。

封建社會後期：火藥改變了戰場的面貌

　　約在八世紀，道教的方士們在煉製長生不老的丹藥時意外發明了火藥，從此火藥登上了軍事歷史舞臺。火藥最早在唐代用於實戰，接著出現了多種威力巨大的火器，縱橫疆場，對冷兵器造成極大衝擊，傳統的戰爭模式也為之改變。這是一場真正意義上的軍事革命。在十三世紀至十四世紀，火藥和火器透過阿拉伯地區傳至歐洲，推動了世界文明的進步。以後，中國火器的發展日趨緩慢。十五世紀後，西歐更先進的火器及火器製造技術，返傳回火藥及火器的「故鄉」——中國。後來，中國在鴉片戰爭中一敗塗地，完全結束了中國古代兵器的顯赫歷史。此時冷兵器雖仍在戰爭中使用，但其重要性已越來越小了。

中國古代戰爭、戰具發展的四個階段

中國古代戰爭、戰具的發展主要分為四個階段，即原始社會時期（戰爭、戰具的萌芽時期）、奴隸社會時期（車戰盛行時期）、封建社會前期（城垣攻防時期）、封建社會後期（火器時期）。

第①階段

原始社會時期（西元前二十一世紀以前）

這一時期是戰爭、戰具的萌芽時期。特點是還沒有嚴格意義上的戰爭出現，也沒有專門用於戰鬥的兵器。在此時期，各部落之間雖時有械鬥發生。但因當時並沒有產生階級與國家，這種械鬥沒有明確的政治與軍事目的，所以並不能稱之為戰爭。在械鬥中使用的工具，也不是嚴格意義上的兵器，只是普通的農、牧、狩獵工具。

第②階段

第③階段

奴隸社會時期（前二十一世紀～前五世紀）

這一時期包括夏、商、西周以及春秋時期等。此時的階級、國家已經形成，科學技術有了很大進步。車輛、城市以及青銅等金屬開始出現並得到廣泛應用。這些成果轉化到軍事上的一大特點就是車戰盛行。戰車，出現於夏代，然後發展很快，成為各諸侯國軍事力量的重要組成部分，甚至可以説是中堅力量。各諸侯國擁有戰車的數量都很龐大，車戰常是決定勝負的關鍵。此時的冷兵器與個人防護裝備，也常為適應車戰的需要而發展。

封建社會前期（西元前五世紀～十世紀）

這一時期，戰車已在正面戰場被淘汰而只用於後勤運輸。在戰車退出歷史舞臺後，步兵和騎兵得到很大發展，城垣的攻防意義也越來越大，甚至成為決定勝負的關鍵。這個階段各類攻守器械的出現和完善尤其引人注目，種類繁多的、威力巨大的攻守器械相繼登場。這時的冷兵器也有很大發展，並與車戰盛行時有明顯的不同。這一時期中國的科技高速發展，並領先於世界。戰具的發展正反映了這種盛況。

第④階段

封建社會後期（十世紀～十九世紀）

這一時期，火藥和火器被用於軍事。這是一場真正意義上的軍事革命，從此傳統的戰爭模式為之改變。十三世紀至十四世紀，火藥傳入西方，並因此取得更大的進步，但火藥的故鄉——中國在這方面反而止步不前，日益落後。直到1840年鴉片戰爭的失敗，標示著中國古代兵器的顯赫歷史徹底結束了。

第參章　中國古代戰爭、戰具大全

中國古代戰爭、戰具發展過程概述

237

第二節 各種近戰冷兵器

兵器知多少
兵器的分類

古代兵器有不同的分類法,而其中最令人們熟知的一種分法就是「十八般兵器」的說法。

兵器的幾種分類

按其複雜程度,可分為戰爭器械(戰爭中使用的機械)和簡單兵器。

按作用距離,可分為近戰兵器與遠射兵器。近戰兵器又可分為短兵器及長兵器。

按是否含有火藥,可分為熱兵器(即火器)和冷兵器。

按使用用途,可分為進攻型兵器和防守型兵器。

按製作材料,可分為木製、銅製和鐵製兵器。早期也用石製、骨製兵器等。

十八般兵器

所謂「十八般兵器」,只是簡單兵器的一種分類,不包括戰爭器械。

古代常以精通「十八般兵器」或「十八般武藝」來盛讚某人武藝高強。這一說法流傳很廣,它是從何而來的呢?此說最早有確切文字記載當推明朝朱國楨在《湧幢小品》中說的「十八般武藝」。它們是:弓、弩、鎗、刃、劍、矛、盾、斧、鉞、戟、鞭、簡、撾、殳、叉、爬頭、綿繩套索、白打。所列的當為技藝,最後一種顯然不是兵器。清代普遍認為,「十八般兵器」中包括「銃」。這個說法反映了兵器的發展。「十八般兵器」只能理解為統稱,概言其種類繁多。

「十八」這個數,來源於「九」。「九」是最大的個位數,古人常用「九」或「九」的倍數表示數量之極,如十八羅漢、十八層地獄、三十六計等,都是由「九」演化出來,「十八般兵器」或「十八般武藝」也是如此。

古代兵器的幾種分類

中國古代兵器的種類繁多，下面就從分類的角度介紹，以使讀者能從整體上對其有所了解。

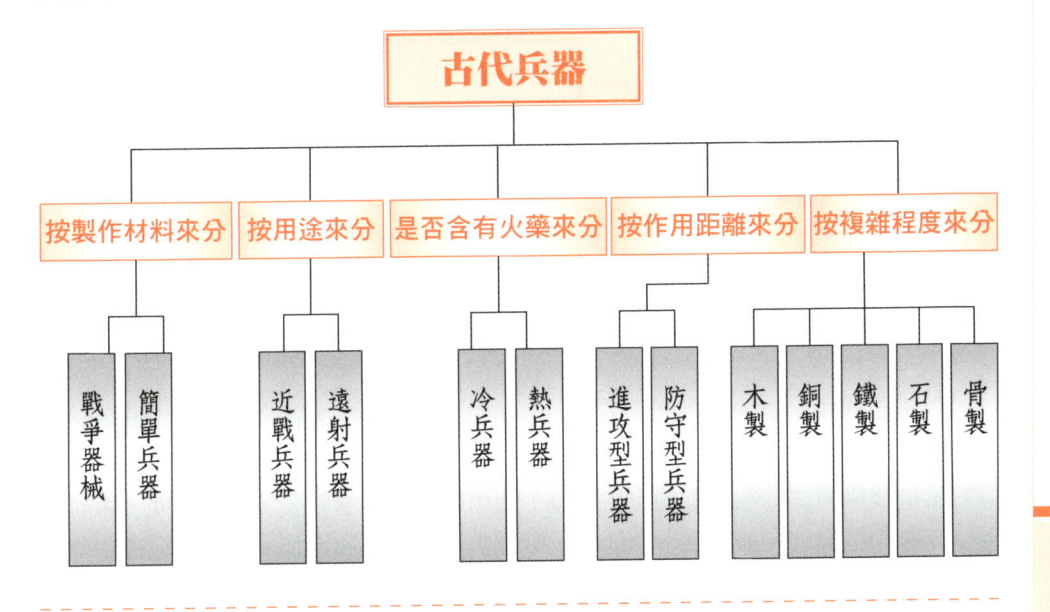

```
                        古代兵器
    ┌───────────┬───────────┼───────────┬───────────┐
按製作材料來分  按用途來分  是否含有火藥來分  按作用距離來分  按複雜程度來分
  ┌──┴──┐    ┌──┴──┐    ┌──┴──┐    ┌──┴──┐    ┌──┬──┬──┬──┐
戰爭  簡單    近戰  遠射    冷    熱    進攻型 防守型  木  銅  鐵  石  骨
器械  兵器    兵器  兵器    兵器  兵器    兵器   兵器    製  製  製  製  製
```

```
                        十八般兵器
 ┌──┬──┬──┬──┬──┬──┬──┬──┬──┬──┬──┬──┬──┬──┬──┬──┬──┐
 刀 槍 劍 戟 斧 鉞 鉤 叉 鞭 鐧 錘 抓 钂 棍 槊 棒 拐 流星錘
```

特別提示

「十八般兵器」

「十八般兵器」的說法有確切文字記載最早見於明朝朱國楨在《湧幢小品》中說的「十八般武藝」。自清代以來，又產生了四種不同的說法：
(1) 指「刀、槍、劍、戟、钂、棍、叉、耙、鞭、鐧、錘、斧、鉤、鐮、扒、拐、弓箭、藤牌」。
(2) 與（1）排列相同，唯後三件變為：代、抉、弓矢。
(3) 指「九長九短」。九長為槍、戟、棍、鉞、叉、钂、鉤、槊、環；九短為刀、劍、拐、斧、鞭、鐧、錘、棒、杵。
(4) 即為上面圖表所列，是現代人的說法。

第三節 車戰

古代戰爭的主要形式
車戰

車戰，也稱車陣戰，在古代曾一度盛行，持續時間長達數千年之久。

車戰的演變

夏朝已有戰車和小規模的車戰。此後一直到春秋時期，車戰都是主要的作戰方式。在車戰的起始階段，使用戰車的數量較少。春秋時期，隨著生產力的發展和兼併戰爭的加劇，戰車數量有了明顯增加。一些如晉國和楚國這樣的諸侯國，戰車的數量可達四千乘以上。到了戰國初期，由於鐵兵器的採用和弩的改進，使步兵得以在寬大正面上，有效地遏止密集、整齊的車陣進攻。於是，擁有大量步兵的新型軍隊開始形成，而戰車則逐漸被取代。但是，這一作戰方式的演變過程是極其緩慢的，直到戰國末期，各諸侯國的戰車數量仍相當可觀，大規模的車戰還時有發生。直到秦末漢初的戰爭中，車戰仍然對戰爭發揮著一定的作用。大約到了漢武帝年間，漢王朝的軍隊為了與匈奴進行持續的戰爭，發展了大量騎兵部隊，此後車戰便徹底衰落了。

戰車的結構

根據文獻記載和出土實物來看，商周時期戰車的形制基本相同，均為獨轅、兩輪、長轂；橫寬豎短的長方形車廂（輿），車廂門開在後方；車轅後端壓置在車廂與車軸之間，轅尾稍露出廂後，轅前端橫置車衡，衡上縛兩軛用以駕馬。商朝戰車輪徑較大，約在一百三十至一百四十公分之間，春秋時期縮小為一百二十四公分左右；車廂寬度一般在一百三十至一百六十公分之間，進深八十至一百公分。由於輪徑大，車廂寬而進深短，而且又是單轅，為了加大穩定性及保護輿側不被敵車迫近，戰車的車轂一般均遠比民用車的車轂長。

戰車為木製結構，一般在重要部位裝有青銅件，通稱車器，用以加固和

戰車的結構

顧名思義，車戰的主角當然就是戰車。早在先秦時期，中國製造的戰車就已經相當複雜和成熟了。下面就以西周時期的戰車為例，對其結構作一解析。

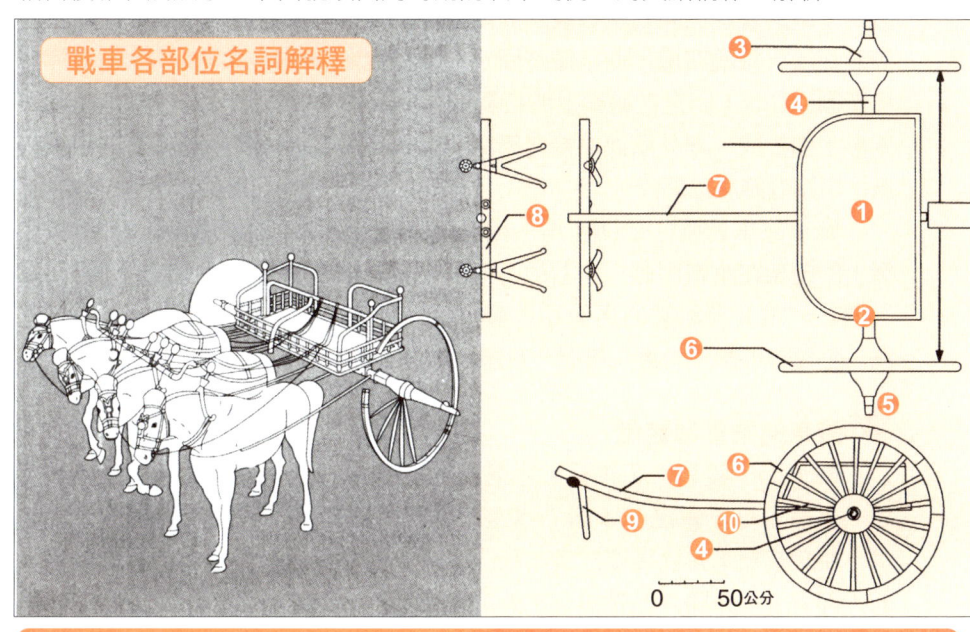

戰車各部位名詞解釋

① 輿　　是指戰車中作為載車部分的車廂。
② 軫　　是指在輿的左右兩邊豎立的欄杆或木板。
③ 轂　　是指車輪的中心一個有孔的圓木環，用以貫軸。
④ 軸　　一根木製橫梁，上承車輿，兩端套上車輪，是車的主要傳動裝置。
⑤ 軎　　是指套在露出轂外之軸兩端的青銅或鐵製的軸頭。
⑥ 輞　　是指車輪的邊框部分。
⑦ 轅　　為一根直木或稍彎曲的木杠，發揮了連接馬與車軸的作用。
⑧ 衡　　是在轅的前端拴著的一根彎曲的橫木。
⑨ 軛　　衡下面用以卡住馬頸的部分。
⑩ 輻　　是指連接輞和轂的木條。車輪的輻條有多有少，一般為三十根。四周的輻條都向車轂集中，這叫輻輳。

車戰被淘汰的原因

車戰被淘汰的原因

→ **社會制度的變革**
原來等級森嚴的奴隸制消亡後，已無法招到數量巨大的跟在車後跑的「徒兵」。因為「徒兵」在作戰時很辛苦，而且充滿了危險。

→ **戰車自身的缺點**
戰車體積大，機動性差，尤其不適合崎嶇的山路，因此越來越難以適應戰爭的需要。

→ **新式武器的出現**
由於鐵兵器的採用和弩的改進，使步兵得以在寬大正面上，有效地遏止密集、整齊的車陣進攻。

裝飾。戰國時期已開始在軸轂之間裝置鐵錭，以減少軸轂的摩擦。鐵錭為半筒形瓦狀，每輪四塊，均以鐵釘固定在軸杆上。飾是包在車輪輞上的銅片，縱斷面呈U形，固定在輪輞上的接縫處。輪輞為雙層結構，每層均由兩個半圓形木圈拼成，裡外兩面的接縫錯開，互成直角，造成每一輪輞有四個接縫處，用四個飾加以緊固。

戰車每車駕兩匹或四匹馬。四匹駕馬中間的兩匹稱「兩服」，用縛在衡上的軛架在車轅兩側。左右的兩匹稱「兩驂」，以皮條繫在車前，合稱為「駟」。馬具有銅製的馬銜和馬籠嘴，這是御馬的關鍵用具。馬體亦有銅飾，主要有馬鑣、當盧、馬冠、月題、馬脊背飾、馬鞍飾、環、鈴等。

戰車的乘員和裝備

戰車上一般有三名乘員，也稱甲士，按左、中、右排列。左方甲士持弓，主射，是一車之首，稱「車左」又稱「甲首」；右方甲士執戈，主擊刺，並有為戰車排除障礙之責，稱「車右」，又稱「參乘」；中為駕馭戰車的「御者」，只隨身佩帶短劍之類的自衛兵器。這種乘法可以追溯到商朝，西周和春秋時期的乘法也與此相同。除上述的武器之外，車上還備有若干有柄的格鬥兵器，這些兵器是戈、殳、戟、酋矛、夷矛，合稱「車之五兵」，這些兵器插放在戰車輿側，供乘員在作戰中使用。為了減少傷亡，乘員和戰馬都有很好的防護裝備，常用青銅、皮革等材質做成甲胄。如上所述，由於備製戰車的花費昂貴，所以只有少數人才能充當戰車乘員，而且乘員的培養也非常不容易。在孔子倡導的「六藝」—作為「士」所必修的科目中就有「射」、「御」兩項是用在戰車上的。

每乘戰車除車上的三名乘員以外，還隸屬有固定數目的徒兵，稱之為「卒」。這些徒兵和每乘戰車編在一起，再加上相應的後勤車輛與徒役，便構成當時軍隊的一個基本編制單位，稱為「一乘」。這一情況反映出當時的軍隊以戰車為中心的編制特點。

戰車的裝備和車戰的基本戰術

中國古代的戰車一般有三個乘員，車後還跟隨數名徒兵（徒步行走的士兵）。戰車的作用在於利用速度和裝甲衝開敵人的防禦陣形，類似於現代的坦克。

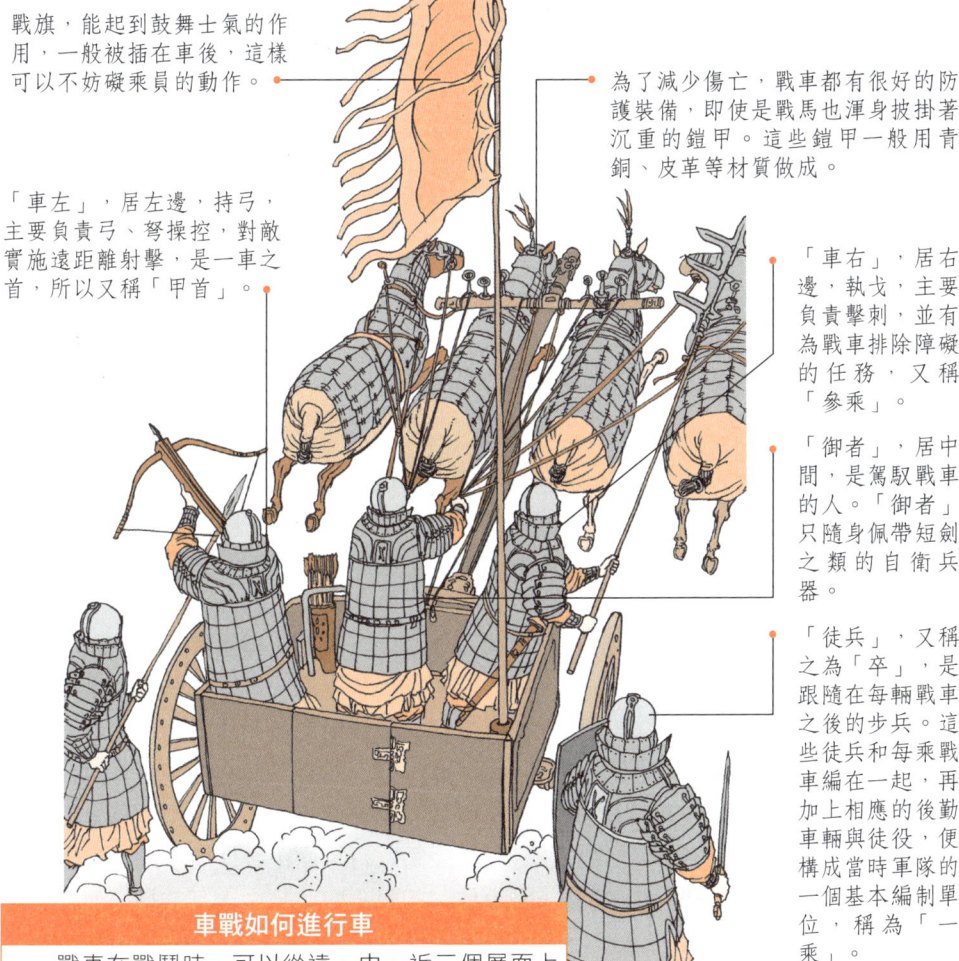

戰旗，能起到鼓舞士氣的作用，一般被插在車後，這樣可以不妨礙乘員的動作。

為了減少傷亡，戰車都有很好的防護裝備，即使是戰馬也渾身披掛著沉重的鎧甲。這些鎧甲一般用青銅、皮革等材質做成。

「車左」，居左邊，持弓，主要負責弓、弩操控，對敵實施遠距離射擊，是一車之首，所以又稱「甲首」。

「車右」，居右邊，執戈，主要負責擊刺，並有為戰車排除障礙的任務，又稱「參乘」。

「御者」，居中間，是駕馭戰車的人。「御者」只隨身佩帶短劍之類的自衛兵器。

「徒兵」，又稱之為「卒」，是跟隨在每輛戰車之後的步兵。這些徒兵和每乘戰車編在一起，再加上相應的後勤車輛與徒役，便構成當時軍隊的一個基本編制單位，稱為「一乘」。

第參章 中國古代戰爭、戰具大全

車戰

車戰如何進行車

戰車在戰鬥時，可以從遠、中、近三個層面上分別對敵進行攻擊。戰車在接近敵人前，首先採用遠射兵器（如弓、弩等）射擊對方；其次，在接近敵人時，再使用長兵器（如矛、戈、戟等）在車上與敵格鬥；再次，一旦戰車損毀，乘員就下車使用護身的兵器（如刀、劍、匕首等）進行自衛。

戰鼓是戰車部隊的指揮工具。在戰鬥中，戰車都要隨著主將的鼓聲衝鋒陷陣。所以，主將在戰鬥過程中，要盡量保持鼓聲不斷，堅持指揮。戰鼓對戰車的指揮方式可以歸結為「鼓之則進，金之則止」。這一點一直延續到現在，比如我們仍以擊鼓來表示某項工作的開始，以鳴金來表示工作的結束。

戰平面示意圖

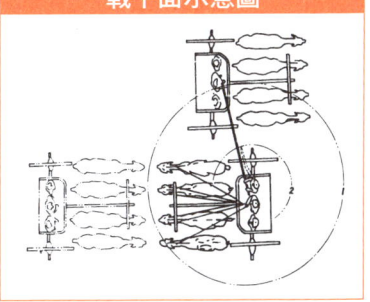

第四節 騎兵戰

騎兵
馳騁兩千年之久的戰略力量

在中國，騎兵作為一個獨立的兵種出現於戰國時期。正是由於騎兵部隊的大規模組建和運用，最終導致了車戰的衰落。

技術革新與騎兵部隊的組建

在中國古代歷史上，騎兵部隊的大規模組建始於戰國時期。騎兵部隊的出現得益於三個技術方面的創新：（1）馬鞍，在馬鞍沒有發明前，人們只能騎在光溜溜的馬背上。在這種情況下，顯然不具備組建騎兵的條件。所以中國在當時主要實行的是以車戰為主的作戰方式。大約在戰國後期，馬鞍發明了。馬鞍使得騎手可以平穩地騎在馬背上，因而使得組建騎兵成為可能。率先組建強大騎兵部隊的是匈奴人，所以可以推測，馬鞍很有可能是由匈奴人發明的。中原地區是在趙武靈王推廣胡服騎射之後，才開始組建騎兵部隊的；（2）馬鐙，馬鐙是由中國人發明的，這一點毫無疑義，只是具體的時間尚無定論。馬鐙的使用對於騎兵部隊具有重要意義，因為騎士的腳有了著力點，進而提高了殺傷效果，並且利於長距離行軍而不致使騎手過於疲勞。馬鐙很快就由中國傳到了國外，向東傳到朝鮮，向西經由土耳其最後傳到了歐洲的古羅馬帝國。英國著名的中國科技史專家李約瑟對此給予了高度評價：「我們可以這樣說，就像中國的火藥在封建主義的最後階段幫助摧毀了歐洲封建制度一樣，中國的馬鐙在最初卻幫助了歐洲封建制度的建立。」（3）馬銜，據考古推測，馬銜很有可能是由突厥人發明的。馬銜的發明使騎手對馬的控制達到了一個非常自如的程度。

中國古代對騎兵部隊的運用

中國歷代王朝雖然也非常重視騎兵部隊的組建（例如，在漢武帝和唐太宗時期都組建了強大的騎兵部隊），但由於中原地區缺乏戰馬，所以在更多

魏晉南北朝時期的重裝騎兵

在中國歷史上，歷代王朝都非常重視騎兵的建設和運用。中國歷史上的騎兵也和歐洲中世紀一樣，將騎兵主要分為兩種：一是重裝騎兵，一是輕騎兵。魏晉南北朝時期，中原各王朝都大力發展的是重裝騎兵。

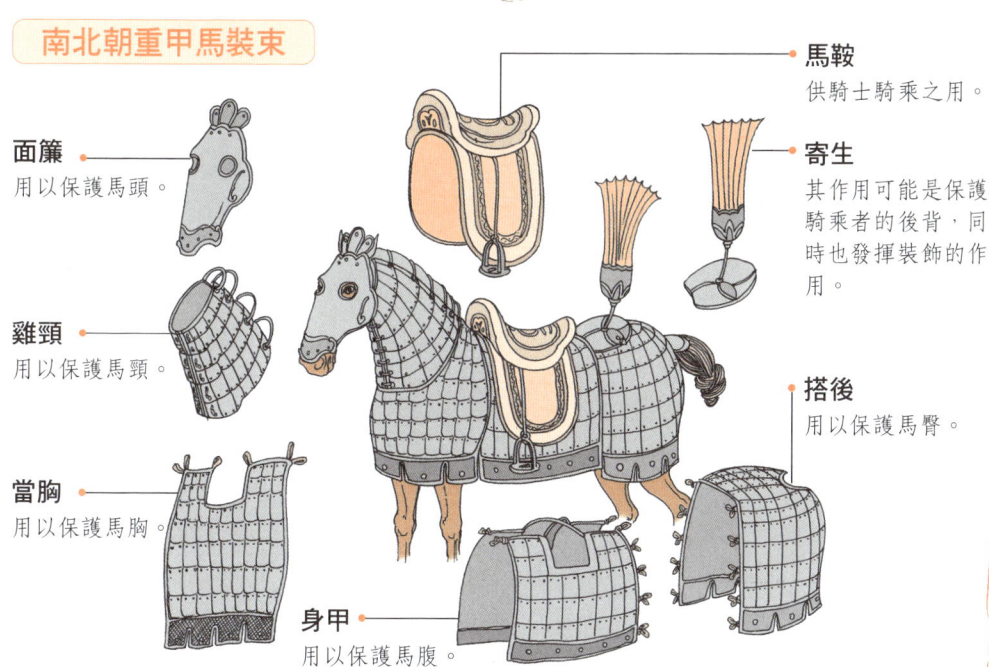

> 左圖所示的是魏晉南北朝時期典型的重裝騎兵裝束。重裝騎兵又被稱為「具裝騎兵」，其無論是武士還是戰馬都身披重甲。武士右手持一支很長的矛，用於衝殺。腰間還配有弓箭，用於遠距離射殺敵人。重裝騎兵集衝擊力和防護力於一身，作用類似於今天的坦克。

南北朝重甲馬裝束

面簾
用以保護馬頭。

雞頸
用以保護馬頸。

當胸
用以保護馬胸。

身甲
用以保護馬腹。

馬鞍
供騎士騎乘之用。

寄生
其作用可能是保護騎乘者的後背，同時也發揮裝飾的作用。

搭後
用以保護馬臀。

第參章　中國古代戰爭、戰具大全

騎兵戰

245

的時候其軍隊還是以步兵為主，騎兵主要是作為機動兵力和突擊部隊而使用的。中國騎兵和歐洲一樣，也分為重裝騎兵和輕騎兵兩種。兩者的不同之處在於：前者人、馬都披重鎧，手持長矛，因此也稱之為「具裝騎兵」；後者則不需為馬披甲，而且人穿的鎧甲也不厚重。

　　伴隨著騎兵部隊的組建和在戰爭中的運用，圍繞著騎兵的戰略、戰術便應運而生了。騎兵的特點主要在於其具有強大的機動性，因此在戰爭中往往施行一些長途奔襲、大包圍、大迂迴的戰術。例如在漢武帝時，名將衛青、霍去病等就多次率數萬騎兵，採用迂迴包抄、深入敵後等戰法大破匈奴。唐太宗滅亡東突厥之戰，也是依靠強大的騎兵部隊，實施千里大奔襲。魏晉南北朝時期特別重視重裝騎兵的組建，而唐五代以後則基本上以輕騎兵為主。由於宋代缺乏良馬，所以其騎兵部隊不甚強大。元朝時，蒙古人騎兵部隊有著強大的機動力和戰鬥力，一名士兵往往配有六匹戰馬，輪換騎乘，一天就可以前進近百公里。明、清以後，火器得到了很大發展，騎兵的地位逐漸下降。鴉片戰爭以後，騎兵作為戰略力量的地位已經不存在了。現在，騎兵甚至已經徹底地退出了戰爭舞臺。

騎兵戰術

騎兵部隊的戰術靈活多變，只就其作戰隊形而言，就會隨著環境狀況的變化而變化。下面具體介紹兩種：一種是在沒有障礙物的廣闊土地上適用的「易戰法」；一種是在兩側有山，道路狹窄的地形上適用的「險戰法」。

易戰法

在沒有障礙物的廣闊土地上適用的一種騎兵作戰隊形。在此種地形下，5騎間隔6公尺橫向排列成組（稱為「一長」），這樣的兩組前後間隔30公尺排列，便形成了10騎的小隊（稱為「一吏」）。假設馬體長2公尺，寬60公分，那麼小隊所占面積為長34公尺、寬27公尺，即918平方公尺。然後，小隊縱橫各間隔75公尺，集合10隊，合計為100騎的隊伍（稱為「一率」）。如果橫5列、縱2列來排列小隊，那麼一個騎兵隊將占據橫435公尺，縱143公尺的範圍。由於騎兵在行動時會占用很大的地方，所以稱此種隊列為「易戰法」。

10騎1吏

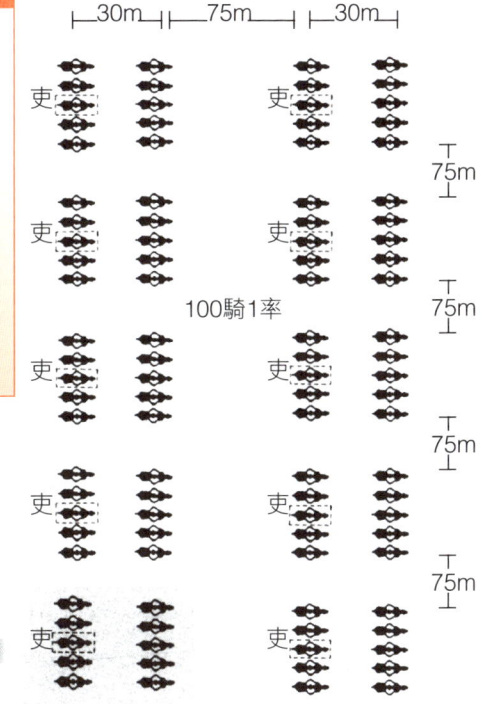

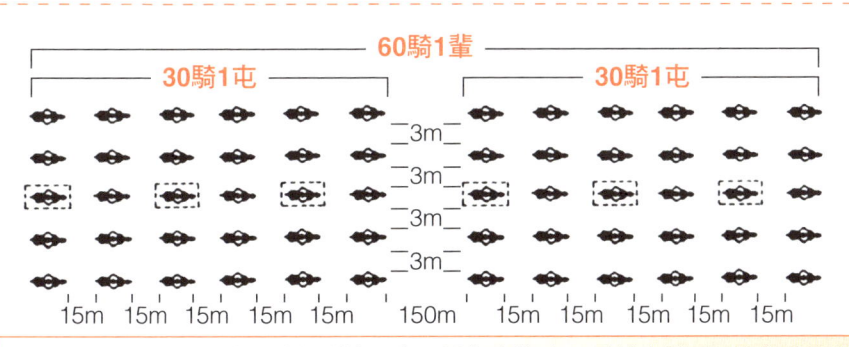

100騎1率

險戰法

當兩側有山、通道狹窄的時候所使用的一種作戰隊形。5騎橫向排列，這與「易戰法」相同，不同之處在於6組縱向排列形成名為「屯」的隊列。由30騎構成的屯前後間隔150公尺排列2隊，便形成了60騎的「輩」。在「屯」裡面，戰馬之間的橫向距離為3公尺，前後距離為15公尺。也就是說，1屯的橫向為15公尺，縱向為87公尺，1輩的橫向為15公尺，縱向為324公尺，這樣騎兵的密集度幾乎接近「易戰法」的8倍。

30騎1屯　60騎1輩

第參章　中國古代戰爭、戰具大全

騎兵戰

247

第五節 城垣攻防戰

❶ 防禦

城垣的功能

城垣攻防戰是一種重要的戰爭形式，其中所有的戰鬥行為都是圍繞著城垣本身展開的。

🦌 城垣的起源及發展

古籍上說，中國早在夏代初年就已有了城牆，現代考古中也發現了夏代夯土城牆的遺跡。商周時，各諸侯國更是按各自等級修建相應規模的城市。而且商代不但有城牆，牆外還有壕溝環繞。到了戰國時期，各諸侯國所建城防建築益發講究。根據現在發現的城郭遺跡，說明當時已有三重城牆、三道壕溝的城市，並開始築造萬里長城。漢代城市的規模更大，城牆及壕溝也都有發展。中國雖然在戰國時已有磚瓦，但現有證據是直至隋代才開始用磚來修建城牆，其結構是外層用磚，內填夯土。根據古籍所記：當時的城牆下闊上窄，下面約8.33公尺（2.5丈），上面約4.16公尺（1.25丈），城牆高約16.67公尺（5丈），壕溝上闊約6.67公尺（2丈），下闊約3.33公尺（1丈），深約3.33公尺（1丈）。宋代是中國歷史上城垣建築的集大成者，而且這種形式一直影響到了後世。在《武經總要》中有對城牆、壕溝的準確記載，並且「甕城」、「馬面」及「弩臺」等結構開始出現。

🦌 城垣的防禦器械

在城垣攻防戰中，防守一方還會使用許多專用的防禦器械，以加強城垣的防守。這方面的器械主要分為以下種類：

一、阻止進攻一方軍事行動的器械。這類器械的主要作用是可以延緩甚至阻止敵方對城垣的直接進攻。其又可以分為以下幾小類：（1）鐵蒺藜類，這是一種戳傷人、馬腳的東西的總稱。平時「鐵蒺藜」用繩串成串，攜帶方便，每人帶十五串，既可迅速布置成陣，又可迅速收起。布防成陣就能收到

各種打擊或捕獲來敵的器械

這些器械主要用來對付強行登城的敵人，居高臨下地打擊或捕獲來敵。

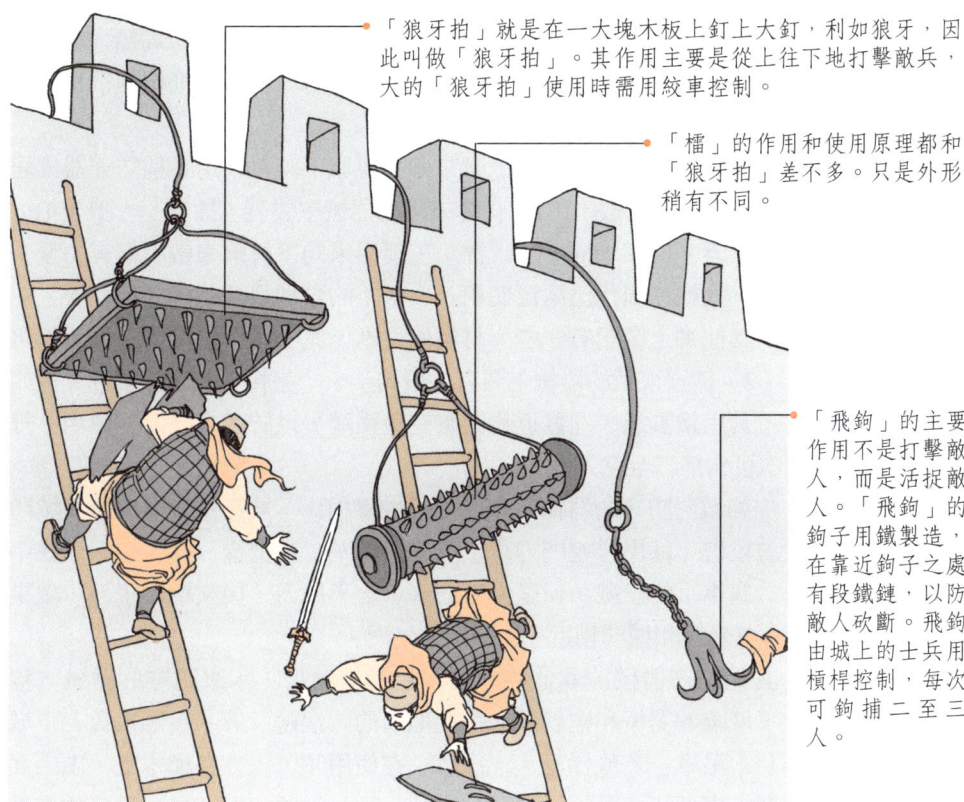

「狼牙拍」就是在一大塊木板上釘上大釘，利如狼牙，因此叫做「狼牙拍」。其作用主要是從上往下地打擊敵兵，大的「狼牙拍」使用時需用絞車控制。

「檑」的作用和使用原理都和「狼牙拍」差不多。只是外形稍有不同。

「飛鉤」的主要作用不是打擊敵人，而是活捉敵人。「飛鉤」的鉤子用鐵製造，在靠近鉤子之處有段鐵鏈，以防敵人砍斷。飛鉤由城上的士兵用槓桿控制，每次可鉤捕二至三人。

第參章 中國古代戰爭、戰具大全

城垣攻防戰

幾種「鐵蒺藜」

「鐵蒺藜」是一類應用廣泛的城垣防禦器械，主要布設在城垣外面靠近城牆的地上。它們一是可以有效殺傷敵方士兵，二是可以最大限度地延緩敵方的進攻速度。「鐵蒺藜」類主要有「掏蹄」、「鹿角木」、「鐵菱角」等。

| 掏蹄 | 鹿角木 | 鐵菱角 |

很好的阻止敵方行動的效果，又不致影響自己的行動。（2）拒馬類，這是指阻攔敵方人馬行動的器械，包括「拒馬槍」、「木城」、「飛轅寨」和「陷馬坑」等。

二、打擊或捕獲來敵的器械。當來敵兵臨城下時，就用各種防守器械居高臨下地打擊或捕獲來敵。（1）打擊來敵的器械主要有「檑」、「狼牙拍」和「鐵撞木」等。例如「檑」，「檑」主要用來向下打擊來敵，很有力量。它起源很早，大約在周代已廣泛使用。「檑」的類型很多，《武經總要》中就有五種，其他書上還記有一些。材料使用木、泥、石子、鐵等。最長的可達丈餘。（2）捕獲來敵的器械主要有「飛鉤」、「吊樁」和「穿環」。例如「飛鉤」，其用鐵製造，在靠近鉤之處有段鐵鏈，以防敵人砍斷。使用「飛鉤」，每次可鉤捕二至三人。

三、加強城門防守的器械。和堅固的城牆相比，城門是薄弱環節。城門一旦被敵方攻破，就用「塞門刀車」或「千斤閘」來抵擋。《墨子》一書中已有關於「塞車」的記載。只是當時的塞車上不用刀，後來增添了刀，效果就更好了。其寬度和城門相近，恰好塞住城門。

四、其他防守器械。其他防守器械包括借助火、水來防守的器械，接應人員上下城牆的器械和監聽敵人挖掘地道的「地聽」等。接應人員上下城牆的設備有「吊車」及軟梯等。「吊車」在使用時，人立在橫木上，由上面的人來操縱絞車即可，而軟梯則要人攀援上下。為防止對方挖掘地道攻進城內，可採用「地聽」。人站在地下的大缸裡，對地下的情況進行監聽。也可挖掘防禦地道，若發現了敵人的地道，可馬上向地道內送煙塵、送火甚至送毒，或者設法堵塞敵人出口。

「塞門刀車」、「軟梯」和「地聽」

本圖介紹的是「塞門刀車」、「軟梯」和「地聽」等幾種防禦器械。「塞門刀車」的作用是在城門被攻破時，充當臨時的城門。在城垣被圍時，「軟梯」可以接應人員進出城。使用「地聽」可以偵聽到敵人挖掘地道的聲音，進而破壞敵人企圖從地道入城的計畫。

「塞門刀車」的特寫圖

「塞門刀車」使用示意圖

和堅固的城牆相比，城門是薄弱環節。當城門被敵方攻破時，「塞門刀車」就派上了用場。「塞門刀車」出現得很早，《墨子》一書中就已有關於「塞車」的記載。只是當時的塞車上不用刀，後來增添了刀，效果就更好了。其寬度和城門相近，恰好塞住城門，刀尖朝外，以擋住敵軍的湧入。

軟梯

當城垣被敵軍團團包圍時，城門不可輕易打開。如有人員（比如談判代表、勸降的使者）要臨時進出城時，就主要使用「軟梯」一類的交通器具。

地聽

地聽其實就是一種埋入地下的大缸，士兵手持竹製、木製或金屬製的聽筒，時刻偵聽地下有沒有異常的聲音（如挖洞的聲音），這種原理類似於現在的「聲納」。實際使用時，一般在城牆根處設多個「地聽」，這樣可以擴大偵聽的範圍。若發現了敵人的地道，可向地道內放煙、放火甚至投毒，或者設法堵塞敵人出口。

攻城一方正在挖掘地道。

第參章　中國古代戰爭、戰具大全

城垣攻防戰

251

❷ 無堅不摧
種類繁多的攻城器具

> 秦漢以來圍繞著城垣攻堅，發展出了多種多樣的攻堅器械。總之，中國有一套水準很高的具有世界先進水準的城垣攻堅器械。

攻城中的偵察器械

古代戰爭往往從偵察敵情開始，因而偵察器械起源甚早，應用也廣。古代偵察器械很多，也有不同的名稱，如「巢車」、「望樓」、「飛樓」等，其中尤以「巢車」應用最多。「巢車」名稱中的「巢」字是說這種偵察車上有個東西（板屋）狀如鳥巢，可以升降。一般來說，使用「巢車」具有以下特徵：（1）板屋應升得很高，用於城垣攻防戰的必須高過城牆，板屋要升高，須藉助絞車。古書上的「巢車」圖均未繪絞車，但從板屋重量計算，板屋如不用絞車則無法提升。（2）板屋的尺寸，應能容納兩人。其四周有觀察孔，便於瞭望，板屋外釘生牛皮，以防敵方打擊，因為板屋升高後，它便成為敵方矢石打擊的靶子。（3）偵察車底部裝有輪子，以便於行動。這是對偵察車的基本要求。「巢車」也可用來指揮軍隊。方法是其板屋升高後，其內的人員展現不同顏色的旗幟，或將旗幟擺成不同的樣子，用以說明不同的意思。如：旗幟捲起，說明無敵人；旗打開，表示敵人來了；旗下垂，說明敵人已到；旗上舉並晃動，說明敵人在退；敵人退盡，則旗仍捲起。

攻堅器械

攻堅器械的種類主要包括：為進攻做準備的器械、掩護人員挖掘地道的器械、破壞防守設施的器械以及強行登城的器械等。

一、為進攻做準備的器械。這類器械的作用主要是使部隊和進攻器材能夠順利地抵達城下。其中的典型便是「壕橋」。「壕橋」的寬度應與攻堅器械通過的道路相適應；而「壕橋」長度則由壕溝的寬度決定。可將幾具「壕橋」並列，增加其寬度。戰國時已將八具「壕橋」並列，總寬達約40公尺（12丈），可使大部隊浩浩蕩蕩通過壕溝。「壕橋」的結構有兩輪的，也有四輪的，這與壕寬有關。宋代還有一種「摺疊壕橋」，可在壕溝較寬時用。

二、掩護人員挖掘地道的器械。中國古代很早就用挖掘地道的辦法進

巢車

中國古人發明的「巢車」等器械，可以透過高大厚實的城牆窺探到城中敵人的情況，因此在城垣攻堅戰中具有非常重要的作用。此外，「巢車」上的人員是透過旗語向地面上的部隊傳遞信息的。

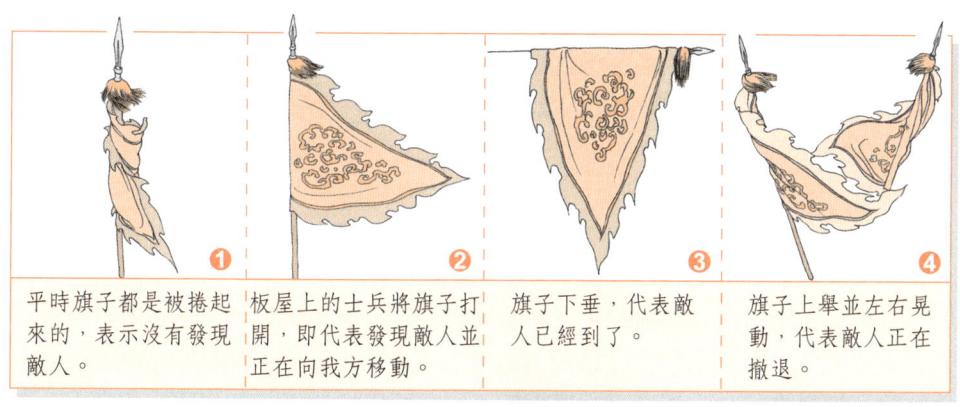

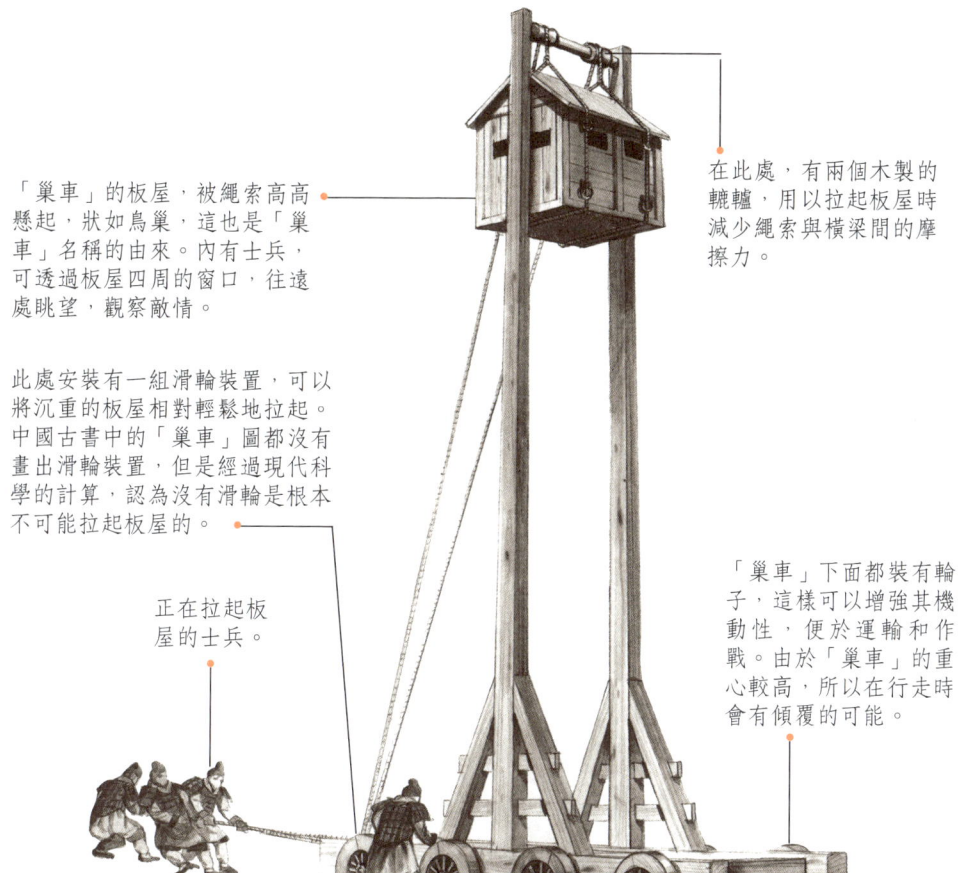

❶	❷	❸	❹
平時旗子都是被捲起來的，表示沒有發現敵人。	板屋上的士兵將旗子打開，即代表發現敵人並正在向我方移動。	旗子下垂，代表敵人已經到了。	旗子上舉並左右晃動，代表敵人正在撤退。

「巢車」的板屋，被繩索高高懸起，狀如鳥巢，這也是「巢車」名稱的由來。內有士兵，可透過板屋四周的窗口，往遠處眺望，觀察敵情。

此處安裝有一組滑輪裝置，可以將沉重的板屋相對輕鬆地拉起。中國古書中的「巢車」圖都沒有畫出滑輪裝置，但是經過現代科學的計算，認為沒有滑輪是根本不可能拉起板屋的。

正在拉起板屋的士兵。

在此處，有兩個木製的轆轤，用以拉起板屋時減少繩索與橫梁間的摩擦力。

「巢車」下面都裝有輪子，這樣可以增強其機動性，便於運輸和作戰。由於「巢車」的重心較高，所以在行走時會有傾覆的可能。

第參章　中國古代戰爭、戰具大全

城垣攻防戰

253

攻。從宋代兵書中，就記載了當時挖掘地道所用的器械。挖掘地道的器械一般有「轒轀」和「頭車」等。（1）「轒轀」（詳情見第二章）。（2）「頭車」，結構比較複雜，功能也最完備。「頭車」實際上是車隊，由三部分組成：前面是「屏風牌」，以擋箭矢；中間即叫「頭車」，掩護士兵挖地道；後面是「緒棚」，有一具絞車，絞來泥土，將其疏散。「頭車」外用生牛皮蒙住，還備有水袋、拖把等滅火用具，以防敵方用火。

三、破壞防守設施的器械。針對防守一方眾多的防禦設施，因此也產生了很多不同類型的破壞防守設施的器械，它們的功用各不相同。（1）「撞車」，它的功能是撞擊，以破壞城門。其頭部是鐵製的，車後附有兩個爪子，可以放下頂住地，以防「撞車」在工作時由於反向作用力而倒退。（2）「餓鶻車」和「搭車」，這兩種器械主要用於殺傷、驅趕防守的敵人，掩護、配合進攻人員。「鶻」是一種鳥，「餓鶻車」是說這種車工作起來如餓鳥啄食一般。這種車是用長桿末端的巨鑱工作的。「搭車」與「餓鶻車」相似，用長桿前的大鐵鉤工作。車架稍有不同，車架後面高出的地方，可以擱放長桿，便於運動。

四、強行登城的器械。到了進攻的關鍵時刻，決定勝負的就是強行登城。用於強行登牆的器械主要有這樣幾類：（1）「距堙」（詳情見第二章）。（2）「雲梯」，強行登城使用最多的是「雲梯」。起初，「雲梯」大概就是普通的梯子。到了春秋戰國之交，「雲梯」後部已經安了兩輪，便於運輸。唐代，「雲梯」發生了重大變化，有以下幾個特點：下置六輪，更利於運輸；車廂完全封閉，保護車內人員安全；「雲梯」做成可以折疊的兩截，以增加攀登高度。

各種強行攻堅的器械

強行攻城是城垣攻防戰中最精彩的部分，攻擊一方會使用許多威力巨大的攻城器械。因為篇幅所限，這裡僅介紹兩類，即「雲梯」和「撞車」。

撞車

「撞車」的功能是撞擊城門。其頭部是鐵製的，車後附有兩個爪子，可以放下頂住地，以防「撞車」在工作時由於反向作用力而倒退。在撞竿的中部綁有兩條繩索，作戰時，藏於車內的士兵便晃動繩索使撞竿向前衝擊城門。

鐵製鉤子，體積很大，可以鉤住城牆，發揮連接、加固「雲梯」與城牆的作用。

在戰時，「雲梯」便沿著這個方向打開，以增加攀登高度。

拽動「雲梯」打開的繩索。

「雲梯」外面蒙有一層生牛皮，發揮裝甲的作用。

「雲梯」折疊處的木製樞紐。

「雲梯」內部一般都藏有士兵，手持弓弩對城上射擊，掩護推動「雲梯」的士兵。

「雲梯」的動力來源於士兵的推動。

底部安裝數目不等的輪子，以增強其機動性。

第參章　中國古代戰爭、戰具大全

城垣攻防戰

在強行攻城的器械中，使用最多的恐怕就要數「雲梯」了。「雲梯」可以使攻城的士兵直接登上城牆驅散守方士兵。起初，「雲梯」大概就是普通梯子的樣子。後來經過在戰爭中的不斷演化，到了唐代，「雲梯」發生了質的變化，例如：在它的底部安裝有數量不等的輪子，這樣有利於運輸；車廂完全封閉，以保護車內人員安全；「雲梯」做成可以摺疊的兩截，這樣在平時既可以節省空間，在戰時又可以增加攀登高度。

255

第六節
水戰

始自「餘皇」
中國古代戰船發展簡史

中國遼闊的水面，為水戰提供了戰場。伴隨水戰的發展，也就必然地產生了戰船。本節將對春秋時期到清代的戰船發展作一概述。

水軍正式出現

中國最早直接投入水戰的水軍，出現於春秋時期（西元前六世紀）。當時吳國為了抵抗楚國入侵而組建了水軍，由吳國公子光統率。當時，兩國水軍大戰，楚先獲大勝，搶去了吳國水軍的旗艦——「餘皇」。後來，公子光派人乘夜偷襲楚國水軍，並大敗楚軍，又奪回了「餘皇」。

春秋時期

春秋時期戰船的種類與形制已相當齊備了。比如當時的吳國就參照戰車的名稱來命名船隻，同時規定了各種戰船的任務：「大翼」，相當於重型戰車；「小翼」，相當於輕型戰車；「突冒」，相當於衝鋒陷陣的車；「樓舡」，相當於偵察車。同時還規定了各種戰船上人員及裝備的配置。比如「大翼」，其長約40公尺（12丈），寬約5.33公尺（1丈6尺），以槳為動力，分上下兩層，上層可載戰士二十餘人，下層可載槳手五十人。

秦漢時期

漢朝水軍的規模更加巨大，戰船更趨完備。當時既有四層艙室的巨型樓船，也有二百斛以下的小艇。在漢魏時期不僅船型眾多，船舶裝具也相當齊備，出現了櫓、舵及其他船具，帆亦迅速發展。至此，中國古代船舶技術的發展已經達到比較成熟的階段。漢武帝劉徹，經過幾十年的努力，組建了擁有戰艦千艘、兵員二十萬的強大水軍。他從雲南滇池出發，打通了前往印度的道路，用水軍平定南粵的叛亂，擴大了漢朝的版圖。這說明在當時水軍已

漢代的戰船種類

漢代，水軍已經成為了國家一支非常重要的戰略力量。因此其水軍的規模巨大，戰船種類繁多，體系非常完備。

古代戰船的種類

赤馬
又稱「赤馬舟」。東漢劉熙《釋名》曰：「輕疾者曰赤馬舟，其體正赤，疾如馬也。」赤馬，如馬之在陸地上奔馳，行速很快，是一種高速戰船。

鬥艦
又簡稱「艦」。《釋名》曰：「上下重床曰艦，四方施板以禦矢石，其內如牢檻也。」東漢末年，劉表治水軍時，就曾建製艨衝、鬥艦以千數。

艨衝
中國古代具有良好防護的進攻性快艇。又作艨艟。艨衝船形狹而長，航速快，專用以突擊敵方船隻。艨衝有三個特點：①以生牛皮蒙背，具有良好的防禦性能。②開弩窗矛穴，具有出擊和還擊敵船的作戰能力。③以槳為動力，具有快速航行的性能。

露橈
有時又稱「冒突露橈」。史云：「露橈，謂露楫在外，人在船中；冒突，取其觸冒而唐突也。」它有較完備的防護設施，主要用於襲擊敵船。東漢初，岑彭在攻伐公孫述的水戰中，這是主要的船型之一。

樓船
是各類戰船中最大的，相當於現代的航空母艦。樓船不但外觀高大巍峨，而且戒備森嚴，攻防皆宜，是一座真正的水上堡壘。由於樓船身高體大，一般用作指揮船，只是它的行動不夠輕便，在水戰中，必須與其他戰船互相配合。樓船的甲板上有三層建築，每一層的周圍都設置半人高的防護牆。第一層的四周又用木板圍成「戰格」，防護牆與戰格上都開有若干箭孔、矛穴，既能遠攻，又可近防。甲板建築的四周還有較大的空間和通道，便於士兵往來，甚至可以行車、騎馬。

第參章　中國古代戰爭、戰具大全

水戰

經成為國家的一支非常重要的戰略力量。

隋、唐時期

　　隋朝楊素造「五牙」大艦起樓五層，高約33.33公尺（100餘尺），能容戰士八百人，有六個拍竿，高約16.67公尺（50尺），用以擊碎敵船。唐朝的海鶻船是模仿海鳥而創製的海船，兩側有浮板，具有良好的穩定性，以適應海上作戰的要求。唐朝還發明了「車船」（輪槳船）。

宋朝

　　到了宋朝，車船在戰爭中有很大發展，所製的巨型車船長約60至90公尺（20至30丈），有二十三至二十四個車輪槳。有一種「飛虎戰艦」，旁設四輪，每輪八個葉片，十分輕捷，是常用車船的典型。當時水軍裝備的戰船還有海鰍（模仿海魚形狀的戰船）、雙車、十棹、防沙平底等各類艦艇，供江海防禦調遣之用。南宋水軍統制馮湛綜合幾種船型之特點，造成「湖船底、戰船蓋、海船頭尾」的多槳船，長約27.67公尺（8丈3尺），有槳四十二支，可載甲士二百人，江河湖海均能適用。此時還有一種無底船，這是一種奇形戰船，船後截中部無底，只有兩舷和站板，加以偽裝，引誘敵軍躍入溺水而死。

明、清時期

　　進入明、清以後，中國古代戰船的發展有兩個顯著的特點：一是隋唐五代兩宋時期多用於錘擊敵船的拍竿已經消失，而改以戰船本身犁沉敵船，這說明船舶製造和駕駛技術的進步；二是從明初起，戰船上配備了火炮。明嘉靖四十年（1561年）的寧臺溫之捷，戚繼光、胡震等所部戰船近戰倭船，犁沉敵船十餘艘，燒殘敵船五艘。從這一戰例中可見當時明軍的戰艦占有較大的優勢，艦船結構強度和航行速度均優於敵艦。明朝還製造了兩頭有舵、進退神速的「兩頭船」，以及火龍船、沙船、連環船、子母船等各種特殊戰船。這些戰船的創製，極大地豐富了水戰的戰法，促進了水戰戰略、戰術的變化。清朝前期，因襲明制，在戰船使用與製造上沒有多大的進展，後期則引進了近代化的蒸汽戰艦。

中國古代戰船上的武器裝備

中國古代戰船的製造技術，尤其是戰船上的武器裝備，在很長的一段時間內都處於世界領先水準。水戰中，除了應用常見兵器（弓、弩、刀、劍等）外，還有些專用的兵器，其中應用較多的是「拍竿」及「鉤強」。

拍竿

「拍竿」，是大型戰船上的兵器，用於拍擊敵方戰船及人員。上節所述的「樓船」上就裝備有拍竿。拍竿較短的一端在前，頭部安裝有鐵、石等重物；較長的一端在後，用多人或絞車拉拽操縱，用前面重物擊打敵船。有的大船上可裝幾根拍竿，每根拍竿有幾丈高。水戰中使用拍竿的記載相當多。

拍竿

隋朝所造的名為「五牙」的樓船，上設有六個拍竿。

鉤強

「鉤強」也叫「鉤拒」、「鉤鐮」、「撩鉤」，在水戰中它既可以拉近敵船，又可以推遠敵船。鉤強在水戰中很重要，古籍也多有記載。據《墨子》等書說，鉤強是公輸般（魯班）發明的。

第參章 中國古代戰爭、戰具大全　水戰

259

第七節 火藥及火器

❶ 中國對世界的貢獻
火藥的發明和傳播

火藥是中國古代四大發明之一，不僅在軍事上產生重大影響，而且在人類發展史上都占有重要地位，大大推動了世界文明的進步。

火藥的發明

一般認為，火藥發明於唐朝，其發明與中醫和道教的煉丹術有直接的關係。因為道教極重視煉製長生不老的丹藥，進而發展了化學，並逐漸掌握了有關形成火藥的硝、硫及木炭等物質的性能，進而逐漸摸索到爆炸及防止爆炸的規律。火藥早期的幾種配方，也都載於道教的著作中。

火藥用於戰爭

火藥最早用於軍事是在唐代，在宋代已非常普及。在宋代兵書《武經總要》中，不但記載可發射火藥包的「火炮」，而且還記錄三種火藥配方，說明宋代已將火藥廣泛用於實戰。北宋時，因軍事需要，在開封設立專門的火藥生產工廠，產量和品質都有明顯提升，因而推動火器的發展。

火藥的傳播

由中國發明的火藥和早期的火器，首先傳到阿拉伯，然後又從阿拉伯傳至歐洲。中國的火藥、火器製造技術，早期進步較快，其後幾乎停滯不前。而西方的火藥及火器技術卻得以快速發展。大約到明代中葉，西方更為先進的火器與火器製造技術又傳回火藥的「故鄉」——中國。其中，以「佛郎機」的影響最大。「佛郎機」原是葡文中「葡萄牙人」一詞的中文音譯，後也用來稱葡萄牙產的火炮。佛郎機的特點是炮管長、射速快、射程遠、命中率高（因為帶有瞄準器），威力很大。此後不久，明朝開始大量製造佛郎機。在大量製造的過程中，又引進西方的火器生產技術。

從東方到西方——火藥的傳播

火藥於十三世紀先從中國傳入阿拉伯，後又在十四世紀初傳至歐洲。火藥在世界範圍內的傳播改變了整個人類的文明進程。

火藥從中國傳至阿拉伯的三種可能途徑

一、陸上「絲綢之路」
絲綢之路是歷史上橫貫歐亞大陸的貿易交通線，東起長安，西至大秦（羅馬），是漢武帝時，由張騫出使西域得以開通。因經由這條路線進行的貿易中，中國輸出的商品以絲綢最具代表性，所以，十九世紀下半期的德國地理學家李希霍芬就將這條陸上交通路線稱為「絲綢之路」，並沿用至今。

二、海上「絲綢之路」
海上絲綢之路，是指中國與世界其他地區之間海上交通的路線。海上絲綢之路形成於漢武帝之時。從中國出發，向西航行的南海航線，是海上絲綢之路的主線。與此同時，還有一條由中國向東到達朝鮮半島和日本列島的東海航線，它在海上絲綢之路中占次要的地位。

三、蒙古人西征
蒙古大軍在十三世紀發動了數次大規模的西征，憑藉較少的軍隊和漫長的後勤供應戰勝了幾乎所有的敵人（向西最遠打到了埃及，向西北最遠打到了歐洲多瑙河），直接促進了歐洲和近東的軍事革命。

火藥在歐洲的傳播

十四世紀，阿拉伯人將火藥傳入歐洲。從歐洲國家使用火藥的時間表，即可大致看出火藥的傳播途徑。

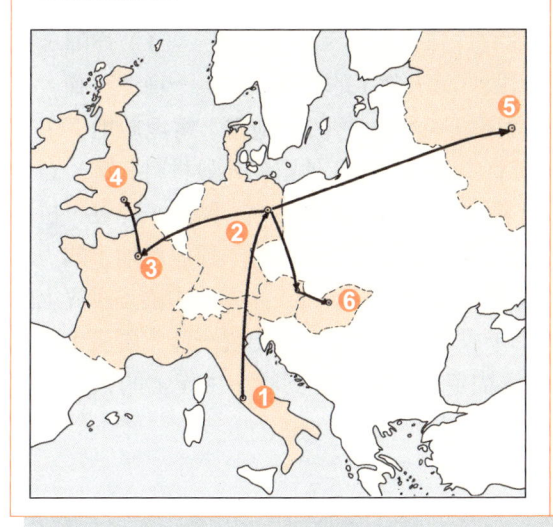

① **義大利**
1326年，火藥用於實戰。

② **德國**
1331年，出現黑火藥。

③ **法國**
1338年，已有火藥。

④ **英國**
1344年，軍隊開始使用硫、硝等。

⑤ **俄國**
1382年，火藥用於實戰。

⑥ **匈牙利、奧地利**
1627年，火藥用於礦山爆破。

❷ 燃料、爆炸、管狀
火器的種類

火器投入戰場，產生了重大影響，甚至戰場的面貌都為此發生了改變。火器大致可分為三類，即燃燒類、爆炸類及管狀火器。

燃燒類火器

燃燒類火器產生得最早。它是古代戰爭中採用火攻的延續，是現代火焰噴射器的前身。關於燃燒類火器最早的記載，是在唐哀帝天佑元年（904年）。唐軍在攻打江西南昌時，應用了一種叫做「飛火」的燃燒類火器。何謂飛火？實際上，飛火是指一種縱火的箭及火炮（用拋石機發射的火藥包）。以後，關於「火箭」、「火球」、「火蒺藜」等物的記載就多了。「火球」就是一種典型的燃燒類火器。它在陸戰、水戰時都可應用，既可用人力拋擲，也可用拋石機來發射。有時還用「火球」施放煙霧或煙幕，以阻礙對方行動，並且施放的煙霧有強烈的毒性。有時甚至在「火球」中摻入「鐵蒺藜」，以增加其殺傷力。

爆炸類火器

爆炸類火器大約產生於十二世紀。火藥從能燃燒到能爆炸，說明其製造技術有了很大提升：一方面已能很好地控制火藥粒度，另一方面是掌握了密封、引爆等技術。爆炸類火器有炸彈、地雷、水雷三類。（1）炸彈，在《天工開物》中，記載了一種叫做「萬人敵」的炸彈，這是一種泥炸彈，為了防止炸彈意外破裂，炸彈外面還釘有木框。（2）地雷，常埋於地下，加以偽裝，使敵人非常難發現，無意中將其引爆。地雷的外殼材料有陶、石、鐵等；引爆材料可用線、竹管、繩等；引爆方式有點燃、踏發、絆發、拉發等。有關地雷的較早記載，是明代中葉戚繼光所使用的一種埋於地下的「石雷」。當敵方人馬來時，絆動機關，將其引爆。（3）水雷，中國是世界上最早應用水雷的國家。明代嘉靖二十八年（1549年），出現一種「視發水雷」（也稱「錨雷」）。它由三個鐵錨定位，當敵船到時，由岸上的人拉動繩索，將其引爆。

燃燒類和爆炸類火器

「萬人敵」是一種典型的爆炸類火器,「雙飛火籠箭」和「平曠步戰隨地滾」則是兩種特殊的燃燒類火器。下面就詳細介紹之。

典型的爆炸類火器是一種名為「萬人敵」的東西,其實就是一種球狀的泥製炸彈。為了防止炸彈意外破裂,在炸彈外面還釘有木框。上圖所繪的就是在守城時使用「萬人敵」的情景。

兩種特殊的燃燒類火器

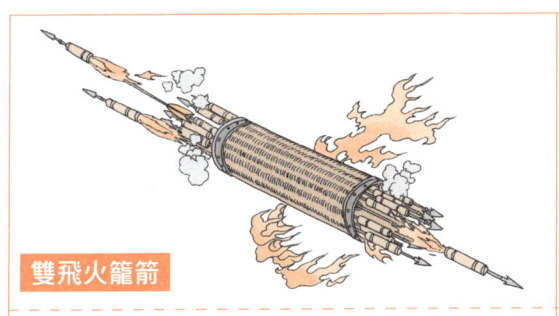

雙飛火籠箭

「雙飛火籠箭」是明代的一種燃燒類火器。它是在一個竹製的大筒內藏有大量的火藥和箭矢,並安裝有控制機關。一旦扳動機關,這些箭矢就會伴隨著火焰一起噴向敵人,可以想像,它的威力是很大的。而且,它還可同時向兩個相反的方向發射,這也是它之所以叫「雙飛火籠箭」的原因。

平曠步戰隨地滾

「平曠步戰隨地滾」是明代的又一種威力強大的燃燒類火器,與「雙飛火籠箭」的結構和作用原理相仿。唯一不同之處在於,它是呈長桶形,可以有效地在寬大正面上殺傷進攻敵人,適用於固定地點的防禦作戰。

管狀類火器

　　管狀類火器，古時稱為「火銃」或「銃」，即後世的槍或炮。這類火器的作用原理是從管狀物中以高速發射出彈丸，進而傷敵。管狀類火器是火器高度發展的產物。

　　管狀火器出現的時間是宋文宗紹興二年（1132年），當時金人進攻德安府（現湖北安陸），宋將陳規在守城時，就用了最早的管狀火器—「火槍」。這種「火槍」用長竹竿做成，兩人共持一槍，內裝火藥，引線，在敵人登城時，點燃引線，發射「火槍」，殺傷敵人。此後，管狀火器的應用就多了起來，有的還在火藥中摻了毒藥，子彈也發展成鐵彈丸，威力更大了。

　　後來，管狀類火器逐漸由金屬製作。最早出現的金屬管是銅管，現已出土元文宗至順三年（1332年）的銅火銃，上有銘文為證。這是舉世公認最古老的金屬管狀火器。以後，金屬管就逐步取代竹管。稍晚的銅火銃在各地都有發現。明初洪武年間出現鐵火銃。鐵管比銅管更堅固。

　　管狀火器在長期的發展過程中主要呈現出兩種趨勢：一種是火器的口徑不斷加大，火藥裝藥量增加，射程更遠，威力不斷增大，這成了以後的火炮；另一種是火器，在增加其殺傷力的同時，盡量使其輕便，利於攜帶，這就成了以後的槍。

管狀類火器發展簡表

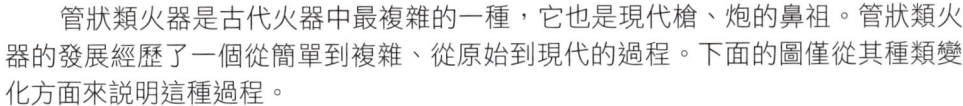

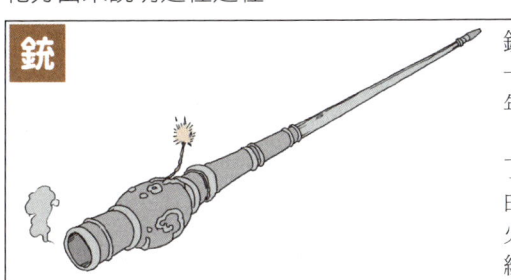

　　管狀類火器是古代火器中最複雜的一種，它也是現代槍、炮的鼻祖。管狀類火器的發展經歷了一個從簡單到複雜、從原始到現代的過程。下面的圖僅從其種類變化方面來說明這種過程。

銃

銃是管狀類火器的鼻祖。據考證，歷史上第一支管狀類火器出現的時間是宋文宗紹興二年（1132年）。當時的宋將陳規在德安府（今湖北安陸）防禦金兵的進攻時首先使用了一種名為「火槍」的武器。這種「火槍」由長竹竿做成，由兩人共同操作，竹竿內裝火藥、引線等物。在敵人登城時，點燃引線，發射火槍，殺傷敵人。

演變為

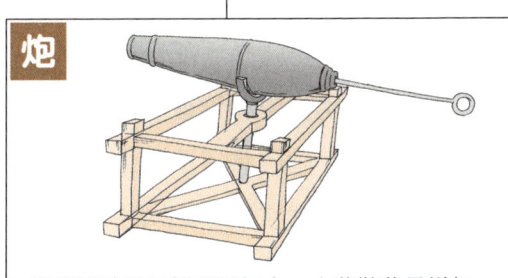

炮

炮的特點是口徑不斷加大、火藥裝藥量增加、射程更遠、威力不斷增大。上圖是在《天工開物》中記載的一種「百子連珠炮」。這種炮的炮身放在一個具有活動木軸的炮架上，因此可以調節發射方向。在火藥內裝有一百粒鉛彈，故名「百子連珠炮」。

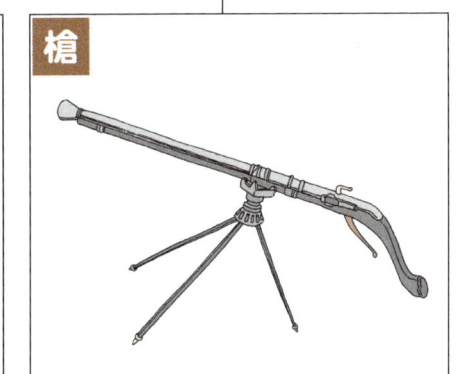

槍

槍的特點是在增加殺傷力的同時，盡量縮小口徑，使其輕便，利於攜帶。

明朝神機營的編制

騎兵	步兵	炮兵
共1000人，裝備「霹靂炮」1000桿。	共3600人，裝備「霹靂炮」（步兵火銃）3600桿，合計須用火藥9000斤，八錢重的鉛彈90萬個。	共400人，專門負責管理野戰重炮及大連珠炮。裝備有「大連珠炮」（多管火銃）200桿，「手把口」（炮兵防身用手銃）400桿，「盞口將軍」（野戰重炮）160門。

　　管狀類火器的發展情況，從當時的部隊建制就可以看出。例如：在明朝建立不久，即在中央設立了「神機營」。「神機營」將士達三萬，擁有各式銃數千門，是當時規模最大的火器部隊。各地也有相應的變化，如戚繼光的部隊中，就有為數眾多的「火器手」。清兵進關後，也很重視火器，迅速組建了火器部隊「神機營」，並在北京設置火藥廠、炮廠等。

第參章　中國古代戰爭、戰具大全

火藥及火器

265

第肆章
商用《孫子兵法》

　　《孫子兵法》不僅是一部軍事著作，而且還是一部管理學巨著。其中的許多用兵之道，也完全適用於經濟管理。先秦時期的著名商人及思想家陶朱公、白圭，就已將《孫子兵法》中的許多原理成功地應用於商業上的經營管理，並以其為根據提出「積蓄之理」和「治生之木」兩個闡述中國古代商業經營思想的理論。進入現代社會以後，許多先進的資本主義發達國家也都不約而同地把《孫子兵法》運用到改善企業的經營管理。例如：在日本，1950年代甚至還出現了一個「兵法經營管理學派」，其影響迅速傳遍世界各地，形成了經濟領域《孫子兵法》研究的熱潮。某些大公司甚至直接用《孫子兵法》作為輪訓中層以上管理人員的教材。

本篇圖版目錄

只花五毛錢的廣告／269

用制度保證誠信／271

遵守商業道德即是商場之「仁」／273

陳嘉庚勇闖橡膠業／275

嚴格不僅僅是對員工／277

五種競爭力因素決定商戰成敗／279

現代商場情報戰／281

商業計畫要周詳／283

出其不意，變廢為寶／285

善於藉助別人的力量／287

商業上的「十則圍之」／289

兩商相鬥韌者贏／291

以價值行銷對抗價格行銷／293

變化是我們的生命／295

汽車廠商的售後服務／297

家樂福與沃爾瑪不同的商業地緣戰略／299

五種地區的投資選擇／301

如何打造能幹、高效的職業團隊／303

海爾的「排憂解難工程」／305

九種不花錢的獎勵／307

第一節 現代企業家應具備的素質

❶ 智

以智謀事的素質

孫子在《孫子兵法‧計篇》中說道：「將者，智、信、仁、勇、嚴也。」意思是說，將帥應具備才智、誠信、仁愛、勇敢、威嚴等五個方面的素質。其實這個道理放在現代商戰中也是具有普遍的指導意義的。只不過「將帥」變成了企業家，戰場換成了商場。下面我們就分別從現代商戰的角度，對這五個因素做一個全新的解讀。

唐代大詩人杜牧在注釋《孫子兵法》時曾說：「兵家者流用智為先。」可見在「五德」中，「智」的因素是第一位。對一個企業家而言，聰明才智是其在市場競爭中獲勝的基本要求。很難想像，一個思想遲鈍、頭腦不聰、少謀寡斷的企業領導人，能使他的企業在市場競爭中站穩腳跟。原新光人壽保險公司總經理吳火獅做廣告擴大公司影響，就是現代企業家用智的典型。

1960年代，吳火獅剛剛涉足保險業。當時，臺灣已有幾家大的保險公司，吳火獅的新光人壽是一家新公司，想要後來居上，就必須使用奇招。吳火獅認為想要提高企業的知名度，就必須透過廣告來進行企業宣傳。吳火獅等人以企業家的敏感和智謀，開始思考：「如何經濟地做廣告？」

為此，吳火獅等人想出一個奇招。他在報上登了個「有獎徵答」的廣告，以「討厭的人壽保險」為主題，列出很多條「對人壽保險討厭的解答方式」，只要寄回答案的，就可以獲得摸彩的機會，獎品豐富。參加這項活動的人很多，他們寄來的明信片堆積如山，吳火獅的目的達到了！吳火獅認為：「當時保險公司的業務員，要進入人家家裡相當困難，甚至在大門口就被警衛擋住了。」那些堆積如山的明信片因為要中獎，就必須寫明詳細地址。於是吳火獅就把這些明信片分發到各地的業務員手中，讓他們持明信片訪問，這樣，就可以很方便地、順其自然地進入居民家中，開展保險業務。

就這樣，吳火獅憑藉著他的聰明才智，絕招一個接著一個，新光人壽逐漸深入人心，知名度提高後，局面終於打開了。

只花五毛錢的廣告

吳火獅巧做廣告使用了很多招數，每一招都可謂是神謀妙策。除了在正文中提到的「明信片奇招」外，他只用五毛錢便在電影院頻繁地刊登壽險廣告也是相當經典的。

新光人壽保險公司吳經理找！

有一次，吳火獅看電影時，有人打字幕找他，他從這件事立即找到了靈感。此後，他就經常讓本公司的業務員，在電影院門口寫紙條，花五毛錢找人，上寫「新光人壽公司吳經理找！」這種變相廣告的效果很好，而且很經濟實惠。觀眾可能很討厭讓這種訊息來打擾自己觀看電影，但確實會對此留下深刻的印象，總之發揮了宣傳的效果。

用智的原則

錯誤用智 ← → **正確用智**

商業的繁榮是一種文明進步的標誌，正常的商業氛圍和發展亦應是造福人類。在商戰中，用智超過限度就會對整體商業造成危害，最終也會傷害到自己，甚至可能會對整個社會造成危害。

雖說商場如戰場，但商場畢竟不是真正的戰場。商場用智必須有前提、有條件、有限度。這個前提、條件和限度就是恪守道德、法律給我們的束縛。否則智就變了味道，成了卑鄙。

第肆章　商用《孫子兵法》

現代企業家應具備的素質

❷ 信
誠而有信的素質

「誠而有信」是孫子認為作為一個將帥必備的「五德」之二。

提起「誠而有信」，人們很自然地就會聯想到古時著名的商鞅懸木募徙者而予五十金的故事。其實，不僅政治家、軍事家需要有「誠而有信」的優良品德，企業家在現代商戰中也要以誠信為本。不僅對企業內要講誠信，而且對與本單位、本企業有來往的單位、企業家也要講求誠信。全世界的大小型企業都把誠而有信視為企業的生命，同時都是靠貨真價實、童叟無欺而贏得了廣大消費者的信賴。

所謂的「誠信」就是信用，是企業百年基業的根基。王永慶在創業之初就以「服務周到、信用第一」為信條。所有經商者必須具有誠實守信、嚴於律己的品質，在經商的群體行為中才能賺錢。如果選擇投機取巧、損人利己的做法，表面上看似乎可以賺錢，但實際上損害了自己的信譽，最後是弊大於利。富商李嘉誠也說過要「以誠待人，互惠互利」。

新疆烏魯木齊的天山商場向顧客宣布「執行全市最低價」。後來，銷售員發現售出的一百臺洗衣機，每臺多賣了四元人民幣，於是就在報上登廣告，告訴顧客在一個月內憑發票就可以領回多餘的款項。要知道，這一百臺洗衣機的毛利才三千多元，而廣告費就花了四千元，但是這一舉措卻大大提高了商場的信譽。《新疆日報》、《新疆經濟導報》等媒體都對這件事做了報導和評論，擴大了商場的知名度，增強了顧客的信任感，進而使商場營業額大幅度提升。

美國一位家庭婦女凱瑟琳開了一間小麵包坊，取名「棕色漿果烤房」，十七年間竟然發展成為美國的麵包業大王，年營業額多達四百萬美元。她的成功之道就在於：第一，在包裝紙上印上麵包的烘製時間，規定「超過三天則回收銷毀」。每天派汽車送新鮮麵包，並回收三天前的麵包；第二，在包裝紙上標明每個麵包的成本、利潤和零售價格。使經銷商不能隨意漲價。凱瑟琳就是依靠著誠實不欺、保證品質的信念，才從小作坊主發展成為麵包大王的。

用制度保證誠信

誠信是一種做人、做事的素質。但光有素質還不行，社會還必須建立起一套完整的機制來強有力地保證誠信能夠得到很好的貫徹。這套機制不僅可以使講誠信的人繼續保持誠信作風，而且還能夠讓不講誠信的人也逐漸地做到誠而有信。

> 你的誠信檔案上有不良紀錄，所以我們不想雇用你。

> 啊！

要在社會上創造一種誠信的氛圍，道德的因素必不可少，但建立一種行之有效的賞罰制度其效果則更為顯著。例如在德國，每個人都會有自己的誠信檔案，如果其誠信檔案上出現不良紀錄，那麼他就會受到懲罰。

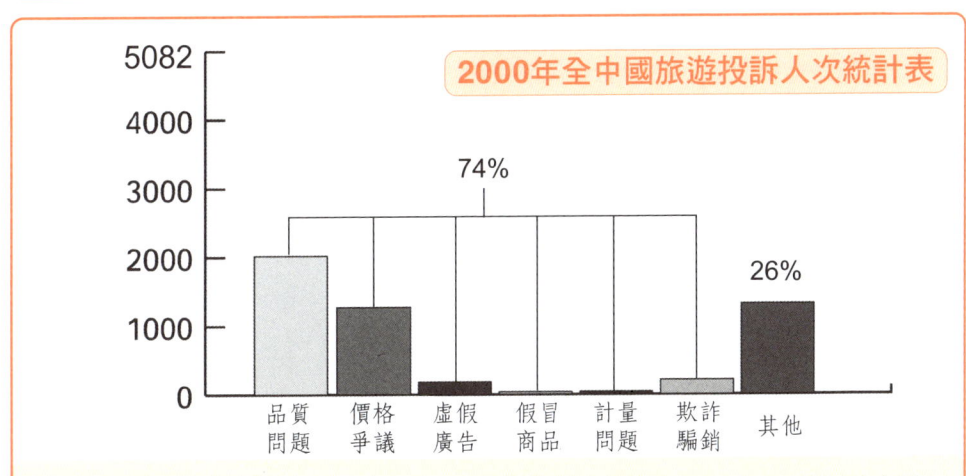

2000年全中國旅遊投訴人次統計表

項目	人次
品質問題	約2000
價格爭議	約1300
虛假廣告	—
假冒商品	—
計量問題	—
欺詐騙銷	—
其他	約1400

74%　26%

如上圖所述，在2000年的全中國大陸旅遊投訴中共有3767人次的投訴與欺詐有關，共占到投訴總數5082人次的74%。可見在全中國大陸範圍內建立一種旅遊市場的誠信機制已是十分必要和急迫的了。（表中除「其他」項以外，餘項皆與欺詐有關。）

第肆章　商用《孫子兵法》

現代企業家應具備的素質

271

❸ 仁
愛人憫物的素質

孫子認為將帥必備的「五德」之三是「仁」。

　　「仁」就是人人所固有和所同有的一顆「愛人之心」。所以「仁愛」兩字，經常是被連用再一起的。一個有仁心的人，其表現於社會方面者必為博愛，而以服務社會、造福人群為人生目的。所謂「仁」，就是「仁愛」，李筌注云：「仁者，愛人憫物，知勤勞也。」仁，是說對部屬要關懷、愛護，有能替部屬設想的仁愛之心。孟子說：「愛人者，人恆愛之；敬人者，人恆敬之。」在軍隊裡，仁愛部下、樂於助人的將帥，是會得到部下擁戴的。

　　企業領導人要像軍隊的統帥一樣具有仁愛的品德。應以深厚的感情關心員工，愛護部屬，在生活上加以關懷，在工作上予以幫助，在經營管理上充分發揚民主，實行決策民主、生產管理民主、行銷民主。不僅要對內部員工講仁愛，在外部對產、供、銷協作單位，對消費者也要講仁愛道義。

　　王永慶家以前因為家境清寒，養不起小孩，除了小妹之外，其他妹妹全部都被送養，而他努力工作籌錢，就是為了贖回妹妹，讓她們可以王家人的身分出嫁，甚至還賣鐵櫃換錢，只是為了給妹妹當嫁妝。

　　仁慈的王永慶除了蓋醫院救人，其實他還是臺灣器官捐贈的重要推手，臺灣器官捐贈觀念在1980年代還沒建立，當時王永慶就已經成立推動小組，還會補助捐贈者家屬喪葬費用，並在每年舉辦追思會。一點一滴的小故事都可以看出經營之神除了事業有成，還可從他身上發現他所散發出忠孝仁愛的胸襟氣度。

遵守商業道德即是商場之「仁」

「仁」是一個抽象的概念，不同的學說對「仁」都有不同的解讀。在商戰中，謀略固然重要，但「仁」亦必不可少。何謂商場之「仁」？遵守商業道德和法律即是商場之「仁」。

① 企業內部

② 企業外部

① 企業領導者要經常與員工交流，以掌握其心理狀態，適時地為其排疑解惑。這就是一種「仁」的表現。
② 「仁」不僅表現在思想上。從物質上保障員工的切身利益，才能穩定員工的工作情緒。
③ 對於顧客，企業能夠本著為消費者負責的態度，保證提供品質優秀的產品和服務，就是最大的「仁」。
④ 在競爭對手面前，企業能夠遵守法律和商業道德與之展開良性的競爭，就是「仁」了。

第肆章　商用《孫子兵法》

現代企業家應具備的素質

❹ 勇

乘勢決勝的素質

「勇」是孫子認為將帥必備的「五德」之四。

對於「勇」，《十一家注孫子》有種種解釋：王晳認為是「徇義不懼能果毅也」；何氏強調「非勇不可以決謀合戰」。勇，實際上就是制定決策要果斷，執行決策要堅毅。在戰場上，將帥之勇是敢於決勝乘勢，殺生取義；在商場上，企業家之勇是敢於冒大風險，獲取厚利。

被譽為「橡膠之王」的陳嘉庚就是這樣一位大智大勇、迎難而上的優秀企業家。二十世紀初，三十歲的陳嘉庚看到橡膠製造業的廣闊前景，便在新加坡開始了他的創業生涯。到1920年代初，他已擁有橡膠園二十多平方公里。但此時，由於種植橡膠本輕利重，英商、日商紛至沓來。一時間，橡膠園遍布南洋，產量大幅增加，市場供過於求，價格開始下跌，橡膠業遭到了巨大衝擊，陳嘉庚的橡膠廠也被迫停產。在不利的形勢下，陳嘉庚並不退縮，而是經過仔細的分析認為，橡膠用途之廣無與倫比，二十世紀將是橡膠的時代，眼前的生產過剩和利潤減少只是暫時的。而且，南洋一帶的橡膠業是英國政府的重要稅收來源，英國殖民者絕不會坐忍膠價繼續下跌。於是，陳嘉庚做出一個大膽的決策，就在人們紛紛出賣橡膠園、橡膠廠的時候，他開始承接橡膠廠。他先後買下九家橡膠廠，然後又投資十萬元擴大橡膠產品製造廠。不出陳嘉庚所料，1922年11月，英國政府強令限制橡膠生產，膠價開始回升，橡膠業恢復了生機。陳嘉庚的冒險擴充獲得了巨大成功。隨後，他進一步擴大生產，組織橡膠托拉斯，在世界許多地方開設推銷商店。就這樣，到1925年底，陳氏公司成為南洋最大的聯合企業，該公司生產的「鐘」牌橡膠製品暢銷全球，僅1925年一年，就獲利八百萬元，資產總值增至一千五百萬元。陳嘉庚也因此成為南洋華僑公認的領袖。

陳嘉庚的成功說明了，在現實經營中遇到困難時，若想擺脫困境，過人的勇氣與膽識是必不可少的。因此，任何時候，我們都要有面對困難的勇氣，並下定決心去克服這些困難。

陳嘉庚勇闖橡膠業

市場瞬息萬變,商機轉瞬即逝,每一個企業家都應該努力地把握機會。謹慎是必要,但要在競爭激烈的商戰中獲取厚利,具有敢於冒險的勇氣則更為重要。被譽為「橡膠之王」的陳嘉庚之所以取得成功,擁有過人的勇氣就是必要的因素之一。

① 三十歲的陳嘉庚投身於橡膠製造業,在新加坡開始了他的創業生涯。至1920年代初,他在南洋一帶已擁有橡膠園二十多平方公里。

③ 由於英商、日商等各國資本的大量湧入。導致膠園一時遍布南洋,產量大幅增加,市場供過於求,價格開始下跌,橡膠業因此遭到了巨大衝擊,陳嘉庚的膠廠也被迫停產。

⑤ 面對如此不利的形勢,陳嘉庚並不退縮,而是經過仔細的分析,在權衡了各個方面的情況下,做出了一個大膽的決定。

② 就在人們紛紛出賣橡膠園、橡膠廠的時候,陳嘉庚開始承接橡膠廠。他先後買下九家橡膠廠,然後又投資十萬元擴大橡膠產品製造廠。

④ 果然不出陳嘉庚所料,橡膠業在經過了短暫的蕭條之後,迅速恢復了生機。陳嘉庚也因為自己精明而勇敢的決斷獲得了豐厚的回報。

第肆章 商用《孫子兵法》

現代企業家應具備的素質

275

❺ 嚴
威嚴肅眾的素質

一個統帥，如果沒有威嚴肅眾的本領，那麼，他的軍隊就會像一盤散沙，不用打仗便自敗無疑。因此，孫子將「嚴」作為將帥必備的「五德」之五。

同樣，一個企業的主管如果不實施嚴格的管理，那麼，不用說去參與激烈的市場競爭，企業自身就被淘汰了。例如：擔任霖園關係企業集團總裁的蔡萬霖便是一位嚴於律己，並且注意培養人才，嚴格管理下屬的現代化企業家。他即使是在成為臺灣最大的富豪之後，也沒有絲毫的鬆懈。蔡萬霖對下屬的要求十分嚴格。他要求自己下屬必須遵循的全部原則可以概括為六個字，即：迅速、務實、負責。這看似平常的六個字是現代企業從業人員最起碼也是最基本的服務準則。然而這一淺顯易懂的道理，並不是每個企業家都能深刻領會並且確實做到的。蔡萬霖做到了，而且做得非常出色。他首先從自身做起，處處以身作則，把自己嚴謹的工作態度傳給每個下屬。當遇到棘手的困難時，他總是能以超人的膽識和智慧迅速、及時地做出正確的判斷和行之有效的對策，化險為夷。

日本松下電器公司總經理山下俊彥的《山下俊彥經營語錄》中就有一條：「職員們要生存下去，應當歡迎嚴厲的領導人。」某大公司的企業管理經驗中，有一條「三個百分之百」：規章制度必須百分之百的執行；違反規章制度必須百分之百的登記上報；違規違制的舉動即使沒有造成損失，都要百分之百的扣除當事人的當月獎金，有關負責人也得相應受罰。「三個百分百」制度實施後，全公司就再也沒有發生過嚴重的停產事故。

嚴格不僅僅是對員工

嚴格的團隊紀律不僅是一支軍隊戰鬥力的保證，而且也是一個企業生產力的保證。問題是，嚴格總是簡單地被認為是要嚴厲地約束下屬或員工的行為與思想。其實不然，對一個團隊來講，嚴格是多方面的，不僅是對員工，作為一名管理者，嚴格地約束自己則更是必需的。

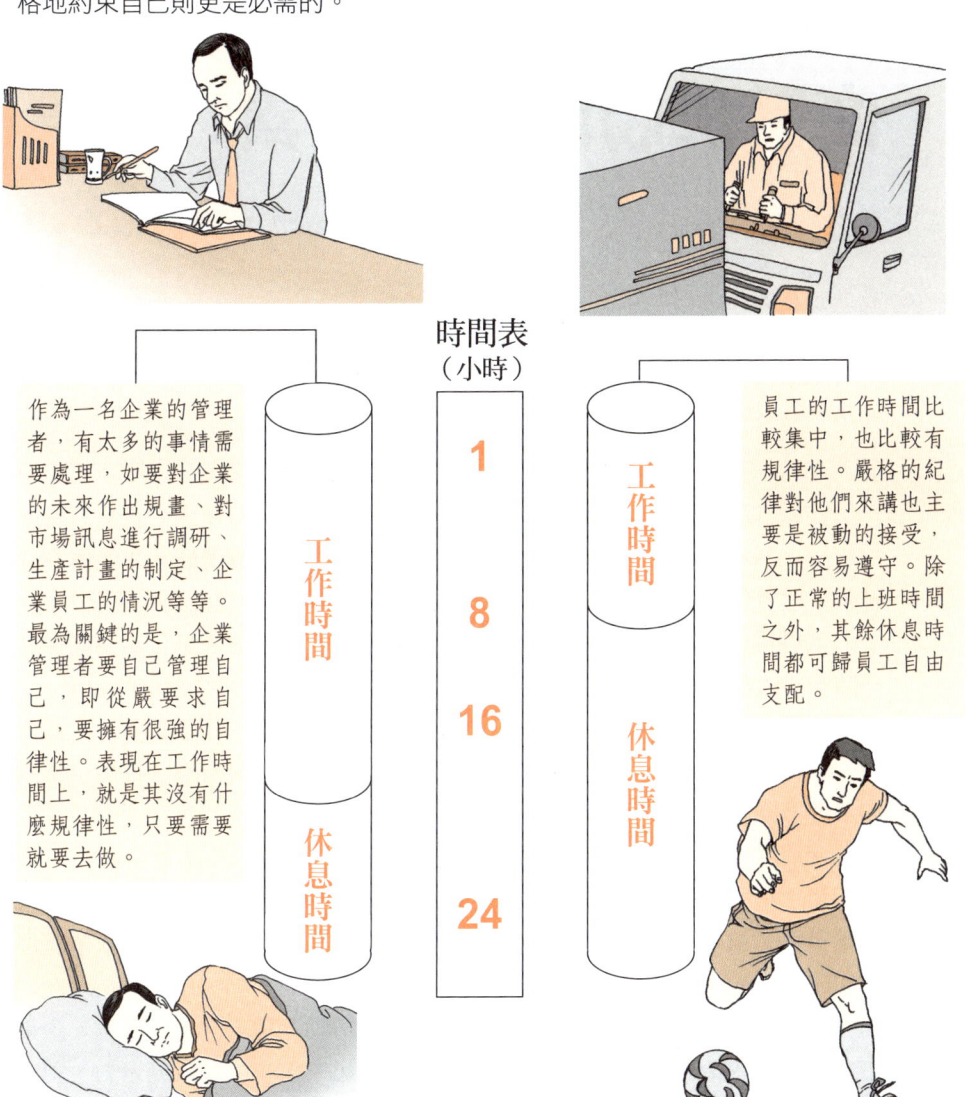

時間表
（小時）

1
8
16
24

作為一名企業的管理者，有太多的事情需要處理，如要對企業的未來作出規畫、對市場訊息進行調研、生產計畫的制定、企業員工的情況等等。最為關鍵的是，企業管理者要自己管理自己，即從嚴要求自己，要擁有很強的自律性。表現在工作時間上，就是其沒有什麼規律性，只要需要就要去做。

工作時間　休息時間

工作時間　休息時間

員工的工作時間比較集中，也比較有規律性。嚴格的紀律對他們來講也主要是被動的接受，反而容易遵守。除了正常的上班時間之外，其餘休息時間都可歸員工自由支配。

企業的管理者掌管著企業的權力，他的一舉一動都關乎企業的生存和發展，所以作為一名企業的管理者，就更應該在許多方面嚴格地要求自己。這種嚴格表現在許多方面，尤其在工作時間上更為突出。（如上圖所示）

第肆章　商用《孫子兵法》

現代企業家應具備的素質

第二節 現代商場上的攻戰謀略

❶ 五事

商戰決勝的五種因素

孫子在《孫子兵法・計篇》中說：「故經之以五事，校之以計而索其情：一曰道，二曰天，三曰地，四曰將，五曰法。」其大意是指，透過對敵我五個方面的分析和比較，就可以探索戰爭勝負的情勢。孫子判別勝負的「五事」內容，不僅適用於昔日的兵戰，而且也能夠指導今日的商戰。對商場上激烈競爭雙方的實力評估與勝負判別，同樣離不開道、天、地、將、法這五項基本競爭力要素的考察。

商戰中的「道」，是指企業奉行的基本價值觀與經營理念。企業只有確立起以人為本、以義為先、服務民眾、報效社會的基本價值觀，才能做到從經營管理者到全體員工的「上下同欲」，團結一心，以形成企業的凝聚力。

商戰中的「天」，是指市場競爭中最有利的時機。機遇是生產要素在某一時空段的最佳組合，抓住有利時機，企業發展就能達到事半功倍的效果。

商戰中的「地」，是指競爭環境，包括地緣環境、市場環境、產業環境、社會環境。企業藉助有利地勢，就能降低成本，拓展市場，提高企業的競爭力。

商戰中的「將」，是指企業領導者。企業領導者作為統領全體員工的「將領」，同樣必須具備孫子所說的智、信、仁、勇、嚴等「五德」（即五種素質），只不過這「五德」的內容必須賦予新的時代意義與現代科學管理的知識。

商戰中的「法」，是指企業的組織管理、勞動管理、財務制度等。企業中各種生產要素只有透過合理的規章制度組織起來，才能形成凝聚力、執行力與高效的創造力。

總而言之，現代企業只有如同軍隊那樣「經之以五事」全面考量、營造綜合的競爭能力，才能制定正確的經營戰略與競爭謀略，真正掌握商戰的主動權與制勝權，使自己處於「百戰不殆」、長盛不衰的有利態勢。

五種競爭力因素決定商戰成敗

孫子在《孫子兵法·計篇》中闡發了這樣一個道理，即道、天、地、將、法五種因素決定戰爭雙方的勝負。其實，在商戰中也是如此，只是這五種因素有了更加現代化、商業化的解讀。所以，作為一名合格的現代企業管理者，一定要對這五者有深刻和清醒的認識。這就是孫子所說的：「凡此五者，將莫不聞，知之者勝，不知者不勝。」

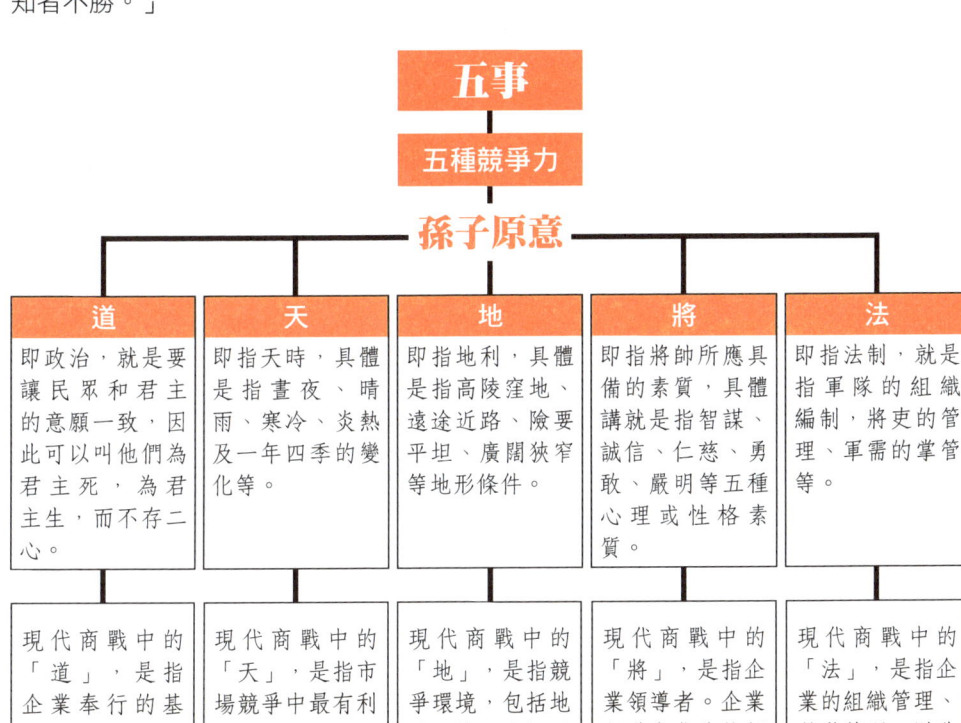

五事

五種競爭力

孫子原意

道
即政治，就是要讓民眾和君主的意願一致，因此可以叫他們為君主死，為君主生，而不存二心。

天
即指天時，具體是指晝夜、晴雨、寒冷、炎熱及一年四季的變化等。

地
即指地利，具體是指高陵窪地、遠途近路、險要平坦、廣闊狹窄等地形條件。

將
即指將帥所應具備的素質，具體講就是指智謀、誠信、仁慈、勇敢、嚴明等五種心理或性格素質。

法
即指法制，就是指軍隊的組織編制，將吏的管理、軍需的掌管等。

現代商業解釋

道
現代商戰中的「道」，是指企業奉行的基本價值觀與經營理念。企業只有確立起以人為本、以義為先、服務民眾、報效社會的基本價值觀，才能做到從經營管理者到全體員工的「上下同欲」，團結一心，以形成企業的凝聚力。

天
現代商戰中的「天」，是指市場競爭中最有利的時機。機遇是生產要素在某一時空段的最佳組合，抓住有利時機，企業發展就能達到事半功倍的效果。

地
現代商戰中的「地」，是指競爭環境，包括地緣環境、市場環境、產業環境、社會環境。企業藉助有利地勢，就能降低成本，拓展市場，提高企業的競爭力。

將
現代商戰中的「將」，是指企業領導者。企業領導者作為統領全體員工的「將領」，同樣必須具備孫子所說的智、信、仁、勇、嚴等「五德」（即五種素質），只不過這「五德」的內容必須賦予新的時代意義與現代科學管理的知識。

法
現代商戰中的「法」，是指企業的組織管理、勞動管理、財務制度等。企業中各種生產要素只有透過合理的規章制度組織起來，才能形成凝聚力、執行力與高效的創造力。

第肆章 商用《孫子兵法》 現代商場上的攻戰謀略

❷ 知彼知己
進行商戰的必要前提

《孫子兵法・謀攻篇》中說：「知彼知己，百戰不殆。」其重點就在於指出了情報對於軍事鬥爭的重要性。這種戰爭指導原則，具有普遍的意義。特別是在激烈的現代商戰中，「知彼知己，百戰不殆」已成為每一個成功企業家的座右銘。

高明的企業家都具有敏銳的情報觸覺，他們既了解市場環境與競爭對象，了解潛在的機會和挑戰，同時又了解自己的實力、長處與短處。這樣他們就能制定正確的企業發展戰略，採取靈活的市場競爭策略，來擊敗競爭對手，擴大企業的市場占有率。

例如：美國為了保護本國工業，限制進口，曾做出了一項法律規定：當美國政府採購人員發出採購招標後，如果收到的是美國製造商的商品報價單，那麼此價在法律上就應該得到承認；如果收到的是外國公司的報價單，那麼在原價格上應一律無條件地提高50%，以此增加美國政府採購人員選擇本國產品的機會。在美國法律中，「本國商品」的定義是指「一件商品，美國製造的零件所含的價值，必須占這一商品總價值的一半以上」。日本公司在詳細了解了有關方面的情況後，馬上做出相應對策：生產一種具有二十種零件的商品，他們在本國生產十九件，缺少的那一件在美國市場上購買最貴的，然後運回日本裝配，再送到美國銷售。這樣，一方面最大限度地利用了本國的零件和勞動力；另一方面，那「一」個美國零件，因為貴，在日本生產的商品中價值比率占到一半以上，在法律上可以被視為美國國內的商品，而直接和美國公司競爭。這樣，日本公司的產品就攻進了美國市場。從這一典型案例中，我們可以看到孫子的「知彼知己，百戰不殆」對商戰的直接指導意義，這就難怪日本商人要把《孫子兵法》奉為不可或缺的商戰教科書了。

現代商場情報戰

現代商場上進行的情報戰極其激烈，往往一個小小的情報就可以決定一個企業的生死與未來。下面我們就從幾個角度來對現代商場的情報戰做一個簡要概述。

現代商場，情報收集的四個方面：

① **目標**：競爭對手對於你的動作在市場反應如何？是無動於衷，是焦慮，還是警覺呢？

② **假設**：設法找出競爭對手對他們自己、對經濟局勢、對業界其他公司的看法。這點可以顯示出對手在做決策時考慮的基準點是什麼？

③ **策略**：競爭對手是打算維持現有的地位，還是向市場上的競爭者挑戰？透過分析制定出自己的應對計畫。

④ **能力**：對競爭對手各個方面的優缺點加以衡量，包括產品、通路、行銷、研究、成本、財務、生產設備和管理能力等因素。這類訊息可以幫助企業尋找進攻和防守的機會。

哈佛大學教授麥克‧波特建議，在商戰中收集對手情況時，應著重於四個方面，如右邊圖表所示。這值得企業的領導者重視與借鑑。

日本企業對中國經濟與商貿的情報收集

自中國大陸改革開放以後，在大陸市場上的日本商品都恰逢其時，許多商品像是專門為大陸人製造的。為什麼日本企業家會做到如此熟練老到？因為日本各大機構都儲存著中國大陸各方面的詳細資料，比方他們將中國大陸幾個主要城市，如北京、上海、廣州等市場上重要商品的售價，都標定在東京研究機構的快報上。甚至連一斤菜的起價是多少錢，均瞭若指掌。不只如此，日本各主要研究機構還大量訂閱中國大陸的報刊，縮印存檔，有些地方小報也照訂不誤。所有的資料都分類積存，一旦需要，就從資料櫃裡取出，十分方便。

現代商場的「五間」

鄉間：透過同鄉、同學、親友關係等，從對方員工的口中獲得商業情報。
內間：收買、賄賂競爭對手公司內部的中高層管理人員，以獲取商業情報。
生間：派自己公司的員工到對方公司上班，擔任刺探情報的工作。
反間：發現競爭對手派人來臥底，收買後為我所用，並使之傳送假情報回去。
死間：故意令我方派去的間諜暴露身分，並讓他洩漏假情報，以達到誤導對方的目的。

孫子所說的「五間俱起，莫知其道」，在現代商戰中也得到了廣泛用運。上面所列即是古代軍事上的五種間諜與現代商戰上的五種間諜的對應關係。

❸ 廟算者勝
商業計畫要周詳

> 孫子在《計篇》中指出：開戰之前，一定要進行「廟算」，對作戰意圖、作戰計畫必須深思熟慮，「多算勝，少算不勝，而況於無算乎！」在企業競爭中，「廟算」也是非常重要的。

經營者每做一件事，如投資建廠、推出新產品等，若能詳細評估可能的銷路、競爭者的虛實、成本效益等，就容易成功。但如果未能細加規劃與分析，只是盲目地經營，那麼多半就會失敗。

大同關係企業集團董事長林挺生，說起過自己成功的秘訣：「我是憑藉一部《論語》，一把『算盤』打天下的。」《論語》且不論，「算盤」即是孫子所說的「廟算」。的確，大同企業的每一個舉措無不是這副「算盤」精心計算的結果。

在1950年代時，林挺生預測到家電業必將蓬勃發展，於是大力投資，進行各種家電的研製與生產。1960年推出大同電鍋，1961年推出電冰箱，1966年開始生產電視和組合音響，1968年推出冷氣機，每項產品都是走在時代前面。當別的企業剛剛發現投資家電業的良好前景時，大同公司就已經占據臺灣家電業的壟斷地位了。

林挺生的目光不僅盯著國內的各同行企業，更注意世界同行的新動向。1970至1980年代，世界上有少數幾個發達國家開始研製、生產錄影機，但一直到1970年代中後期，也仍然處於試驗和微量生產階段。林挺生注意到這個訊息，意識到在家電業將興起錄影機熱。於是從1977年開始，先後投資達八億元，研究開發錄影機。在1979年領先其他廠家開發成功。

如果說林挺生在開發錄影機上具有超前意識的話，那麼，在生產這項當時還算高科技、高價格的產品時，林挺生所做的決定，則充分證明了他在市場判斷上的敏銳之處。他認識到了國內的消費者偏好播放錄影帶，而較少錄製節目的特點，主要生產「只放不錄」的放映機。放映機一方面是投消費者所好，另一方面是價格比錄影機便宜很多。所以，在市場上一經推出，就很受消費者歡迎。

商業計畫要周詳

孫子提出來的「廟算」思想，其可貴之處就在於：他在二千五百多年以前，透過對戰爭的示範分析，便已嘗試使用了現代人所讚賞的系統性思維。而這種系統性思維方式也正是現代商戰所必需的。甚至，這種思維方式是可以放之四海而皆準的，即在任一領域都可以用到。

系統性思維方式的最大特點：不把事物看成是某種單一結構，而是看成多種因素、多種性質的複合體。其中的每種因素都對整體有著一份特殊的作用，既不能取消，也不可替代。整個事物在運行過程中就表現為一種複合的滾動樣式。這樣的整體結構用當代的話說就是系統結構。

木桶理論

有的人將商業計畫的系統性結構形象地比喻為一個木桶，這就是所謂的木桶理論。人們知道一個木桶往往是由許多木板組成的，其中的木板長短不一。若問：這個木桶可以盛多少水？回答是：它不是由整個木桶的高度決定，而是由箍起木桶的多塊木板中最短的一塊木板決定的。如果水盛得過多，水便會從這塊短木板上面溢出來。這塊短木板就是整個木桶容水量的制約因子。木桶理論告訴我們：商業行為是一個系統性的社會行為，在這個龐大的系統中，哪一個細小的環節出現問題，最終都有可能導致全盤計畫的失敗。

第肆章　商用《孫子兵法》

現代商場上的攻戰謀略

商業計畫書的基本結構

第一章：計畫概要	第五章：市場行銷	第九章：資金的退出
第二章：項目介紹	第六章：管理團隊	第十章：風險分析
第三章：市場分析	第七章：財務分析	第十一章：結論
第四章：行業分析	第八章：資金需求	第十二章：附件

上面所列出的是一份普通的商業計畫書的基本結構和應該包含的內容。從中就可以看出，「商業計畫」這個系統所涉及的範圍確實是廣泛而繁瑣的。

283

❹ 出其不意
商機無處不在

> 孫子在《孫子兵法・計篇》中說道：「攻其無備，出其不意。此兵家之勝，不可先傳也。」這句話的大意是指要在敵人意料不到時採取行動，往往就會在鬥爭中獲得勝利。這個道理不僅是兵戰中的制勝奇策，而且也是商戰中的開拓高招。印度商人莫漢・梅真尼在美國掀起的牛仔褲革命就是一例。

1975年，印度商人莫漢・梅真尼在美國掀起了一場牛仔褲革命，打破了多年來牛仔褲主要由男士穿著的局面。為了打破這個局面，梅真尼使出了三個奇招：一是把傳統的、多為農場工人和城市工人穿的牛仔褲，改為高級的、供上流社會名媛淑女穿的時裝褲。經設計師別出心裁，設計裁製成的這種新型緊身牛仔褲，穿在婦女身上，使她們嬌軀的曲線美更加突出，更顯得婀娜健美，青春活躍，合乎女人愛美的天性。第二招是品牌效應。梅真尼的女式牛仔褲，用紐約市一位名叫格羅莉亞・范德比爾特的女明星的姓「范德比爾特」做品牌名稱。在商品社會裡，商品能否暢銷，與品牌大有關係。第三招是廣告宣傳。在1975年之前的美國，被視為不登大雅之堂的牛仔褲，是不登電視廣告的。梅真尼一改美國人的做法，在美國電視節目中大量插播廣告，為他的「范德比爾特」女式牛仔褲廣做宣傳，開啟牛仔褲在美國上電視廣告之先河。在插播電視廣告之前，牛仔褲存貨有十五萬條，但范德比爾特小姐現身螢光幕的廣告一播，隨即銷售一空。他說，這次的電視廣告費共達一百萬美元，但收效之大，出乎意料。

莫漢・梅真尼成功的女士牛仔褲革命證明，商戰中最高明的行動是「出其不意」，想到了競爭對手還沒有想到的顧客潛在需要，看到競爭對手還沒有看到的有前景的潛在市場；然後「攻其無備」，把握時機進入壁壘最小的潛在市場，運用奇招，反常出擊，捷足先登，全力開拓。當然，沒有硝煙的商場同樣千差萬別，變幻莫測，在具體運用「攻其無備，出其不意」的「兵法之勝」時，也「不可先傳」，而必須視市場需求態勢的變化、競爭對象的強弱而採取棋高一著、出奇反常的行銷謀略。

出其不意，變廢為寶

歷史證明，誰的創意愈好，誰的產品價值就愈高，誰在市場競爭中就會獲勝。而且一個好的創意往往並不需要投入太大的資本，美國企業家斯達克將廢棄的女神像分散出售，獲得高額回報的事例就是「出其不意」謀略的典型。

2. 令人遺憾的是，由於年久失修，女神像已變得面目全非。所以當地政府決定將女神像推倒。

4. 有一位叫做斯達克的企業家卻從這堆廢料中看到了商機，他對政府表示：只要政府付給他兩萬美元，他就可以將這些廢料運走。這是為什麼呢？

1. 美國德克薩斯州有一座歷史悠久的、很大的女神像。人們都很喜歡她，常來這裡參觀、照相。

3. 女神像被推倒後，有許多人為此而感到難過。而且，廣場上總共留下了兩百多噸的廢料。即使政府出價到二萬五千美元，也沒有人願意去攪這個又費力又不賺錢的苦差事。

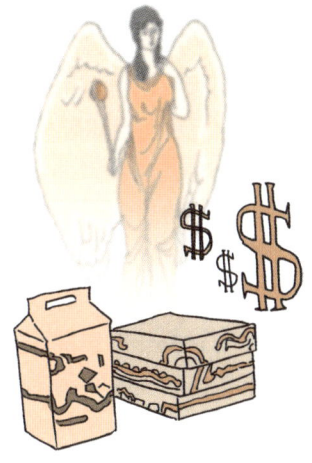

5. 斯達克將這些廢料破成小塊，進行分類：把廢銅皮做成紀念幣；把廢水泥做成小石碑。然後將它們分別放進一個個十分精美但又很便宜的小盒子裡，盒子上還寫著：「美麗的女神已經去了，我只留下她的一塊紀念物。我永遠愛她。」斯達克將這些紀念品以一美元、二美元、十美元等不同的價格出售。很快，這些紀念品就被搶購一空。斯達克賺了十二萬五千美元。

第肆章　商用《孫子兵法》

現代商場上的攻戰謀略

285

❺ 因糧於敵
利用別人的力量發展自己

軍隊出外征伐，離不開可靠的後勤保障。所以古今中外的兵家，無不重視軍隊的後勤保障功能。孫子因此提出「因糧於敵，故軍食可足也」的觀點。所謂「因糧於敵」，是指深入敵國作戰時，軍隊所需要的糧食，從敵國那裡就地解決，即取之於敵，以戰養戰。

軍事上「因糧於敵」的謀略，同樣也可以作為商戰中的謀略。從其取之於敵、以戰養戰的寓意出發，商戰中可引申為透過「借力」，積蓄力量來發展壯大自己的實力。即在自身經濟實力不強的情況下，或借錢負債經營，投資生產，賺錢發展；或引進別人的研究成果組織生產，打入市場；或借別人的產品牌子和以其銷售的管道，推銷自己的產品等。

德國的阿迪達斯（舊名為愛迪達）公司是現在世界上最大的體育用品公司，共有大約四萬名員工，分布在全世界四十個國家和地區的子公司中。它經營各種體育用品，但是傳統的、最主要的產品是足球鞋，每年它共生產二十五萬雙足球鞋。

1920年，阿迪·達斯勒兄弟倆在母親的洗衣房裡開始了製鞋業，開始他們邊製邊賣，收入微薄。但兄弟倆重視品質，又不斷地在款式上創新，盡量使每一雙鞋都能滿足顧客的要求。這種經營方式使他們的家庭製鞋作坊很快就擴展成一家中型製鞋廠。

1936年的奧運會來臨之前，阿迪·達斯勒發明了短跑運動員用的釘鞋。當他得知美國短跑名將傑西·歐文有奪取冠軍實力的消息後，便無償地將釘鞋送給歐文試穿。後來歐文不負眾望，在比賽中一舉奪得四枚金牌。於是，歐文穿的釘鞋便也隨之一舉成名，結果是阿迪鞋廠的新產品成了國內外的暢銷貨，阿迪鞋廠也在不久之後變成了阿迪達斯公司。用體育明星來創牌子的辦法大獲全勝！此後，老阿迪又屢屢使用這種手法。1954年，世界盃足球賽在瑞士舉行，阿迪·達斯勒將其生產的新款足球鞋又一次免費地送給德國足球隊穿用。恰巧，德國隊在那屆世界盃上第一次獲得了世界冠軍。從此，阿迪達斯更是名震海內外。

善於藉助別人的力量

每個企業都有一個發展的過程，當一個企業實力還比較弱小時，盡量借助強大的力量來充實自己、宣傳自己，往往會發揮事半功倍的效果。阿迪達斯公司借助知名運動員來宣傳自己的產品確是「因糧於敵」的典範。

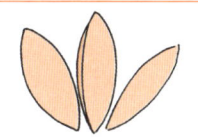

阿迪達斯的商標一共有兩個：一個是三道槓的商標；另一個就是本圖所示的三葉草商標。「三葉草」首次使用於1972年，它代表著「更高，更快，更強」的奧運精神。「三葉草」只會出現在經典系列產品上，而其他產品則全部改用新的「三道槓」商標。

1936年，透過國家田徑隊教練喬‧魏茲的介紹，阿迪讓美國短跑名將傑西‧歐文穿上自己生產的跑鞋參加奧運會比賽。歐文是田壇奇蹟，一百公尺跑的速度與馬差不多。歐文此後在比賽中都穿上阿迪設計的新跑鞋。有了這些跑鞋，歐文如虎添翼，共獲得四枚奧運會金牌。當然，隨著歐文的成功，人們也開始關注阿迪達斯的產品，從此阿迪達斯品牌走向了世界。

阿迪達斯大事記

1920年：阿迪‧達斯勒創製了第一雙訓練用運動鞋。
1924年：阿迪‧達斯勒和他的哥哥魯道夫註冊了達斯勒兄弟運動鞋廠。
1948年：adidas牌子正式註冊。
1949年：達斯勒兄弟倆正式分家。魯道夫也成立了一家公司，後來發展為著名的PUMA品牌。
1972年：三葉草標誌問世。
1991年：推出Equipment專業運動鞋系列及運動服裝新系列。
1994年：推出Predator獵鷹技術的革新性足球鞋。
1996年：推出"Feet You" Wear天足概念運動鞋。
1997年：宣布合併以銷售滑雪、高爾夫裝備而聞名於世的賽拉蒙公司。
2002年：推出"a3"系列籃球鞋、跑鞋。
2004年：推出"adidas 1"電腦晶片智能跑鞋。
2005年：兼併運動廠商Reebok公司。
2006年：推出"adidas 1.1"升級版電腦晶片智能跑鞋、籃球鞋。

阿迪‧達斯勒（Adi Dassler）

第肆章 商用《孫子兵法》

現代商場上的攻戰謀略

❻ 十則圍之
將競爭對手消滅於搖籃之中

在戰爭中，如果我方的力量大於敵方的力量許多倍，就可以採取孫子所說的「十則圍之」的戰略，將其徹底殲滅。在現代的商業社會裡，這種集中優勢兵力全力殲滅競爭對手的道理，對企業也同樣適用。

在商戰中，兵力可以理解為企業所擁有的財力、人才、情報等各種資源所組成的綜合競爭力。也就是說，如果你比對手強大，那麼最好趁早消滅它，這樣就可以一勞永逸地確保自己的王者之座。美國微軟公司與網景公司的網絡瀏覽器之爭，就是這種商業戰略的典型事例之一。

1990年代中期，網景公司的名為NetSCape的瀏覽器一度占據了美國網絡瀏覽器市場的大部分占有率，儘管那時候NetSCape還只是一個學生的業餘作品。面對網景公司猛烈的發展勢頭，微軟當然不會袖手旁觀，決定全力打擊羽翼未豐的網景。畢竟在瀏覽器市場，微軟的IE瀏覽器多年來一直占據著90％以上的市場占有率。微軟打壓網景的戰略其實很簡單，即透過在微軟視窗操作系統中捆綁互聯網瀏覽器。為此，比爾·蓋茲親自督戰，聚集了數以千計的工程師，投入了數億美元的資金，迅速拿出了有力的產品和鋪天蓋地的產品廣告，並把產品免費安裝到客戶的電腦當中。年輕的網景公司難以承受微軟這種不計血本的狙擊，公司的業績逐年下降，最終不得不把自己賣給美國線上公司。至此，微軟在瀏覽器產品上的王者地位得以確保。

當然，在商戰中，「十則圍之」不一定表現為大的消滅小的。像上文中提到的微軟在互聯網市場上打擊網景公司只是「十則圍之」謀略的一種運用。這在現在的國內外企業中相當普遍。

商業上的「十則圍之」

企業的規模有大有小。企業規模大的，實力就雄厚，就會在激烈的市場競爭中占據優勢地位，並進而借助這種優勢將競爭對手消滅於萌芽狀態。這就是《孫子兵法》中「十則圍之」戰略在商戰中的應用。

大型牧場 → 牛奶產量高 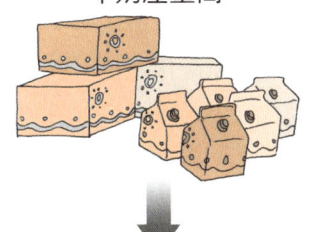 → 單位產品價格低 → 占據大部分市場占有率

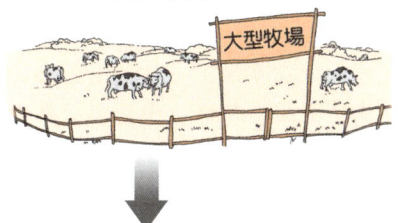

小型牧場 → 牛奶產量低 → 單位產品價格高

因為產量小，生產成本就高，所以單位產品的價格就高。這樣的產品在市場競爭中就處於劣勢。最終就會被市場所淘汰。

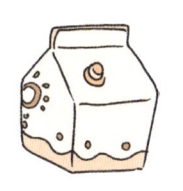

因為產量大，生產成本得以降低，所以單位產品的價格就低。這就是企業實力雄厚的表現。這樣的企業往往會採用價格戰的方式將弱小的競爭者擠出市場。

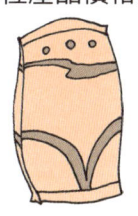

壟斷：商業上「十則圍之」的極致表現就是壟斷的出現。所謂壟斷，是指在生產集中和資本集中高度發展的基礎上，一個大企業或少數幾個大企業對相應部門產品生產和銷售的獨占或聯合控制。壟斷的結果是使一個行業變得缺乏競爭力。因此在資本主義發達國家裡大都制定有反壟斷法。壟斷主要有以下幾種類型：

卡特爾：是指生產同類商品的企業，為了獲取高額利潤，在劃分市場、規定商品產量、確定商品價格等一個或幾個方面達成協議而形成的壟斷性聯合。

辛迪加：是同一生產部門的企業為了獲取高額壟斷利潤，透過簽訂協議，共同採購原料和銷售商品，而形成的壟斷性聯合。

托拉斯：是壟斷組織的一種高級形式，通常指生產同類商品或在生產上有密切聯繫的企業，為了獲取高額利潤，從生產到銷售全面合併，而形成的壟斷聯合。

康采恩：是分屬於不同部門的企業，以實力最為雄厚的企業為核心而結成的壟斷聯合，是一種高級而複雜的壟斷組織。

第肆章　商用《孫子兵法》

現代商場上的攻戰謀略

❼ 死地則戰
與競爭對手決戰商場

在戰場上，如果敵我雙方勢均力敵，又不能躲避，那麼就只有拚死血戰了。所以孫子說：「死地則戰。」西方的一位軍事家佛隆傑也說：「在戰場上，攻擊勝於防禦。……一味地防禦注定失敗。」在商場上，這種面對面的進攻也不少見（如商品價格大戰）。兩軍相逢勇者勝，同樣，兩商相鬥韌者贏。

1970年，日本商人系山英太郎興建了一座游泳池，這座游泳池位於京阪電氣化鐵路線牧野站前方，是一座可以同時容納一萬人的豪華游泳池。然而，就在牧野站靠大阪方向的前一站牧方站，也有一個由京阪電鐵自己經營的游泳池。對來自大阪的旅客來說，英太郎的游泳池比牧方站游泳池遠了一站。再加上京阪電鐵利用車上的播音設備大力宣傳牧方站的游泳池。所以遊客們自然地在牧方站下車，到牧野的人數就少了。

系山英太郎意識到問題的嚴重性，他認為爭奪游泳客的唯一辦法，是使泳客們都知道就在牧方下一站的牧野，有一個更宏大、更華麗的游泳池。要達到這個目的，最簡潔的辦法就是在京阪電氣火車車廂內做廣告。可是，京阪電鐵當局拒絕接受做車廂廣告。在走投無路的情況下，英太郎帶上十二個員工到牧方站，發放牧野游泳池的免費入場券。免費入場券的效果立竿見影，從第二天開始，來英太郎游泳池的泳客開始急遽增加。英太郎依然積極進行宣傳行動。繼續帶領員工，在牧方站向那些剛從游泳池出來的游泳客們發放他的免費入場券。

這個戰術的效果非常理想，京阪電鐵的車長們儘管聲嘶力竭地宣傳「下一站是牧方游泳池！」可泳客們大都充耳不聞。牧方游泳池的遊客銳減，而英太郎的游泳池則門庭若市，熱鬧非凡。終於，京阪電鐵要求英太郎停止發放免費入場券的活動。英太郎藉此乘機提出，在電車抵牧野站前，希望也能替我們廣播一下，以示公平。電鐵方面生怕再有什麼意外，只得接受這個意見。從那以後，牧野游泳池的旅客與日俱增，一年接待了二十五萬人次，成為大阪地區最受歡迎的游泳池。

兩商相鬥韌者贏

商戰需要技巧,但更需要的是堅韌不拔的毅力和不怕困難的精神。在某種情況下,最好、最大的謀略就是與敵手拚死一戰,誰堅持到最後誰就獲勝,即《孫子兵法》上所說的:「圍地則謀,死地則戰。」

目標:爭奪速食業第一寶座

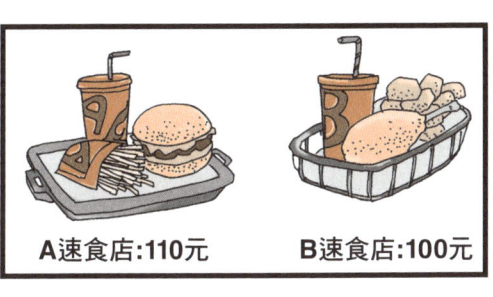

A速食店:110元　B速食店:100元

A速食店:100元　B速食店:90元

結局

由於B速食店總是後發制人(每次降價後,B速食店的價格總是比A速食店便宜十塊錢),那麼顧客在其他條件不變的情況下肯定會選擇價格更低的B用餐。所以A速食店沒過多久便退出了市場,從此市場被B速食店所獨享(價格又恢復到了以前的水平)。究其原因,就是在這場爭鬥價格大戰中,B店顯示出了更為堅韌不拔的勇氣和毅力。他們堅持到了最後,所以他們贏了。

⑧ 不若則能避之
商戰中的以退為進

《孫子兵法》中的「不若則能避之」的真實含義：不是消極地逃跑，而是積極主動地規避，然後尋隙再戰。「不若則能避之」的謀略在國際商戰中被廣泛理解為善於從失敗中崛起的謀略。

企業透過一系列的忍辱負重，突破困境，化險為夷，起死回生，捲土重來等艱苦奮鬥的過程，達到東山再起的目的，這都體現了孫子「不若則能避之」的謀略。

1950年代，日本經濟騰飛，隨著連續幾年的經濟高速發展，許多企業都拚命擴大自己的經營規模。為此，日本日立公司也投入了大量的資金。1960年代初，整個日本經濟進入了蕭條時期。面對滯銷的產品，已經搭起擴建廠房的鋼架，要添置的一些機器設備已經運抵碼頭、車站的局面，日立公司對下一步應該怎麼辦產生了兩種截然相反的意見：一種是繼續投資，另一種則是立即停止投資。為此，公司內部發生了激烈的爭論。

「立即停止投資！」公司做出果斷的決策。日立進入了一個關鍵的轉折時期。下面的數字很能說明當時日立決策的正確性。從營業額來看，從1962年開始，日本三大電器公司中的東芝和三菱都有明顯的下降，但是日立則一直到1964年仍在繼續上升。從分紅來看，1962年上半年，日立、東芝和三菱都維持在13%左右，到1963年下半年，出現了1%的差距，到1964年下半年，差距擴大到4%，到1965年上半年，東芝是6%，三菱是4%，日立則是10%。

時間終於進入了1960年代後半期，一個新的繁榮時期到來了，蓄勢已久的日立公司不失時機地積極投資，1967年投入了一百零二億日元，1968年上升到一百六十億日元，1969年上半年就突破千億大關，達一千二百二十億日元。1966年至1970年五年內，銷售額提高了1.7倍，利潤提高了1.8倍。

日立當年如果不是明智地「走」，即主動地停止投資，做戰略撤退，那麼它在經濟蕭條時期能得以保存實力嗎？到了經濟的再度繁榮時，它能以巨大的實力迅速東山再起嗎？

以價值行銷對抗價格行銷

除了「保存實力，以圖東山再起」之外，「不若則能避之」在現代商戰中還可以解讀為不與競爭對手在某一方面死拚硬槓，而是從己方占優勢處擊敗對手。以價值行銷對抗價格行銷即是其典型的表現形式。

是啊，雖然貴一些，但物有所值嘛！

親愛的，還是這裡好啊！

我們對於商家之間展開的價格戰早已司空見慣，從早先的彩電大戰、冰箱大戰，再到現在的汽車大戰，無一不是以降低價格作為主要的競爭手段。但是最終的結果卻往往是兩敗俱傷。那麼，面對損人不利己的價格戰，企業應該怎麼辦呢？「價值行銷」即是愈來愈多的企業對抗價格戰的出路。

價值行銷包含的內容

- **產品價值**：產品同質化是引起價格戰的重要因素。所以透過對產品進行差異化創新，重整產品對顧客的價值，是應對價格戰的有效利器之一。其主要方法有：採用新技術，改進產品的品質、性能、包裝和外觀式樣等。

- **服務價值**：透過服務增加產品的附加價值，在同類產品競爭中取得優勢。就可以在相對的高價上維持市場占有率，也能夠在價格戰中立於不敗之地。

- **品牌價值**：從以產品為中心的行銷轉變為以品牌為中心的行銷，這樣可以有效避免以產品為中心的價格戰。

- **終端價值**：終端價值強調的是差異化的終端建設，透過對超值的購買體驗強化客戶終端價值，這樣可以從感性上淡化產品的價格。

所謂「價值行銷」，是指透過向顧客提供最有價值的產品與服務，創造出新的競爭優勢而取勝的一種行銷策略。如圖中所示，在這樣的餐廳用餐雖然價格比較貴，但這裡提供的服務，營造的溫馨、舒適的用餐環境和氛圍卻是在其他餐廳享受不到的。

❾ 因敵製勝
要做商場上的「變形金剛」

孫子認為：兵無常勢，唯有因敵而制勝。其意在強調實施作戰計畫，應當隨著敵情變化而變化，力求敵變我變、先變於敵。企業家借鑑這一謀略，首要就是要保障企業在多變的環境中有效地生存和發展，當社會環境有所改變時，你的經營手段也必須隨之改變。

美國的梅西百貨公司是世界上最大的百貨公司之一，其在總結自己的經營之道時說：「變化是我們的生命。」當羅蘭・梅西在紐約十四街創建梅西百貨公司時，他對外的宣傳口號是：用現金買便宜貨。顧客因此受到極大的引誘，而潮水般地湧向梅西公司。隨著時間的推移，顧客中擁有銀行存款的人漸漸多起來，他們喜歡不必付現金就可以提貨。為順應這一變化，梅西百貨公司於1901年建立梅西銀行，同時創立一種制度：顧客只要把一筆錢存進梅西銀行，就可以得到一張信用卡，持這種信用卡，可以在梅西百貨公司的任何一家商店自由購物。顧客購物的餘款，還可以照樣享受利息。這一新方法方便了顧客，大受歡迎。

到了1939年，梅西百貨公司注意到，許多梅西公司的忠實顧客都跑到別的公司購物了。原來，梅西公司的競爭對手採取了向顧客提供分期付款的策略，從而搶走了梅西公司的許多生意。為了適應這一變化，梅西公司又推出新的推銷方式——「用時再付」。他們為顧客的信用定了一個限制，在限制的條件下，顧客可以先取出貨物試用一段時間，如果決定買下，然後再給十八個月的時間，分批付完貨款。這樣一來又把顧客吸引回來了。

到了1960年，美國社會進入了信用卡時代。那些習慣於一個月付一次帳單的顧客，對梅西公司又失去了興趣，生意開始節節下降。梅西公司立即採取措施，這年8月，他們宣布了新的購物方式：顧客可以憑信用卡在梅西購物，在收到帳單後十天內付錢，不收服務費用。如果顧客希望延長付款期限，只需先付五分之一的數目，然後分期慢慢付，公司只略收服務費。結果，梅西公司的生意又節節上升了。

變化是我們的生命

梅西百貨公司的老闆羅蘭‧梅西說：「變化是我們的生命。」不錯！精心研究市場的變化，並且積極主動地順應這種變化就是梅西百貨公司一百多年來，之所以在商場上長盛不衰的制勝法寶。這與《孫子兵法》上所說的「故兵無成勢，無恆形」的道理如出一轍。

1858　用現金買便宜貨

1858年，梅西百貨公司的創始人羅蘭‧梅西在紐約十四街創建梅西百貨公司時，他對外的宣傳口號是：用現金買便宜貨。顧客因此受到極大的引誘，而潮水般地湧向梅西公司。

1901　都來使用信用卡吧

隨著時間的推移，人們生活愈來愈富裕，擁有銀行存款的人漸漸多起來。人們開始覺得現金購物不僅麻煩而且不安全。為順應這一變化，梅西百貨公司於1901年建立梅西銀行，同時創立一種制度：顧客只要把一筆錢存進梅西銀行，就可以得到一張信用卡，用這種信用卡，可以在梅西百貨公司的任何一家商店購物。顧客購物的餘款，還可以照樣享受利息。這一新方法方便了顧客，大受歡迎。

1939　用時再付

1939年，梅西百貨公司實行「用時再付」制度：他們為顧客的信用定了一個限制，在限制的條件下，顧客可以先取出貨物試用一段時間，如果決定買下，然後再給十八個月的時間，分批付完貨款。

1960　每月結帳

1960年的8月，隨著美國社會全面進入了信用卡時代。梅西公司宣布了新的購物方式：顧客可以憑信用卡在梅西購物，在收到帳單後十天內付錢，不收服務費用。如果顧客希望延長付款期限，只需先付五分之一的數目，而後分期慢慢付，公司只略收服務費。

美國梅西百貨公司簡介

梅西百貨公司是美國的一個連鎖百貨公司。1858年，創始人梅西在紐約曼哈頓第十四大街以自己的名字命名開設了第一家商店。目前，梅西百貨是紐約市最老牌的百貨公司，是紐約人與觀光客的匯集之地。梅西是高檔百貨公司，主要經營服裝、鞋帽和家庭裝飾品，它與諾斯壯百貨一樣，以優質的服務贏得美譽。其公司規模雖然不是很大，但在美國和世界有很高的知名度。

⑩ 以迂為直
商戰中切忌急功近利

一般來說，企業發展前進的道路都是坎坷曲折的，那種一飛沖天、迅速致富的想法是不現實的。所以在這個時候，就可以借鑑一下《孫子兵法》中的「以迂為直」的謀略。

《孫子兵法‧軍爭篇》中說：「故迂其途，而誘之以利，後人發，先人至，此知迂直之計者也。」孫子在這裡，把什麼是迂直之計及其意義說得很清楚。其大意是說，知迂直之計的人故意迂迴而行，投以小利，落後於他人行動，卻先期到達目的地，達到了別人沒有達到的效果。為更好地推銷產品，企業往往先為各商店培訓人員，使他們熟悉產品性能，學會保養和維修，以良好的售後服務促進銷售。目前，一些汽車製造廠、空調器廠、洗衣機廠、電腦廠都採取這種「以迂為直」的行銷策略。例如，某汽車有限公司在全世界各大城市中建立了兩百多個特約維修站，擁有一支訓練有素的售後服務隊伍，為用戶提供規範化的售後服務。因此，在企業評比中多次獲得銷售收入第一名。其經理說：「售後服務是競爭的武器。」

企業透過公關活動、贊助活動、組織競賽等，提高企業的知名度，從而為產品打開銷路，這也是「以迂為直」在行銷上的運用。例如，中國的馬家軍打破田徑長跑的世界紀錄後，日本東海公司第二天就派專人到北京，提出：願意為中國大陸田徑隊提供贊助，其目的是藉此提高企業的知名度和打開中國大陸的市場。娃哈哈成立之初只是杭州郵政路小學的一個校辦工廠，在獲得成功之後，該廠捨得花錢做贊助，用二千六百萬元人民幣使所在區的中小學都用了新的課桌椅，還配備電腦。從此，娃哈哈的知名度愈來愈高，產品供不應求。

在商業活動中，顧客要求退貨，這對商店、廠家都是一種挫折，這也就是一種「迂」，可聰明的經營者卻善於透過退貨，使顧客由不滿意變為滿意，使壞事變好事，挑戰變機遇，進一步改善企業形象，提高企業信譽，這就是「以迂為直」啊！

汽車廠商的售後服務

近年來的汽車市場競爭極為激烈，為了獲得更多的市場占有率，商家們都是奇招迭出。這些舉措看上去好像和汽車本身沒什麼關係，但它們對銷售額的增長確實是貢獻頗多。

這就是商戰中的「以迂為直」

每年世界各地都會舉辦許多的汽車拉力賽。到時，各大汽車生產廠家都會耗費巨資帶著各自的新產品前來一比高下。經過艱苦的比賽，在賽場上有著良好表現的汽車就會在銷售市場上也取得不俗的業績。費時費力地參加汽車拉力賽，表面上看是一項體育運動，與銷售沒什麼直接關係。但實際上，參賽的目的並非為了奪冠，而是為了展示各自的產品，擴大影響。這就是商戰中「以迂為直」的一種方式。

圖中所顯示的是一家普通的汽車4S店的日常工作場景。不要誤會，圍坐在一起正在打牌的不是店內偷懶的員工，而是前來做汽車維護保養的客戶。這樣做，可以使顧客在等待的過程中不至於太無聊。近年來，汽車行業的競爭日益激烈，在使盡了種種促銷手段之後，人性化的售後服務成了關鍵之處。市場證明，誰的售後服務做得更好，誰的銷售成績也會越好。因此，良好的、人性化的售後服務也是商戰中「以迂為直」的一種表現形式。

第肆章　商用《孫子兵法》

現代商場上的攻戰謀略

297

⑪ 先知地形
如何選擇商店的位置

《孫子兵法·地形篇》中提出：「地形者，兵之助也。」張預注釋：「凡用兵，貴先知地形。」其實，進行商務活動、開商店、做生意也貴在先知地形。常聽商人們說：「想要開好店，先占個好地點。」講的便是如何選擇商店位置的道理。

我們來比較一下全球零售業霸主美國沃爾瑪和排名第二的法國家樂福的中國大陸戰略，就可以切實感受到地形對於商戰的重要意義。2003年，沃爾瑪在全球市場的銷售額為二千五百億美元，而家樂福則是八百億美元，足足相差了三倍以上。但是在中國大陸市場，兩者地位卻截然相反：2004年上半年，在中國大陸設有五十家分店的家樂福銷售額為七十七億元人民幣；相比之下，在中國大陸擁有三十九家分店的沃爾瑪的銷售額僅為三十七億元人民幣。不僅如此，沃爾瑪還在2002年、2003年分別出現了二億元人民幣和四千萬元人民幣的虧損，2004年才進入盈虧平衡狀態。從進入中國大陸市場的時間來看，家樂福是1995年、沃爾瑪是1996年，並沒有太長的時間差距，但為何銷售額會拉開如此大的距離呢？

關鍵就在於建店地址！家樂福在進入中國大陸之初，就把店鋪設在了北京、上海等大城市的中心黃金地帶。而沃爾瑪在進入中國大陸時，首先集中在華南地區開店，後來才逐漸擴展到北京、上海和廣州，建店地址也和它在美國一樣選在了城市近郊。儘管近年來中國大陸出現購車熱潮，但還遠未達到普及的程度。沃爾瑪的店鋪都設在郊區，因此無法吸引市內和住處較遠的消費者，無異於自斷生路。

由於家樂福比沃爾瑪占據了更有利的地形，因此在中國大陸市場上的營利前者就遠大於後者。對於一般的經營者來說，開商店、做買賣，當然是想賺錢，這需要有顧客的。只有讓顧客來往方便，樂意前來，您的生意才能愈做愈好，那麼，店址究竟應該選在什麼地方呢？下面的建議供您參考。

一般說來，每個城市都有五種基本的地域類型，即中心商業區、次級商業區、成排街頭商業區、居民街坊區、郊區。下面依次介紹：

1.中心商業區：是城市的中心地帶，是商業活動主要的集中點。這個區域的主導力量是百貨公司、自選大商場等大型商號，商品的品種繁多，規格

家樂福與沃爾瑪不同的商業地緣戰略

在零售業，美國沃爾瑪和法國家樂福幾乎同時登陸對岸，但由於它們採取了不同的商業地緣戰略，因此所取得的業績也大相逕庭。這正好說明了地理位置對於商業競爭的巨大影響。

美國的沃爾瑪是全球零售業第一巨頭，其2003年的全球銷售業績是家樂福的三倍以上，但在中國大陸，它的業績卻只有家樂福的一半。究其原因，就在於店址的選擇上。沃爾瑪照搬美國經驗，將店開在人口較少、交通欠發達的郊區，這限制了客流量，最終導致銷售業績的不佳。

巧合的是，法文家樂福翻譯成中文就是「十字路口」的意思。

法國的家樂福相比之下就要精明得多。目前為止，它在中國大陸的五十多家分店均設在大城市的繁華鬧市區。這一點很符合中國大陸現階段國情及中國的文化，因此取得了不俗的銷售業績。以2004年上半年為例，家樂福在中國大陸的銷售額為七十七億元人民幣，是沃爾瑪的兩倍多。

第肆章 商用《孫子兵法》

現代商場上的攻戰謀略

299

齊全，客流量大，且多是具有一定的購買力和購物意向的顧客。如果這個地帶有面積較小的鋪面出租，即使貴一點，也應爭取到手——只要你手頭擁有足夠的資金，然後你可用來經營高級服裝、速食食品等效益較高的生意。

2.次級商業區：是指中心商業區的外圍或邊緣地帶，這些地方租金和不動產價格比中心商業區低廉，交通不那麼壅塞，行人不那麼擁擠，因此帶有娛樂性優雅氣氛的服務較受顧客青睞，如咖啡廳、健身房、家具店、書店等，對顧客都有很大的吸引力。

3.成排街頭商業區：一般專賣同類型的商品，為同一階層的顧客服務，如五金、日雜、修理、花鳥等。如果你想在「山貨土產街」開一間婦女時裝店，那就錯了。如若不信，你試試看，一定會虧本。

4.街坊區：街坊區是居民區的中心商業區，吸引著步行或騎車的附近居民顧客，這些商店大多為顧客提供方便的個人服務。街坊區通常適宜開辦全日營業的飯店、修理店、藥妝店、水果店、蔬菜店、雜貨店、理髮店、乾洗店、日用百貨店等。

5.郊區：對於一些企業來說，所處位置跟成交額並沒有太大關係，因為他們可以透過郵購、運送專車等向顧客提供商品或服務，比如郵購、製造業、加工業等。所以，你如果要辦一間小工廠、小車間，最好選擇租金低廉、安靜開闊的郊區。

在選擇店址時，還必須對這個地區的人口狀況、風俗習慣、生活方式、消費水準，乃至交通、地形等，進行全面的考察。只有這樣，才能在強手如林的商務活動中站穩腳跟，進而開創一番偉業。

五種地區的投資選擇

從商業投資的角度講，每個城市都有五種基本的地域類型，即中心商業區、次級商業區、成排街頭商業區、街坊區、郊區。在這五種地域條件下，分別適於不同的投資項目。下面我們就對此依次介紹。

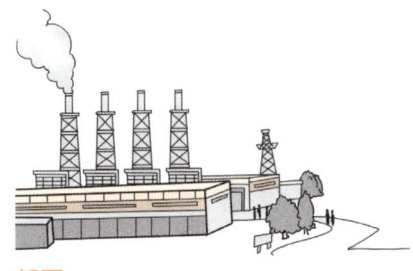

次級商業區

是指中心商業區的周邊或邊緣地帶，這些地區的不動產價格相對較低，交通不那麼壅塞，行人不那麼擁擠，因此適於開設帶有娛樂性質的服務商業，如咖啡廳、健身房、書店等，對顧客會有很大吸引力。

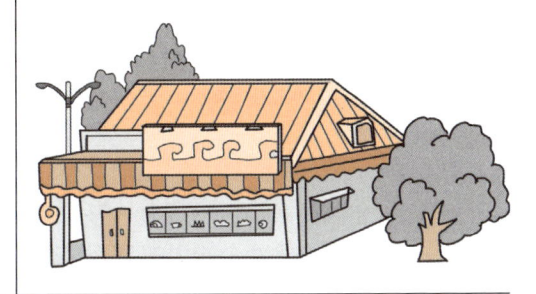

郊區

郊區的特點是：距離市中心較遠，交通不發達，並且人口稀少。因此，它只適合開設一些所處位置跟成交額並沒有太大關係的企業，例如郵購、製造業、加工業等。所以，你如果要辦一間小工廠。那麼，租金低廉、安靜開闊的郊區是最佳的選擇。

成排街頭商業區

一般專賣同類型的商品，為同一階層的顧客服務，如五金、日雜、花鳥等。如果你想在「山貨土產街」開一間婦女時裝店，那就錯了。如若不信，你試試看，一定會虧本。

中心商業區

是指城市的中心地帶，這裡交通發達、客流量大，是一個城市主要的商業活動地點。所以這個區域適於開設的是百貨公司等大型商號，所備商品的品種要多，規格要齊全。如果這個地帶有面積較小的鋪面出租，即使貴一點，也應爭取到手──只要你手頭擁有足夠的資金，然後你可用來經營高級服裝、速食食品等效益較高的生意。

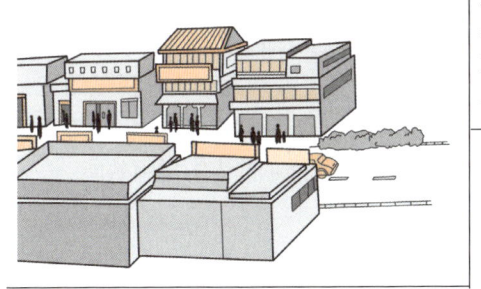

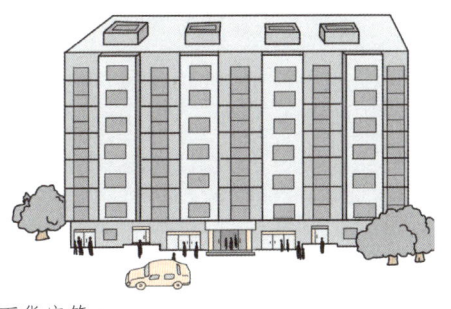

街坊區

是指位於居民區中的商業地帶，它主要是為步行或騎車的附近居民的日常生活提供便利服務。街坊區通常適宜開辦全日營業的飯店、修理店、藥妝店、水果店、蔬菜店、雜貨店、理髮店、乾洗店、日用百貨店等。

第肆章　商用《孫子兵法》

現代商場上的攻戰謀略

301

第三節 現代企業管理妙法

❶ 兵非益多
打造能幹、高效的職業團隊

孫子認為：用兵打仗，並不是兵力愈多愈好，只要做到「惟無武進，足以併力、料敵、取人而已」，便能取勝。這個道理放在現代的企業經營管理中，就是企業家要力圖組建一支能幹的、有效的員工隊伍。

一個企業是否有實力、有創造力，主要不是看員工的人數，而是要看員工的素質，要看企業內部是否團結一致、齊心協力，要看對競爭對手以及市場環境的了解程度，要看產品能不能受到消費者的歡迎，要看企業的決策是否正確等。在這裡，我們主要談一下企業員工的素質對一個企業競爭力的影響。人浮於事，軍心散漫，無心工作，或人員素質差，心有餘而力不足，這樣，工作的效益不僅沒有增加，反而會變成企業的負擔。

談到「兵非益多」，台塑總裁王永慶在1980年代初曾說過：「為了提高工作效率，防範經濟不景氣的衝擊，台塑企業預計使同一生產單位的人數，減少到原來的三分之二，甚至二分之一。」為使人力充分利用，台塑還規定了標準工作量，以每人每天上8小時，每天實際工作時間八成來計算，每天就是6.4小時。那麼，每人每月便應該有160小時的工作時間。台塑一方面要求每人達到這一標準工時，另一方面則大量地裁員，裁員達到全部員工的三分之一以上。因為不斷地精簡人員，在1980年代初的三年中，台塑集團每人每年營業金額總數獲得了很大的提升，由此顯示出其優越的人力運用效能。

如何打造能幹、高效的職業團隊

既然一支能幹、高效的職業團隊對一個企業來說是至關重要的，那麼如何去打造這樣一支團隊呢？其方法可以總結為五條，如下：

打造能幹、高效的職業團隊的五條要訣

創造一種支持性的人力資源環境：管理者應該努力地營造一種支持性的人力資源環境。這種支持性的環境可以幫助組織向團隊合作邁出重要的一步，因為這種環境促進了更深一步的協調、信任和彼此之間的欣賞。創造這種環境的具體方法有：

- 倡導成員多站在集體的角度去考慮問題。
- 提供充分的時間供大家交流。
- 對成員取得成績的工作能力表示信心。

培養團隊成員的自豪感：團隊成員的自豪感正是成員們願意為團隊奉獻的精神動力。每位成員都希望擁有一支光榮的團隊，而一支光榮的團隊往往會有自己獨特的標誌。如果缺少這種標誌，員工的自豪感就會減弱甚至蕩然無存。所以，創建公司的形象系統，都會對團隊的創造力產生積極的、深遠的影響。

使每位成員的才能與角色相匹配：團隊成員必須具備履行工作職責的能力，並且善於和其他團隊成員合作。只有這樣，每一個團隊成員才能清楚自己的角色，清楚自己在工作流程中的位置。每一個進入團隊的人，才能真正成為這個團隊的一員。如果做到這一點，成員們就能夠根據條件的需要，自動迅速地完成團隊目標，而不需要別人下達命令。

設立具有挑戰性的團隊目標：一個企業創造出輝煌的成績，是整個團隊分工協作的結果，而不是僅靠個人的表現。所以，為團隊設定一個具有挑戰性的目標，並鼓勵每一位成員的團隊協作精神才是正確的做法。當人們意識到，只有所有成員全力以赴才能實現這個目標時，這種目標就會集中員工的注意力，一些內部的小矛盾也就往往被消滅於無形之中了。此時，如果還有人自私自利，其他人就會譴責他不顧大局。

正確的績效評估：企業進行績效評估的作用，首先是希望透過對員工的考核，判斷他們是否稱職，從而切實保證他們與職位的匹配、報酬、培訓等工作的科學性，這種功能被稱為績效評估的評核性；其次，是希望透過績效評估，幫助員工找出自己績效差的真正原因，以激發員工的潛能，這種功能被稱為績效評估的發展性。

❷ 恩信使民
培養員工對企業的歸屬感

從企業的經營者到全體員工都要有一致的意念，有共同的奮鬥目標，培養員工對企業的歸屬感。只有這樣，企業才能在日益嚴酷的競爭環境下得以生存和發展。這就要求企業的經營者樹立「恩信使民」的觀念，以得到部屬和員工的全力支持。

1984年，張瑞敏接手海爾集團的前身——青島冰箱廠，這是一個連換三任廠長仍然「病入膏肓」的集體小廠，守著一個爛攤子的六百名員工，已是人心渙散。臨危受命的張瑞敏感到壓在他身上的擔子很重。張瑞敏邁開的第一步，就是採用恩信使民的策略，重塑企業凝聚力。當時工人們住得離廠較遠，上下班是個不小的負擔。張瑞敏上任後的第一個舉措就是購買一輛大巴士，每天接送職工們上下班。這年春節，張瑞敏為了借錢給工人過節，迫不得已和有錢的朋友豪飲，大醉歸家。但因此，工人們都按時領到了薪水，過了一個好年。1987年，冰箱廠三十多年來第一次買了十四間房子，全廠千餘名員工眼巴巴看著老闆怎麼分。結果，房子全部分給在一線奮鬥的老員工。

在海爾，有一個被稱之為「上班滿負荷，下班減負荷」的排憂解難工程，專門幫助員工及時解決生活中的實際困難。工人們手中都有一本《排憂解難本》，哪位員工遇到什麼困難，只要填上一張卡或打個電話過去，排憂解難小組馬上就會派人前來幫助解決。張瑞敏對此曾有個特別批示：「想要員工心裡有企業，你的心裡就必須時時刻刻惦記著員工。要讓員工愛企業，企業就首先要愛員工。因此，我們每個單位都應進一步完善類似排憂解難這一類的措施，並持之以恆，不流於形式。如果能使每一個海爾人都願意奉獻自己的愛給海爾，那麼還有什麼力量能阻擋我們前進的步伐！」海爾有一女工人，在身患絕症彌留之際，提出的唯一希望就是讓她的靈車在經過公司的大門時停一停，讓她能最後「看」一眼心愛的公司。海爾能有這樣「士為知己者死，死而無憾」的員工，正是海爾之所以能夠發展壯大的根本動力。

海爾的「排憂解難工程」

海爾集團的「排憂解難工程」為員工解決了生活上的後顧之憂，進而可以安心工作。這樣的「工程」是一個可以使員工對企業產生歸屬感的典範工程，值得每一個企業學習。

> 「想要員工心裡有企業，你的心裡就必須時時刻刻惦記著員工。要讓員工愛企業，企業就首先要愛員工。因此，我們每個單位都應進一步完善類似排憂解難這一類的措施，並持之以恆，不流於形式。如果能使每一個海爾人都願意奉獻自己的愛給海爾，那麼還有什麼力量能阻擋我們前進的步伐！」

海爾集團總裁張瑞敏

爸爸，家裡的煤氣沒有了！

我現在在上夜班，回不去。你別著急，我會想辦法的。

排憂解難信箱

還是請「排憂解難小組」幫忙吧。

排憂解難小組

謝謝叔叔

不客氣

①企業有明確的發展戰略目標，讓每個人感到有希望、有方向、有動力。
②使員工在精神和人格方面得到尊重。
③員工的勞動與貢獻能獲得合理的報酬與肯定。
④企業的骨幹人才應享有股份，或實行「優秀人才集體持股和個人持股相結合，普通員工適當參股」的方式。
⑤企業內部應「嚴於立法，疏於執法」，即規章制度要嚴密，但執行時不搞「管、卡、壓」，要有一定的靈活性，法治與人治兩者兼顧，以德治企，以理服人。

中化香港集團有限公司副董事長鄭敦訓提出，培養員工對企業產生歸屬感的五條原則。

第肆章　商用《孫子兵法》

現代企業管理妙法

305

❸ 賞罰分明
建立完備的企業賞罰制度

　　拿破崙說：「統率三軍的手段無非有兩個方面，一方面是利益驅動，另一方面是恐懼約束。」賞罰分明用在現代企業的人事管理上，也是一個重要的槓桿。賞功罰過、賞成罰敗、賞先罰後、賞廉罰貪、賞嚴罰鬆等等。總之，不論賞罰的載體是什麼，其目的都是為了使該企業的團隊精神得到強化。

　　北京燕京啤酒集團公司總經理李福成認為，建立一套符合企業實際情況的賞罰制度，是維護企業正常運作的有力保證，這叫作「會管的抓制度，不會管的堵漏洞」。在他的親自主持下，燕京制定了九個系列、共五十多萬字的規章制度。

　　有一次，一個車間多灌裝三百箱啤酒，不但沒多拿一分錢，反而全車間人均扣掉十元人民幣的獎金。其實，如果不是專家品評，提前幾小時灌裝的啤酒，消費者是喝不出來的。可是，李福成對工人說：寧可停產，也不准灌裝未到期的啤酒，違者嚴厲處罰。燕京的規章雖然是嚴格的，然而它嚴得合情合理，處罰只是手段，教育才是目的。其可取之處在於，每條處罰措施都留有餘地，讓人有悔過的機會。如規定夜班不准睡覺，第一次違反者扣除當月獎金的50%，第二次違反者，再扣50%。如果一下子全扣掉，這個人可能破罐破摔，不利於教育。所以，大家雖對公司所定的各項紀律懼怕三分，但都心服口服。

　　當然，燕京更多的還是激勵。從1994年開始，展開評選好員工的活動。對當選的好員工，在年終大會上進行表彰，授予稱號，上光榮榜，給予獎金等。公司還規定，員工只要在地區或全國獲獎，回到廠裡，再發給同樣數量的獎金。上述獎勵與嚴格的處罰相輔相成，有效地調動了全體員工的積極性，形成了一種競相創優、拚搏向上的氣氛。

　　賞罰分明還貴在鐵面無私。燕京規定：對偷酒的人實行嚴厲處罰，偷五瓶酒者開除，幹部員工一視同仁。有一次，李福成的姪子偷了幾瓶酒，他自以為是總經理的姪子，不會把他怎麼樣。結果，李福成一樣開除了他。這說明：賞罰分明，不僅要說到，真正徹底地做到才是最重要的。

九種不花錢的獎勵

獎賞之所以能夠使員工更加積極努力地工作，原因在於獎賞能夠滿足員工的各種需求。員工的各種需求歸納起來主要分為兩種：一是物質需求，一是精神需求。下面就介紹九種經典的精神獎勵法，它們都能發揮很好的激勵效果，最重要的是它們都是不用花錢的。

① 「會管的抓制度，不會管的堵漏洞。」
② 「一個幹部要強硬。說一套做一套，對下屬一個標準，對自己又是另一個標準，久而久之，別人就不再理你那一套了。」

燕京啤酒集團總經理李福成

九種經典的精神獎勵法

善於表揚：這是一種既不需要花錢，效果又非常明顯的方法。實施起來也很簡單：管理者只要到四處走走，這裡誇獎一句，那裡表揚一句。就可以讓員工興奮不已，當然，他們就會因此而加倍努力地工作。

表示關懷：當上司開始關懷部屬的私生活時，馬上就會和他們形成某種特殊關係。這種特殊關係，不僅可以讓部屬少拿錢而多做事，甚至還可以在關鍵時候，讓他們心甘情願地從事艱苦的工作。

假裝關心：這一招不僅可以讓員工因你的舉動而感激涕零，而且還可以使你不必浪費太多的時間。例如：當你開車經過一位員工的身邊時，你就可以停下來對他大喊一聲：「你家裡還好嗎？」這樣，你就可以讓所有人都知道你很關心他，又不用去聽他嘮叨。

具有特殊意義的禮物：儘管生日賀卡只是一張卡片，但是，如果上面有領導者的簽名，那麼也會讓員工倍感榮幸。

讓工作充滿刺激：工作太簡單了，員工就會覺得乏味；太難了，員工又會感到恐懼。其實，關鍵的問題在於工作充滿刺激。

頒發獎狀：獎狀幾乎不需要成本，但一張獎狀卻能夠滿足員工的榮譽感。

和員工一起共進午餐：如果你能夠和員工一起共進午餐。那麼就會使他產生一種錯覺：以為自己有能力、受到賞識和器重、平步青雲等。

讓員工自己制定工作目標：如果讓員工能自己制定工作目標，那他就會用100％的熱情去工作，以證明自己的計畫是正確的。但問題是，你要設法讓員工制定出你想要的工作目標。

設法使員工之間展開競爭：要善於策畫員工之間的競爭，使他們一個比一個敬業，俗話說「榜樣的力量是無窮的」。

第肆章 商用《孫子兵法》

現代企業管理妙法

307

附錄一

中國古代八大經典戰事

1.黃帝征服中原各族：阪泉之戰與涿鹿之野

約西元前二十六世紀，黃帝已成為一個強大的部落聯盟領袖。當時，比較強大的炎帝部落聯盟不服黃帝號令，黃帝遂攻炎帝於阪泉之野（今河北涿鹿東南，一說今山西運城解池附近），經多次戰鬥解仇結盟。

風姓古夷人集團已分化為以少昊及蚩尤為首的兩大部落聯盟。蚩尤部落聯盟，史稱「九黎」，善製兵器，戰鬥凶猛，曾征服二十多個部落。黃帝於涿鹿之野（今河北涿鹿東南涿鹿山一帶，一說今河北涿州，還有他說）擒殺蚩尤。少昊與黃帝結盟。黃帝在泰山舉行聯盟大會，古苗蠻人部亦有參加。從此黃帝英名遠播，為華夏族及華夏文化的形成奠定了基礎。

2.武王伐紂：興周滅商

商代末期（約前十二世紀末至前十一世紀初），周軍在西部（今陝西、甘肅一帶，一說已進入中原）和中原地區進攻敵對方國，攻滅商朝。周武王姬發繼位後，即擇機滅商。周武王四年（西元前1057年）十二月，武王乘商統治集團內部分裂、商軍主力在東夷作戰而朝歌空虛之機，率數萬大軍會同各路諸侯渡孟津（今河南孟津東北、孟縣西南），於商郊牧野（今河南淇縣南）擊敗商軍十七萬眾（一說七十萬人），滅亡商朝。此戰，以示偽謀略使敵軍產生錯覺；由近及遠，先弱後強，逐次擊破；選擇戰機，先發制人。成為以少勝多的著名戰例。

3.華夏統一：秦滅六國

西元前238年，秦王嬴政開始親政，並周密部署統一六國的戰爭。李斯、尉繚等協助秦王制定了統一全國的戰略方針：一是趁六國混戰之際，秦國「滅諸侯，成帝業，為天下一統」；二是繼承歷代遠交近攻政策，確定了先弱後強、先近後遠的具體戰略步驟。這一戰略可以概括為三步驟，即籠絡燕齊，穩住楚魏，消滅韓趙，然後各個擊破，統一六國。

由於秦國在戰爭中戰術運用得當，使六國統一成為事實。嬴政在位時期，國力富強；在戰略上處於進攻態勢，勢如破竹；在戰術上，執行由近及遠、先弱後強的方針；在具體戰役中，秦國運用策略正確，機動靈活。反之，六國勢力弱小，在戰略上又不能聯合，各自為戰，戰爭中消極防禦，被動挨打，以至滅亡。

4.西漢王朝的建立：楚漢爭霸

漢高帝元年（西元前206年）八月至五年（西元前202年）十二月，項羽、劉邦為爭奪政權進行一場大規模戰爭。楚漢戰爭歷時三年多，在中國古代戰爭史上占有重要地位。名將韓信在戰爭中顯示其卓越的統帥才能。先還定三秦之戰，再破代、攻趙、降燕、伐齊，最後在垓下全殲楚軍。其還定三秦之戰暗度陳倉；井陘之戰背水設陣、拔幟易幟；濰水之戰以水沖敵、半渡

而擊；垓下之戰四面楚歌、十面埋伏。韜略之豐富，用兵之靈活，在中國戰爭史上寫下的光輝的篇章，亦為歷代兵家所推崇借鑑。垓下一戰，劉邦全殲楚軍，獲得勝利，建立西漢王朝。

5.挾天子以令諸侯：官渡之戰

建安四年（199年）六月，袁紹挑選精兵十萬，戰馬萬匹，企圖南下進攻許昌，官渡之戰的序幕由此拉開。在長達一年多的戰鬥中，曹操勵士死戰，採取機動靈活的戰略，數次大敗袁軍，官渡之戰以曹勝袁敗而告結束。官渡之戰是袁曹雙方力量轉變，當時中國北部由分裂走向統一的一次關鍵性戰役，對於三國歷史的發展有極其重要的影響。曹操在作戰指導上的高明是取得勝利的重要因素。曹操根據敵強己弱的具體情況，採取以逸待勞、後發制人的作戰方針。在防禦作戰中，從被動中力爭主動，指揮靈活；面臨危局，堅定沉著；善於捕捉戰機，果斷施行；善於聽取部屬意見，奇襲烏巢，終於取得勝利。

6.唐王朝沒落的開端：安史之亂

唐朝天寶十四年（755年）至廣德元年（763年），唐王朝平定邊將安祿山、史思明叛亂。

唐朝天寶十四年，安祿山假稱奉密旨討伐楊氏一家，率兵十五萬在十一月初九自范陽起兵，南下反攻唐朝；唐乾元二年（759年）正月初一，史思明自稱大聖燕王，亦起兵反唐。在長達七年多的平亂過程中，叛軍長驅直入，洛陽、長安兩京數度失守。幸得大將郭子儀、謀士李泌、兵馬大元帥李適等因勢利導、正確決策，利用叛軍弱點，實施遠距離戰略追擊，終將叛亂平定。但亦是因此，唐王朝形成了藩鎮割據的局面，並由此走向沒落。

7.為正義而戰：鄭成功收復臺灣

清順治十八年（明永曆十五年，1661年）二月至十二月。鄭成功從荷蘭手裡收復臺灣，成為中國歷史上傑出的民族英雄。

鄭成功是明末將領鄭芝龍之子。為驅逐荷蘭殖民者，建立穩固的抗清基地，鄭成功決意收復臺灣。為了順利收復臺灣，鄭成功進行周密準備：不斷偵察臺灣情況，祕密搜集情報；勘測航路，了解荷軍兵力配備、設防等情況；籌備糧餉，擴充軍隊，使陸師達到七十二鎮（每鎮一千人），水師二十鎮，總兵力十萬餘人。經過一年的艱苦戰鬥，鄭成功取得了最終的勝利，使臺灣結束三十八年的荷治時期。鄭成功收復臺灣的戰爭，是中國海戰史上規模大、距離遠的一次成功的登陸作戰，是以劣勢裝備戰勝優勢裝備之敵的突出範例。此戰的勝利，結束了荷蘭對臺灣人民的殖民統治，為中華民族抗擊海外侵略者、維護領土完整創下了光輝的戰績。

8.反帝反封建的農民戰爭：太平天國運動

鴉片戰爭後，由於五口通商，東南沿海地區的農民和手工業者紛紛破產；同時，地主加緊對農民的盤剝；清政府年年增加捐稅，農民不堪重負。1850年前後，拜上帝會與地主團練的衝突日趨尖銳，太平天國農民起義便在這樣的形勢下醞釀和發動。這場空前規模的農民戰爭，歷時十四年，縱橫十八個省，威震全中國，最終在清政府和外國勢力的聯合絞殺下失敗了。可以說，這是一場孫子所言的有「道」之戰，符合大多數民眾的利益。但在戰爭的後期，其政治集團內部還是不可避免地發生了權力之爭，導致了統治階層的瓦解和內訌，這是其失敗的決定性因素。

附錄二

中國古代八大軍事家

1.願者上鉤：姜尚

　　姜尚，名望，字子牙，也稱呂尚，因是齊國始祖而稱「太公望」，俗稱姜太公。東海海濱人。西周初年，被周文王封為「太師」（武官名），被尊為「師尚父」，輔佐文王，與謀「翦商」。後輔佐周武王滅商。因功封於齊，成為周代齊國的始祖。他是中國歷史上最負盛名的政治家、軍事家和謀略家。

　　當時，殷紂王暴虐荒淫無道，朝政腐敗，民不聊生。而西部的周國由於西伯姬昌（後為周文王）倡行仁政，發展經濟，社會清明，人心安定，民眾傾心於周，四邊諸侯望風依附。已是暮年的姜尚獲悉姬昌正廣求天下賢能之士治國興邦，便毅然離開商朝，來到渭水之濱終日垂釣，以靜觀世態的變化，伺機出山。一天，姜尚正在溪邊垂釣，恰遇到此遊獵的西伯姬昌，二人談得十分投機。姬昌向他請教治國興邦的良策，姜尚當即提出了「三常」之說：一曰君以舉賢為常，二曰官以任賢為常，三曰士以敬賢為常。意思是說，要治國興邦，必須以賢為本，重視發掘和使用人才。姬昌聽後大喜，拜姜尚為太師，稱「太公望」。從此，英雄有了用武之地，姜尚成為滅商興周，扭轉歷史格局的關鍵人物。

　　據說，姜太公順應天命，在渭水邊用直鉤不掛魚餌釣魚，且鉤離水面三尺高，口中自言自語：「願上鉤者自己上鉤！」（《武王伐紂平話》記載：姜尚因命守時，立鉤釣渭水之魚，不用香餌之食，離水面三尺，尚自言曰：「負命者上鉤來！」）相傳兵書《六韜》為姜尚所作，後人考證係戰國時人的託名之作。但從現存的內容看，基本上反映的是姜尚的軍事實踐活動和他的韜略思想。司馬遷在《史記·齊太公世家》中指出：「後世之言兵及周之陰權皆宗太公為本謀。」由此看來，姜尚實為中國謀略家的開山鼻祖。

2.兵家鼻祖：孫武

　　孫武是中國古代偉大的軍事家，也是世界著名的軍事理論家。其所著《孫子兵法》被稱為「兵學聖典」和「世界古代第一兵書」。

　　孫武，字長卿，後人尊稱其為孫子、孫武子。他出生於西元前535年左右的齊國樂安（今山東惠民），具體的生卒年月日不可考。祖父田書為齊大夫，攻伐莒國有功，齊景公賜姓孫，封采地於樂安。

　　西元前517年的齊國內亂，孫武去往南方的吳國，潛心鑽研兵法，著成兵法十三篇。西元前512年，經吳國謀臣伍子胥多次推薦，孫武晉見吳王。在回答吳王的提問時，孫武的見解獨特深邃，引起了一心圖霸的吳王之深刻共鳴，遂以宮女一百八十名讓孫武操演陣法，親自驗證孫武的軍事才能後，任命孫武以客卿身份為將軍。

　　西元前506年，吳楚大戰開始，孫武指揮吳國軍隊以三萬之師，千里遠襲，深入楚國，五戰五捷，直搗楚都，又北威齊晉，屢建奇勛，創造中國軍事史上以少勝多的奇蹟。

3.壯志未酬：吳起

吳起（約西元前440～西元前381年），衛國左氏（今山東定陶西部）人，戰國前期著名軍事家、改革家。

吳起年輕時胸懷大志，曾離衛國去魯，師拜曾門。娶齊國大夫田居的女兒為妻，因母喪未歸，被視為不孝，為曾申（曾參次子）所逐。吳起遂發奮研讀兵書，後經魯相國公休舉薦，被魯元公拜為大夫。

西元前412年（周威烈王十四年），齊國攻魯，選吳起為將，他治軍有方，與士卒同甘共苦，終於打敗強大的齊國。後遭奸人陷害，被解除兵權，遂離魯去魏，被魏文侯拜為將軍，以抗拒秦國和韓國。西元前409、前408年（周威烈王十七、十八年），吳起兩度率師伐秦，大敗秦軍。據史載，這一時期他曾「與諸侯大戰七十六次」，並「闢土四面，拓地千里」。

魏文侯死後，武侯繼立，吳起屢遭讒害，遂奔楚，官至令尹，銳意變法，整頓統治機構。卻因之引起貴族的仇視。西元前381年楚悼王死，貴族守舊派乘機作亂，用亂箭射死吳起，變法終告失敗。

《漢書·藝文志》著錄《吳起》四十八篇已佚，今本〈吳子〉僅有〈圖國〉、〈料敵〉、〈治兵〉、〈論將〉、〈應變〉、〈勵士〉六篇。對此，有人認為是吳起所著，也有人認為是後人的託名之作。

4.先賢之後：孫臏

孫臏，傳為孫武之嫡孫，戰國時期生於齊國阿、鄄之間（今山東陽谷、鄄城一帶），曾和龐涓一起學習兵法。龐涓輔佐魏惠王，暗中派人將孫臏請到魏國，後因嫉妒其才，遂陷害之，使其身受臏刑，故後人稱其為孫臏。孫臏逃魏入齊，為齊威王所重用，為齊將軍田忌之軍師。在馬陵一戰中，孫臏設計大敗魏軍，並射死龐涓。在戰國的兵家中，孫臏以「貴勢」即講求機變而著稱。

最早明確記載孫臏之兵法的是《史記》，《漢書·藝文志》把它與《吳孫子兵法》並列，著錄《齊孫子》八十九篇、圖四卷。《魏武帝注孫子》中提到，「孫臏曰：兵恐不投之於死地也」，唐朝趙蕤《長短經》卷九中也提到過，「孫臏曰：兵恐不可救」，杜佑所著《通典》卷一四九有，「孫臏曰：用騎有十利」一段，但從《隋書·經籍志》以後就不見記載了。1972年2月，山東臨沂銀雀山一號漢墓出土了竹簡本的《孫臏兵法》，使失傳已久的古書得以重見天日。

5.寵辱不驚：韓信

韓信（？～西元前196年），漢初軍事家，淮安（今屬江蘇淮安淮陰區碼頭鎮）人。自幼熟讀兵書，懷安邦定國之抱負。家境貧寒，曾受胯下之辱，據《史記·淮陰侯列傳》：淮陰屠中少年，有侮信者。曰，若雖長大，好帶刀劍，中情怯耳。眾辱之，曰，信能死，刺我；不能死，出我胯下。於是信熟視之，俯出袴下蒲伏。一市人皆笑信，以為怯。陳勝、吳廣起義後，韓信始投項梁，繼隨楚霸王項羽，但不受項羽重用。後又投奔漢王劉邦，經丞相蕭何力薦，被拜為大將。

不久，韓信率軍沿南鄭故道東出陳倉，一舉拿下關中地區，使劉邦得以還定三秦。第二

年,出函谷關,兵至楚都彭城。此後,韓信率兵數萬,開闢外線戰場。破魏之戰,俘獲魏王豹;井陘之戰,以一萬之眾大破二十萬趙軍;淮水之戰,將齊、楚聯軍各個擊滅。攻占齊地後,韓信被封為齊王。

西元前202年春,楚漢兩軍在垓下(今安徽靈璧南)展開決戰,「四面楚歌」之典即來於此。攻心之術令楚軍全無鬥志,項羽戰敗,自刎於烏江邊。楚漢爭霸以劉邦得天下而告終。

劉邦用人卻疑之,得天下後,即將其軟禁。韓信遂與張良一起整理先秦以來的兵書,共得一百八十二家,這是中國歷史上第一次大規模的兵書整理,為軍事學術研究奠定了基礎。西元前196年,呂后誘韓信至長樂宮的鐘室,以謀反罪名殺之。韓信為漢王朝的創建作出了重要貢獻,其用兵之道為後世兵家所推崇。

6.亂世梟雄:曹操

武帝曹操(155年~220年),名吉利,字孟德,沛國譙(今安徽亳州)人。東漢末年政治家、軍事家、文學家。其早年為洛陽北部尉、頓丘令,參與鎮壓黃巾起義遷濟南相,並起兵討伐董卓,逐步擴充軍力。漢獻帝初平三年(192年)據兗州,收編青州黃巾軍為「青州兵」。漢獻帝建安元年(196年)至洛陽朝見漢獻帝,任司隸校尉、錄尚書事。遷都於許(今河南許昌)後,其「挾天子以令諸侯」,用獻帝名號削平大部割據勢力。建安五年(200年)在官渡大敗袁紹後,逐漸統一中國北部。建安十三年(208年)任丞相,同年乘荊州牧劉表病卒,率大軍南征。為孫權與劉備聯軍擊敗於赤壁。後為鞏固後方,統一關隴,取漢中占巴蜀,擊敗馬超,招降張魯,並利用孫權與劉備矛盾消滅關羽,解除襄樊的威脅。

建安十八年(213年)封魏公,建魏國。建安二十一年(216年)晉爵魏王,不久病死。子曹丕代漢稱帝,追謚曹操為魏武帝。操好讀書,有謀略。在北方屯田,興修水利,整頓吏治,用人唯才,不計門第,加強中央集權,使其統治地區社會經濟有所發展。又精熟兵法,著有《孫子略解》、《兵書接要》。擅長詩歌,作品多慷慨悲涼,其中最負盛名的〈短歌行〉膾炙人口。曹操與其子曹丕、曹植合稱「三曹」。

7.天下奇才:諸葛亮

諸葛亮(181年~234年),三國時傑出政治家、軍事家、戰略家、散文家、外交家。字孔明,號臥龍。諸葛亮不但熟知天文地理,而且精通戰術兵法,還十分注意觀察和分析當時的社會,積累了豐富的治國用兵的知識。建安十二年(207年),諸葛亮二十七歲時,劉備「三顧茅廬」,懇請諸葛亮出山。諸葛亮輔佐劉備,形成三國鼎足之勢。

諸葛亮的著述,在《三國志》本傳中載有《諸葛氏集目錄》,共二十四篇,104,112字。後人所編,以清人張澍輯本《諸葛忠武侯文集》較為完備。諸葛亮一生主要著作有:〈前出師表〉、〈後出師表〉、〈隆中對〉。諸葛亮嫻熟韜略,多謀善斷,長於巧思,曾革新「連弩」,可同時發射十箭;做「木牛流馬」,便於山地軍事運輸;還推演兵法,作「八陣圖」。千百年來,諸葛亮傳奇性故事為世人傳誦。

關於木牛流馬的創製,《諸葛亮集》中有較詳細的記載,但按其法製作卻難以成形,後世遂以為是奇物。其實,木牛是一種人力獨輪車,有「一股四足」,所謂一股,就是一個車輪。所謂四足,就是車前車後裝的四根木柱,發揮穩定停駐的作用。「人行六尺,牛行四步」,就是推車人行六尺(古尺較今尺短),車輪轉四圈,它可裝載一人一年的口糧,單行每天行十

數里,群行每天十公里,車速雖然比較緩慢,但卻適合山路運行。流馬也是一種人力車,有四個輪子,可裝載四石六斗,車速較木牛更慢,每天最多行十公里,但卻節省勞力。東漢以前,車都是兩個輪子,諸葛亮改為獨輪和四輪,其優點是安全、省力,適合在崎嶇的山路上長途跋涉,確實是一種創新。

8.運兵如神:李靖

李靖(571～649年),字藥師,京兆府三原(今屬陝西)人,唐朝偉大的軍事家、軍事理論家、統帥。其先任長安縣功曹,後歷任殿內直長、駕部員外郎。

李淵於太原起兵,攻占長安後,俘獲了李靖。李靖在臨刑時大聲疾呼:「公起義兵,本為天下除暴亂,不欲就大事,而以私怨斬壯士乎!」此舉為李淵和李世民所欣賞,因而獲釋。武德元年(618年)五月,李淵建唐稱帝,李世民被封為秦王。為了平定割據勢力,李靖隨秦王東進,以軍功授任開府。從此,開始顯示自己在軍事方面的卓越才能。貞觀二十三年(649年)四月二十三日,李靖溘然逝去。享年七十九歲。唐太宗冊贈司徒、并州都督,給班劍、羽葆、鼓吹,陪葬昭陵。諡曰景武。

李靖軍功卓越。上元元年(760年),唐肅宗把李靖列為史上十大名將之一,並配享於武成王(姜太公)廟。唐太宗曾給予他高度評價:「尚書僕射代國公靖,器識恢宏,風度沖邈,早申期遇,夙投忠款,宣力運始,效績邊隅,南定荊揚,北清沙塞,皇威遠暢,功業有成。」

在李靖的戎馬生涯中,指揮了幾次大的戰役都取得了重大的勝利,這與其勇敢善戰,以及卓越的軍事思想與理論密切相關。他根據一生的實戰經驗,寫出了優秀的軍事著作,僅見於《舊唐書‧經籍志》、《新唐書‧藝文志》所著錄的有《六軍鏡》三卷、《陰符機》一卷、《玉帳經》一卷、《霸國箴》一卷,《宋史‧藝文志》著錄的還有《韜鈐秘書》一卷、《韜鈐總要》三卷、《衛國公手記》一卷、《兵鈐新書》一卷和《弓訣》等,可惜都已失傳。今傳世的《唐太宗李衛公問對》(即《李衛公問對》)係宋人所撰託名之作。

中國古代八大名將

1.燕趙聯軍，連克齊國：樂毅

　　樂毅，生卒年不詳，中山靈壽（今河北靈壽西北）人。戰國後期傑出的軍事家，輔佐燕昭王振興燕國，報了強齊伐燕之仇。

　　燕昭王因子之之亂而被齊國打得大敗，屈己禮賢，延聘賢能之士相佐。樂毅適時替魏出使燕國，燕昭王客禮厚待樂毅，其為昭王誠意所動，委身為臣，燕昭王封樂毅為亞卿（僅次於上卿的高官）。

　　燕昭王在西元前284年派樂毅為上將軍，同時趙惠王也把相印交予樂毅，樂毅率全國之兵會同趙、楚、韓、魏、燕五國之軍興師伐齊。樂毅親臨前陣，率五國聯軍向齊軍發起猛攻。齊湣王大敗，逃回都城臨淄。樂毅率燕軍乘勝追擊，盡收齊國珍寶、財物、祭器運往燕國。燕昭王大喜，將昌國（在今山東省淄川縣東南）城封給樂毅，號昌國君。樂毅攻齊五年，齊七十餘城皆為燕地，唯獨即墨沒有被攻下。

　　西元前278年，燕昭王死，太子樂資即位，稱燕惠王。因小人讒言，燕惠王下令派騎劫為大將接替樂毅，導致所得齊國城池盡失。樂毅亦因而拒絕回燕西向去趙，受趙惠王高官厚待。面對燕惠王之歉疚及責難，樂毅慷慨寫下著名的〈報燕惠王書〉，並以伍子胥「善作者不必善成，善始者不必善終」的歷史教訓申明自己不為昏主效愚忠，不做冤死之鬼，故而出走的抗爭精神。但其並未因此而說趙伐燕，而是居趙、燕兩國客卿的位置，往來通好，最後卒於趙國。

　　樂毅指揮燕趙聯軍，連克齊國七十餘城的不凡業績，證明他是一位有傑出才能的軍事家。他在〈報燕惠王書〉中提出的國君用人的思想，對封建帝王在用人問題上提出了要求，他與燕昭王在興燕破齊的事業中建立的君臣情誼，為封建社會的賢人志士所向往。

2.連環反間，瓦解敵軍：田單

　　田單，生卒年不詳，安平（今山東淄博東北）人。戰國時期齊國名將。齊湣王時，田單曾為臨淄（今淄博東北）市掾。周赧王三十一年（西元前284年），燕將樂毅率五國聯軍破齊，燕軍攻下臨淄，田單率族人以鐵皮護車軸平安逃至即墨（今平度東南），表現出卓越的軍事才能。在即墨被困之際，田單被軍民推為大將，組織齊人抵抗。他以著名的「火牛陣」夜襲燕軍營壘，出其不意大敗燕軍，殺燕將騎劫，乘勝收復齊所有失地，迎齊襄王法章還都臨淄，受封安平君，任齊相。

　　周赧王五十年，田單受命救趙，擊退秦軍。後因趙割濟東三城五十七邑予齊，求田單為將，遂入趙任將軍，攻燕，取三城。次年，任趙相。不知所終。

3.襟懷坦蕩，殊無敗績：廉頗

廉頗（西元前327～西元前243年），戰國時期趙國傑出的軍事將領。主要活動在趙惠文王（西元前298年～西元前266年）、趙孝成王（西元前266年～西元前245年）、趙悼襄王（西元前245年～西元前236年）時期。

趙惠文王初，秦王多次派兵攻趙。廉頗統領趙軍屢敗秦軍，迫使秦改變策略，與趙講和。趙惠文王二十年（西元前278年），廉頗向東攻齊，破其一軍；趙惠文王二十年（西元前276年），再次伐齊，攻陷九城；次年廉頗攻魏，陷防陵（今河南安陽南二十里）、安陽城（今河南安陽西南四十三里）。秦國虎視趙國而不敢貿然進攻，正是懾於廉頗的威力。

廉頗年屆七十尚思報國，但趙國始終未再啟用廉頗，致使一代名將最終死在楚國的壽春（今安徽省壽縣）。十幾年後，趙為秦所滅。

廉頗是一位傑出的軍事將領，其征戰數十年，攻城無數而未嘗敗績。為人襟懷坦蕩，敢於知錯就改。他的一生正如司馬光所言：「廉頗一身用與不用，實為趙國存亡所繫。此真可以為後代用人殷鑑矣。」

4.一代名將，含冤闔目：李牧

李牧，生年不詳，卒於趙王遷七年（西元前229年）。戰國末年趙國良將。李牧曾久居趙國北邊代（在今河北蔚縣）、雁門（在今山西右玉縣南），防備匈奴，戍邊有術，戰功卓著。

趙悼襄王二年（西元前243年），廉頗離趙去魏，趙王以李牧為將攻燕，取武遂（在今河北徐水縣西遂城）、方城；趙王遷二年（西元前234年），秦派桓玄領兵攻趙之平陽（今河北磁縣東南）、武城（今磁縣西南），大敗趙軍，殺趙將扈輒；次年，秦軍攻趙的赤麗、宜安（今河北石家莊市東南），趙以李牧為大將軍率兵反攻，大破秦軍於肥（今河北晉縣西），秦將桓玄逃跑。李牧因功被封為武安君；秦王政十五年、趙王遷四年（西元前232年），秦又派兩支軍隊攻趙，向趙之番吾（今河北靈壽縣西南）進攻。李牧擊破秦軍，南拒韓魏。趙王遷七年（西元前229年），秦大舉攻趙。趙派李牧、司馬尚率大軍抵禦。趙寵臣郭開受秦賄賂，稱李牧、司馬尚謀反。趙王因此以趙蔥、顏聚替李牧、司馬尚。李牧拒不受命，趙王遂起意殺李牧廢司馬尚。李牧死後第二年，秦將王翦大破趙軍，殺趙蔥，顏聚逃走，趙王遷被俘。趙公子嘉率其宗族逃往趙之代郡，自立為代王。至秦王政二十五年，代王嘉六年（西元前222年），秦將王賁帶兵滅燕，虜代王嘉，趙遂亡。

司馬遷在〈趙世家〉的結尾這樣說道，趙王「遷素無行，信讒，故誅其良將李牧，用郭開。豈不謬哉」；秦子嬰把「趙王遷殺其良臣而用顏聚」的後果是「失其國而殃及其身」，作為歷史教訓，欲勸阻秦二世不要殺蒙恬、蒙毅；漢文帝則嘆無廉頗、李牧那樣的大將，以解匈奴之憂。

5.四面楚歌，烏江自刎：項羽

項羽（西元前232～西元前202年），名籍，字羽，下相（今江蘇宿遷）人。楚國名將項燕之孫。楚亡後，他隨叔父項梁流亡吳中（今江蘇蘇州）。秦二世元年（西元前209年），陳勝、吳廣在大澤鄉揭竿而起，項羽隨項梁在吳中舉兵響應。二十四歲的項羽從此走上歷史舞臺。

項羽是一位超群的軍事統帥。他能征善戰，豪氣蓋世。鉅鹿之戰，項羽破釜沉舟，以寡擊

眾，全殲秦軍主力，客觀上為漢高祖進入咸陽，推翻秦朝創造了條件；楚漢戰爭中，破田榮，救彭成，救滎陽，奪成皋。其一生大戰數十次，多獲勝利。然而，項羽又是一位悲劇人物。秦滅亡後，他自稱霸王，忙於分封諸侯，扶持六國貴族的殘餘勢力，違背了人民要求統一的願望，造成了混亂割據的局面。其燒殺擄掠的暴行違背了人民的意志，是他戰敗的根本原因。軍事上，他缺少戰略眼光，剛愎自用，不納賢良，以致屢失戰機，亦沒有鞏固的後方和充足的糧餉、兵源，雖屢戰屢勝卻由盛而衰。

6.禮賢下士，戰功赫赫：衛青

衛青（？～西元前106年），字仲卿，河東平陽（今山西臨汾西南）人。西漢著名將領，漢武帝時期的大將軍。係縣吏鄭季與平陽侯府中婢女衛氏的私生子。幼為家奴，飽嘗酸辛，及長，為侯府騎士。

衛青是一位頗具傳奇色彩的歷史人物：從一個遭人嫌棄飽受欺凌的侯府女僕私生子，到抗擊匈奴開疆拓土戰功赫赫的大將軍；從公主的騎奴到公主的丈夫，權傾朝野，位極人臣。但衛青卻能做到居功不傲，小心謹慎地得以善終。衛青身上似乎聚集了太多不可思議的神秘光環。而這一切，與他自小卑微的出身不無關係。

建元二年（西元前139年），因其同母異父姊衛子夫得幸武帝，始以衛為姓，入宮當差。不久被武帝升為建章監、侍中，遷大中大夫。

元光五年（西元前130年），衛青拜車騎將軍，和另三員將領各率一支軍隊出塞。這一次出兵，四路大軍出塞三路大敗，尤其是老將李廣竟被匈奴所虜，好不容易才逃歸。反倒是第一次出塞領兵的「騎奴」衛青，出上谷直搗龍城，斬敵七百，成為真正的「龍城飛將」。衛青的軍事天才使漢武帝刮目相看，他從此屢屢出征，戰果累累。衛青一生七次率兵擊匈奴，屢立戰功，所得封邑總共有一萬六千三百戶。他用兵敢於深入，奇正兼擅；為將號令嚴明，與士卒同甘苦；作戰常奮勇爭先，將士皆願為其效力；處世謹慎，奉法守職。雖戰功顯赫，權傾朝野，但從不結黨營私，威信很高。

西元前105年，大司馬大將軍衛青去世。西元前106年，漢武帝命人在自己的茂陵東邊特地為衛青修建了一座象廬山（匈奴境內的一座山）的墳墓，以象徵衛青一生的赫赫戰功。

7.少年得志，驍勇善戰：霍去病

霍去病（西元前140～西元前117年），河東平陽（今山西臨汾西南）人。西漢著名將領。西漢大將軍大司馬衛青的外甥，善騎射。

初為武帝侍中。元朔六年（西元前123年），隨大將軍衛青參加漠南之戰，率八百輕騎遠離大軍數百里尋殲匈奴，斬獲二千餘人，戰績卓著，封冠軍侯；元狩二年（西元前121年）三月，為驃騎將軍率萬餘騎兵出隴西郡（治狄道，今甘肅臨洮），斬獲近九千人；夏，領數萬騎兵出北地郡（治馬領，今慶陽西北），迂迴至祁連山（今南山）一帶，襲破匈奴渾邪王、休屠王兩部，斬獲三萬餘人，以功益封五千四百戶。自此恩寵有加，與大將軍衛青地位相等；秋，以果斷行動促使渾邪王率四萬人歸漢。

元狩四年（西元前119年）春，率五萬騎為東路軍，由代郡（治代縣，今河北蔚縣東北）出塞2000餘里，重創匈奴左部，斬獲七萬餘人，封狼居胥山（今內蒙克什克騰旗西北至阿巴嘎旗一帶，一說今蒙古烏蘭巴托東），臨瀚海（今內蒙古高原東北呼倫湖與貝爾湖，一說今俄羅

斯貝加爾湖）而還。此戰與衛青西路作戰合璧而稱漠北大捷，是西漢王朝對匈奴作戰的豐碑。其與衛青同為大司馬，前後六次出擊匈奴，每戰皆勝，深得武帝信任。

「匈奴未滅，何以家為？」霍去病之大丈夫豪情壯志，誰堪與敵？難怪寥寥數次出征，他就成了使匈奴噤若寒蟬的人物。可惜，天妒英才，霍去病英年早逝，年僅二十四歲。漢武帝為其特意修造狀如祁連山之墳塚，以資紀念。而其墓前之「馬踏匈奴」的雕像，正是其戎馬一生的真實寫照。

8.精忠報國，壯我河山：岳飛

岳飛（1103～1142年），字鵬舉，相州湯陰（今屬河南）人。南宋軍事家，民族英雄。岳飛父岳和，母姚氏，世代務農。

岳飛少時勤奮好學，並練就一身好武藝。因家境貧困，後到相州（今安陽），「為韓魏公（琦）家莊客，耕種為生」。19歲時投軍抗遼。不久因父喪，退伍還鄉守孝。1126年金兵大舉入侵中原，岳飛再次投軍，開始了他抗擊金軍，保家衛國的戎馬生涯。傳說岳飛臨走時，其母姚氏在他背上刺了「精忠報國」四個大字，成為岳飛終生遵奉的信條。

紹興十一年八月，高宗和秦檜派人向金求和，金兀朮要求「必殺飛，始可和」。秦檜乃誣岳飛謀反，將其下獄。紹興十一年（1142年）十二月二十九日，秦檜以「莫須有」的罪名將岳飛毒死於臨安風波亭，是年岳飛僅三十九歲。其子岳雲及部將張憲也同時被害。寧宗時，岳飛得以昭雪，被追封為鄂王。

岳飛善於謀略，治軍嚴明，其軍以「凍死不拆屋，餓死不擄掠」著稱。在其戎馬生涯中，他親自參與指揮了一百二十六場戰役，未嘗一敗，是名副其實的常勝將軍。岳飛無專門軍事著作遺留，其軍事思想、治軍方略，散見於書啟、奏章、詩詞等。後人將岳飛的文章、詩詞編成《岳武穆遺文》，又名《岳忠武王文集》。

MEMO

國家圖書館出版品預行編目(CIP)資料

圖解孫子兵法 /(春秋)孫武原著;張華正編著. -- 三版. --〔新北市〕: 華威國際事業有限公司, 2025 . 06
　　面；　公分
ISBN 978-957-9075-69-5(平裝)
1.CST: 孫子兵法 2.CST: 研究考訂
592.092　　　　　　　　　　114005196

圖解孫子兵法

原　　　　著	（春秋）孫武
編　　　　著	張華正
副 總 編 輯	徐梓軒
責 任 編 輯	吳詩婷、劉沛萱
校　　　　對	張昀
封 面 設 計	申晏如
內 文 排 版	黃莉庭
法 律 顧 問	建業法律事務所
	張少騰律師
	110台北市信義區信義路五段7號62樓
	（台北101大樓）
	電話：886-2-8101-1973
法 律 顧 問	徐立信 律師
出 版 者	華威國際事業有限公司
總 經 銷	創智文化有限公司
	236新北市土城區忠承路89號6樓
	電話：886-2-2268-3489
	傳真：886-2-2269-6560
三 版 一 刷	2025年06月
定　　　價	399元
香港總經銷	和平圖書有限公司
地　　　址	香港柴灣嘉業街12號百樂門大廈17樓
電　　　話	852-2804-6687
傳　　　真	852-2804-6409

原著作名：《圖解孫子兵法》
Copyright © 2019 Beijing Zito Books Co., Ltd
All rights reserved.
Traditional Chinese rights arranged through CA-LINK International LLC(www.ca-link.cn)

【版權所有，翻印必究】